高职高专"十二五"规划教材

数控加工技术与实践

主　编　曹金龙　赵　艳

副主编　蒋立刚　蒋祖信

主　审　陈　春　华建慧

U0342486

北　京

冶金工业出版社

2015

内 容 提 要

　　全书共介绍了三部分的内容：一是数控机床认识，主要内容有数控机床的安全生产知识，数控机床的组成与工作过程，数控机床的维护保养等；二是数控车削加工部分，主要内容有简单轴零件的数控车削加工，复杂零件的数控车削加工；三是数控铣削加工，主要介绍了简单零件的数控铣削加工，复杂零件的数控铣削加工等。

　　本书可作为高职高专院校、成人院校机械类和近机类专业的教学用书，也可供工程技术人员参考。

图书在版编目(CIP)数据

　　数控加工技术与实践/曹金龙，赵艳主编 . —北京：冶金工业出版社，2015.8
　　高职高专"十二五"规划教材
　　ISBN 978-7-5024-7019-7

　　Ⅰ.①数… Ⅱ.①曹… ②赵… Ⅲ.①数控机床—加工—高等职业教育—教材 Ⅳ.①TG659

　　中国版本图书馆 CIP 数据核字(2015)第 166784 号

出 版 人　谭学余
地　　　址　北京市东城区嵩祝院北巷 39 号　邮编　100009　电话　(010)64027926
网　　　址　www. cnmip. com. cn　电子信箱　yjcbs@ cnmip. com. cn
责任编辑　俞跃春　杨盈园　王雪涛　美术编辑　杨 帆　版式设计　孙跃红
责任校对　王永欣　责任印制　牛晓波
ISBN 978-7-5024-7019-7
冶金工业出版社出版发行；各地新华书店经销；固安华明印业有限公司印刷
2015 年 8 月第 1 版，2015 年 8 月第 1 次印刷
787mm×1092mm　1/16；19.5 印张；473 千字；304 页
56. 00 元

冶金工业出版社　投稿电话　(010)64027932　投稿信箱　tougao@cnmip. com. cn
冶金工业出版社营销中心　电话　(010)64044283　传真　(010)64027893
冶金书店　地址　北京市东四西大街 46 号(100010)　电话　(010)65289081(兼传真)
冶金工业出版社天猫旗舰店　yjgycbs. tmall. com
(本书如有印装质量问题，本社营销中心负责退换)

前 言

数控加工技术是数控技术专业的一门专业核心课程。数控加工技术是集机械制造技术、现代制造技术、计算机技术、微电子技术、网络信息技术、机电一体化技术于一体的多学科高新制造技术。数控技术水平的高低、数控机床的拥有量也成为衡量一个国家工业现代化程度的重要标志。当前就业市场对数控加工技术复合型人才的需求不断增大，为适应市场对人才的要求，结合高职高专基于工学结合的教学模式的改革需要，本书编写团队通过企业调研，组织专家进行论证，重新序化整合教学内容，编写了本书。编写团队中的编写教师均有多年的理论与实践教学经验，并聘请企业一线数控专家和工程技术人才为教材建设提供了大力帮助。

本教材在编写过程中，力求突出以下特点：

（1）以就业为导向，以国家职业标准中级数控铣工考核要求为基本依据进行编程理论与任务的选取。

（2）在教学内容的安排上，主要针对目前社会广泛使用的 FANUC（法拉克）数控系统作为教学的重点来组织教学内容，便于学生理解和记忆，提高学习效率。并且一直将安全生产贯彻始终，让学生尽早认识工厂生产过程。

（3）在教材结构处理上，从职业院校学生基础能力出发，遵循专业理论的学习规律和技能的掌握规律，根据数控车、铣床加工要素的特征分成若干学习任务，按照由浅入深，由易到难的顺序，设计选取一系列的教学任务，使学生在任务的引领下学习数控车、铣床编程与操作的相关理论和技能，避免理论教学与实践的脱节。

（4）在教材形式上，通过【学习目标】、【学习任务】、【任务描述】、【知识准备】、【任务实施】、【任务小结】、【思考与训练】、【考核评价】等形式，引导学生明确各任务的学习目标，学习与任务相关的理论知识和技能，并将学生成绩组成贯穿始终。

四川机电职业技术学院曹金龙、赵艳担任主编并统稿；蒋立刚、蒋祖信担任副主编；参与编写的人员还有孙广奇、梁钱华、谷敬宇、杨玻、文玲媛、谭蓉、罗大连、焦莉、汪娜、钟永兴、李忠生、朱顺；本书由陈春、华建慧担任主审。

　　本书的编写工作得到四川鸿舰重机厂（原攀钢（集团）公司机械制造分公司）的数控技术专家钟永兴、李忠生和朱顺等多名企业高级工程师、工程技术人员的指导和帮助，并参阅了国内外同行教材、资料与文献，在此谨致谢意。

　　由于水平所限，加之时间仓促，书中若有不妥之处，恳请读者批评指正。

编　者

2015 年 3 月

目　录

学习情境 1　数控机床认识

【学习目标】

（一）知识目标

1. 掌握数控机床安全文明生产知识。
2. 理解数控车、铣床的基本组成及工作过程。
3. 理解数控机床维护保养相关知识。

（二）能力目标

1. 具备数控机床操作必备的安全文明生产技能。
2. 对常见数控车、铣床的基本组成与工作过程有一定的认知能力。
3. 具备常见数控车、铣床的维护保养能力。

学习任务 1.1　数控机床认识

【学习任务】

1. 掌握数控车、铣床安全文明生产知识。
2. 把握数控车、铣床的基本组成及工作过程。
3. 对数控车、铣床开展日常维护保养。

【任务描述】

1. 能陈述出数控机床有关操作方面的安全文明生产知识，并真正懂得每项条款的含意，确保在今后操作过程中，能严格遵照执行。

2. 针对常见数控车、铣床，能明确其基本组成部分，并懂得每个组成部分的具体作用，同时理解数控加工的工作过程。

3. 针对常见数控车、铣床，能现场实地对其开展日常维护保养工作，并能切实理解该项工作的重大意义。

【知识准备】

1.1.1　数控机床的安全生产知识

1.1.1.1　数控机床安全文明生产规定

数控机床安全文明生产规定：

（1）严格遵守劳动纪律，不脱岗、不疲劳上岗；工作过程中严肃认真，不打闹、不嬉戏、不闲谈，严格坚守岗位。

（2）进入岗位前，必须按规定穿戴好劳动保护用品，并确保其完好、整洁、有效。

（3）认真执行岗位责任制，严格遵守各项安全操作规程，不得从事与本职工作无关的事。

（4）非本岗位操作人员、维护人员、检修人员，未经批准不得擅自进入工作区域；不得动用机床、刀具、夹具、量具等相关设备与工器具。

（5）严格遵从设备主管方的工作安排，不得擅自调换岗位。

（6）保证作业现场整齐、有序，各种安全设施齐全、有效。

（7）作业后按规定搞好设备卫生，对其进行必要维护保养，切断电源，关闭门窗等。

（8）认真对机床实行定期维护和保养制度，保证其安全、可靠、经济、稳定运行。

（9）一旦发生事故，应立即采取恰当措施，防止事故扩大，并保护好现场。

1.1.1.2　数控机床安全操作规程

一般注意事项：

（1）数控机床操作工必须熟悉所使用机床的组成结构、工作原理、性能参数，并经考核取得相应操作资质合格证书后，方可持证上岗作业；对于数控机床操作学员而言，应详细阅读机床使用说明书，在取得机床管理方同意后，方可在其监管下操作机床。

（2）数控机床操作时，必须按要求正确穿好工作服及安全鞋，戴好工作帽（长发者发辫不得外露）及防护镜，注意不宜佩戴首饰、围巾等可能影响操作安全的饰物，尤其是严禁戴手套操作数控机床。

（3）注意数控机床各个部位警示牌上所提醒的内容；注意不要移动、涂抹或损坏安装在数控机床上的警示标识。

（4）注意作业区域内放置工器具等应摆放整齐有序、位置合理，既便于安全拿放，又不致影响数控机床作业，确保拥有足够的安全空间。

（5）如果某项作业需要两人甚至多人共同完成时，应注意相互间的协调配合。

（6）应按工艺规定进行编程，同时按规范合理操作，不得超负荷、超范围、无节制使用数控机床，并且严禁擅自对机床参数进行修改。

作业前的准备工作：

（1）熟悉机床紧急停车方法，掌握机床操作顺序。

（2）检查数控机床各部分是否完好，各按钮是否能自动复位，各手柄、开关、阀门位置是否正确，操作是否灵活、可靠。

（3）检查导轨、工作台等机床各处是否遗留有工具、刀具、量具、毛坯等影响其正常运行的多余杂物。

（4）检查工件、刀具、夹具是否安装到位。

（5）检查刀具、尾架、工作台等是否停放在合理位置。

（6）确保使用的刀具应与机床允许的规格相符，若刀具破损严重的，应及时进行更换。

（7）检查润滑系统工作是否正常、油位是否合适。

（8）机床开始作业前应按规定进行预热。

（9）编完程序或将程序输入机床后，应先进行仿真模拟，确认准确无误后，再进行首件试切操作。

（10）机床开动前，必须关好机床防护门。

工作过程中的安全注意事项：

（1）机床开动后，操作者应站在安全位置上，以避开机床运动部位和铁屑飞溅。

（2）禁止用手或其他任何方式，接触正在旋转的主轴、卡盘、工件或其他运动部位。

（3）禁止用手接触刀尖和铁屑，清除铁屑时应采用刷子、钩子等工具来清理，以免划伤手指。

（4）禁止在加工过程中测量、擦拭工件，也不能清扫机床、清理铁屑。

（5）在机床运转过程中，操作者不得擅自离开工作岗位，确因需要必须离岗时，无论时间长短，均应进行停车。

（6）在每次接通电源后，应重新进行机床"回零"操作（有特殊要求的除外），然后再进入其他运行方式，以确保各轴坐标的正确性。

（7）在加工过程中，不允许打开机床防护门，也不允许打开电气柜门。

（8）操作机床面板时，只允许单人操作，其他人不得触碰按键。

（9）机床应由专人使用，未经允许不得随意交由它人使用。

（10）若工件伸出机床的长度过长时，应在其伸出部位设置必要的防护物品。

（11）学员必须在操作步骤完全清楚时，才可进行作业，严禁在不知道预期结果的情况下，进行尝试性操作。

（12）在使用手轮或快速移动方式移动各轴位置时，一定要先明确机床各坐标轴的移动方向，可先慢转手轮进行试探，观察机床移动方向无误后，方可加快移动速度。

（13）加工过程中，应随时注意观察机床的振动、温升、噪声、异味、冒烟、干涉等运行状况，若一旦发现问题，应立即按下急停按钮，并作好相应记录。

（14）在手动方式下操作机床时，要防止主轴和刀具与机床或夹具发生碰撞。

（15）数控程序自动运行前，应确保刀具补偿值及工件原点设定、操作面板上进给轴的速度及其倍率开关状态等正确无误。

（16）在程序运行中须暂停测量工件尺寸时，要待机床完全停止、主轴停转后，方可进行测量，以免发生人身事故。

作业完成后的注意事项：

（1）按规定顺序，切断各部分电源，最后关断总电源。

（2）将机械操作手柄、阀门、开关等扳到非工作位置上。

（3）清除切屑、整理工器具、擦拭机床，确保作业现场清洁、整齐。

（4）检查润滑油、冷却液的状态，及时添加或更换。

（5）填写机床操作与维护记录，对发现的问题及时向相关部门反馈。

1.1.2　数控机床的组成与工作过程

1.1.2.1　数控机床的概述

所谓机床，全称为金属切削机床，即是指用切削的方法将金属毛坯加工成机器零件的机器，它是制造机器的机器，所以又称为"工作母机"或"工具机"。在现代机械制造中，加工机器零件的方法有很多，除了上述的切削加工外，还有铸造、锻造、焊接、冲压、挤压、粉末成型、激光成型、3D 打印等。在一般场合下，但凡精度要求较高和表面粗糙度要求较细的零件，通常都需在机床上用切削的方法进行最终加工。在一般的机器制造中，机床所担负的加工工作量占机器总制造工作量的 40% ~ 60%。机床的"母机"属性决定了它在国民经济现代化的建设中势必占据重要地位。

目前，很多大批大量的产品，如汽车、家用电器的零件，为了解决高产优质的问题，多采用专用的工艺装备、专用的自动化机床或专用的自动化生产线和自动化车间进行生产。但是应用这些专用的生产设备，其生产准备周期长，产品改型不易，因而使新产品的开发周期延长，制约了现代企业的发展。

而在实际机械加工行业中，单件与小批量产品（批量在 10 ~ 100 件）占到机械加工总量的 80% 左右。鉴于技术进步日益加快及市场竞争日益激烈，尤其是在造船、航空、航天、机床、重型机械以及国防部门等，其生产特点是零件精度要求高、形状复杂、加工批量小、改型频繁。如果采用上述专用化程度很高的机床进行加工，显然不太合理，这主要是因为生产过程中要经常改装与调整设备，对专用生产线而言，这将导致生产周期过度延长、生产费用急剧提高，致使这种改装与调整的综合效益非常不理想，有时甚至无法实现。如果采用通用机床加工，虽然产品改变时，机床与工艺装备的变换和调整相对专业机床而言要简单些，但是通用机床自动化程度不高，难于提高生产效率和保证产品质量，特别是加工一些复杂零件更是受到极大制约。

如何解决上述矛盾呢？数字控制机床，就是为了实现单件、小批量、多品种，特别是复杂型面零件加工的自动化，并保证质量要求而产生的一种柔性自动化机床。所谓数字控制机床（Numerical Control Machine Tools），简称数控机床，是一种综合应用了计算机与信息技术，传感器与检测技术，电子电力与自动化控制技术，电机、液压与气动等动力拖动技术、精密机械设计和制造等先进技术的高新技术产物，是技术密集度及自动化程度均很高的典型的机电一体化产品。国家信息处理联盟（International Federation of Information Processing，IFIP）第五技术委员会对数控机床作了如下定义：数控机床是一种装有程序控制系统的机床，该系统能逻辑地处理具有特定代码和其他符号编码指令规定的程序。这里所说的程序控制系统，通常称作数控系统（Numerical Control System）。

数控机床的出现，在诸如航空航天、国防工业等领域中发挥了不可或缺的积极作用，除此之外，也对人们的日常生活产生了重要影响，例如人们所用的漂亮的手机、流线型的汽车、时尚的运动鞋等，它们的模具的制造也要用到功能强大数控机床。因此，可以认为数控机床极大地推动了社会生产的发展，在可预见的将来，其仍将占据不可替代的重要地位。学习并掌握数控机床可谓是机械制造从业人员的必备关键技能，也是其今后主要从业方向。

1.1.2.2　数控机床的基本组成

数控机床的种类繁多、形式各异，但其基本组成大致相同，主要由控制介质、输入、输出装置、数控装置（CNC 装置）、伺服驱动系统与位置检测装置、辅助控制装置、机床本体等几部分组成。数控机床的基本组成框图如图 1-1 所示。

A　控制介质

数控机床是一种利用数控技术，按照输入的零件加工程序来实现动作的机床。数控程

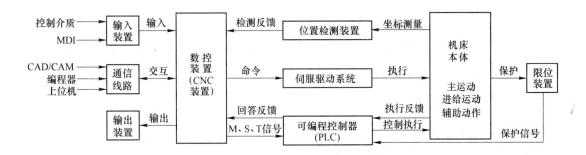

图 1-1　数控机床基本组成框图

序可谓是数控机床自动加工零件的工作指令，是在对加工零件进行工艺分析的基础上，确定零件坐标系在机床坐标系上的相对位置，即零件在机床上的安装位置；刀具与零件相对运动的尺寸参数；零件加工的工艺路线、切削加工的工艺参数以及辅助装置的动作等，这样便得到有关零件加工的运动、尺寸、工艺参数等加工信息，然后用由字母、数字和符号组成的标准数控代码，按照规定的方法和格式，编制而成的零件加工程序单。数控程序编制的工作可由人工进行手工编程；也可在专用的编程机或通用计算机上使用数控语言（如APT 语言）或运用 CAD/CAM 技术进行自动编程。而控制介质就是用于记录数控机床加工过程所需程序的记录载体，又常被称作程序介质、输入介质、信息载体。控制介质可以认为是人与数控机床之间建立某种联系的中间媒介物，是将编程人员的操作意图传达给数控机床的中间介质，其随着数控装置类型的不同而有多种形式。目前，常用的控制介质有穿孔纸带、磁带、软盘和 USB 接口介质（如闪存卡）等可以存储代码的载体。其中，穿孔纸带（也称控制带或简称纸带）是早期数控机床上常用的控制介质，现已很少用到；近年来随着 USB 接口的普及，加之 USB 接口介质存储容量大、数据交换迅速、载体使用寿命长、数据记录可靠等优点，其已在新型数控机床上开始大范围使用。

　　B　输入、输出装置

　　输入、输出装置是人与数控机床之间建立信息联系的主要途径，其主要作用是将零件加工过程中所需的数控程序通过输入装置完整、正确地输入到 CNC 装置中；或者将调试好了的零件加工程序通过输出装置存放或记录在相应的控制介质上。

　　根据控制介质的不同，需要不同的输入、输出装置，具体参见表 1-1。目前，也有不少的数控机床，不使用任何控制介质，而是将数控程序单的内容，通过数控机床操作面板上的键盘，用手工数据输入方式，即 MDI（Manual Data Input）方式直接输入数控装置中；或者用上位机通过通信线路，直接将数控程序传送到数控装置中。

表 1-1　数控机床常用控制介质的输入、输出装置

控制介质	输入装置	输出装置
穿孔纸带	纸带阅读机	纸带穿孔机
磁带	磁带机或录音机	
软盘	软磁盘驱动器	
—	键盘	CRT 或液晶显示器
USB 接口介质	专业程序支持的 USB 接口	

　　C　数控装置

　　数控装置是数控机床的核心、中枢，相当于数控机床的"大脑"，其作用主要是从内部存储器中取出或接受输入装置送来的一段或几段数控加工程序，经过数控装置的逻辑电路或系统软件进行编译、运算和逻辑处理后，输出各种控制信息和指令，控制机床各部分的工作，使其进行规定的、有序的运动和动作。

　　从技术的发展历史来看，数控装置经历了两种类型：即 NC（Numerical Control）装置和 CNC（Computer Numerical Control）装置。其中，NC 装置是由各种逻辑元件、记忆元件，如开关、继电器等组成数字逻辑电路，由硬件来实现数控功能，是固定接线的硬件结构；而 CNC 装置则由硬件与软件两部分组成，其主要使用计算机，由软件来实现部分或全部数控功能，具有良好的"柔性"，容易通过改变软件来更改或扩展其功能，但离开了硬件的支持，软件便也无法工作，可以认为 CNC 装置的性能很大程度上取决于硬件，而 CNC 装置的功能则很大程度上取决于软件，两者可谓是缺一不可。目前 NC 装置已被淘汰，现代数控机床均是采用 CNC 装置。

　　D　伺服驱动系统与位置检测装置

　　如果把数控装置（CNC 装置）比作数控机床的"大脑"，是发布"命令"的指挥机构的话，那么伺服驱动系统就是数控机床的"四肢"，是执行"命令"的机构，它是一个不折不扣的跟随者，是一种执行机构。伺服驱动系统简称伺服系统，是指以机床移动部件（如工作台、动力头等）的位置和速度作为控制量的自动控制系统，又称为随动系统、拖动系统。伺服系统是数控装置和机床本体的联系环节，用于接受来自数控装置的指令信息，经功率放大后，严格按照指令信息的要求驱动机床移动部件，以加工出符合图样要求的零件。因此，它的伺服精度和动态响应性能是影响数控机床加工精度、表面质量和生产率的重要因素之一。

　　伺服驱动系统按其功能又可分为：主轴伺服系统和进给伺服系统。其中：主轴伺服系统的作用是控制机床主轴的旋转运动（即主运动），为机床主轴提供驱动功率和所需的切削力；而进给伺服系统的作用则是接受数控装置发出的进给速度和位移指令信号，由伺服驱动装置作一定的转换和放大后，经伺服电机（直流伺服电机、交流伺服电机、功率步进电机、直线电机等）和机械传动机构，驱动机床的工作台等执行部件实现工作进给或快速运动，简单地说，其是用于控制机床各坐标轴的切削进给运动，并提供切削过程所需的力矩。

　　此外，伺服驱动系统按控制原理，还有开环控制、半闭环控制、闭环控制之分。其中，在半闭环与闭环控制伺服驱动系统中，还应设置位置检测装置。位置检测装置是由检测元件（传感器）和信号处理装置组成，主要对数控机床中运动部件的实际位置进行间接或直接测量，把测量信号作为反馈信号，并将其转换成数字信号送回数控装置与指令信号进行比较，若有偏差，经信号放大后控制执行部件（如机床的工作台），从而使其向着消除偏差的方向移动，直到偏差为零。位置检测装置的精度直接影响数控机床的定位精度和加工精度。

　　E　辅助控制装置

　　辅助控制装置，又称为强电控制装置，其主要作用是接收数控装置输出的开关量指令信号，经过必要的编译、逻辑判断、功率放大后，直接驱动相应的电器、液压、气动等辅助装置，完成规定的开关量动作。这些控制包括主轴运动部件的变速、换向和启停指令；刀具的选择和交换指令；冷却、润滑装置的启动、停止；机床卡盘的夹紧、松开；机床尾座和套筒的起停、前进、后退控制；分度工作台转位分度；机床排屑功能控制；电控箱温度控制；主轴部件恒温冷却；机床自动门的打开、闭合等开关辅助动作。此外，还有限位开关（行程开关）的监控检测等开关信号也要经过辅助控制装置传输给数控装置进行处理。由于可编程逻辑控制器 PLC（Programmable Logic Controller）具有响应快，性能可靠，易于使用、编程和修改程序，并可直接启动机床开关等特点，现已广泛用作数控机床的辅助控制。形象点来讲，可编程控制器 PLC 相当于是机床计算机系统的补充，目的是让计算机系统能集中精力用于对零件加工的高精度数字控制上，而不要为其他的辅助的"后勤"琐事分散精力。

　　F　机床本体

　　机床本体是数控机床的机械构成，是数控机床的主体部分，来自于数控装置的各种运动和动作指令，都必须由机床本体转换成真实的、准确的机械运动和动作，才能实现数控机床的功能，并保证数控系统性能的要求。数控机床的机械结构主要包括：主运动部件（如主传动件、主轴等）；进给运动部件（如工作台、刀架及其传动部件等）；基础支承件（如床身、立柱、导轨、滑座和工作台等）；辅助装置（如液压气动系统、润滑冷却装置和排屑防护装置等）；实现工件回转、分度定位的装置和附件，如回转工作台；自动托盘交换装置（APC）；对于加工中心类的数控机床，还有自动换刀装置 ATC（Automatic Tool Changer）；此外，数控机床还可根据自动化程度、可靠性要求和特殊功能需要，选用各类刀具破损检测、机床与工件精度检测、补偿装置和附件等。

　　通常，机床主运动部件、进给运动部件、基础件以及液压、润滑、冷却等辅助装置是构成数控机床的机床本体的基本部件，而其他部件则是依据数控机床的功能和需要进行选用的可选部件。数控机床的机床本体，与传统机床相似，但传动结构要求更为简单。在精度、刚度、抗震性、热变形等方面要求更高，而且其传动和变速系统要便于实现自动化控制。所以其设计要求比通用机床更严格，加工制造要求更精密，并采用加强刚性、减小热变形、提高精度等设计措施。现将常见数控机床的组成示意图举例如图 1-2 所示，以供参考。

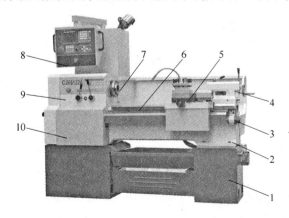

(a) 数控车床的组成示意图

1—床腿；2—床身；3—滚珠丝杠；4—尾座；5—回转刀架；6—导轨；
7—主轴；8—控制面板；9—主轴箱；10—进给箱

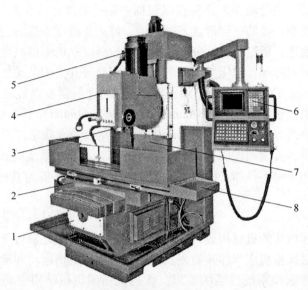

(b) 数控铣床的组成示意图(一)

1—床身；2—滑座；3—主轴；4—主轴箱；5—主轴电机；6—控制面板；7—立柱；8—工作台

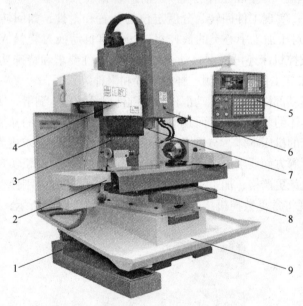

(c) 数控铣床的组成示意图(二)

1—底座；2—工作台；3—立柱；4—刀库；5—控制面板；6—主轴箱；7—主轴；8—滑座；9—床身

图 1-2　常见数控机床的组成示意图

1.1.2.3　数控机床的工作过程

在数控机床上加工零件，具体如图 1-3 所示，通常要经过以下几个步骤：

（1）编程。根据零件的图形尺寸、工艺过程、工艺参数、机床的运动以及刀具位移等内容，按照数控机床的编程格式和数控机床能够识别的语言，运用手工编程或自动编程等

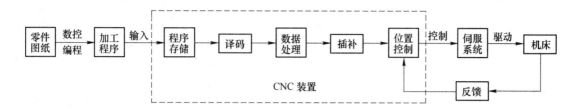

图 1-3　数控机床的工作过程

方式，编写数控加工程序，并根据所用机床能识别的控制介质类型，制备相应的控制介质，同时对程序进行必要的校验与修改。

（2）输入。将零件加工程序、工件坐标原点、刀具补偿参数等输入 CNC 装置。输入方式分为手动输入和自动输入两种方式。手动输入通常是通过数控机床操作面板上的键盘，用 MDI 方式直接输入数控系统；自动输入则是采用穿孔纸带、磁带、软盘、USB 接口介质（闪存卡）、连接上级计算机的 DNC 接口、网络通信等方式输入数控系统。

（3）译码。CNC 系统工作方式主要有存储器方式和 MDI 方式。存储器方式是将整个零件程序一次性全部输入到 CNC 内部存储器中，在加工时再从存储器中把程序一个一个调出，该方式应用较多；而 MDI 方式则是 CNC 一边输入一边加工的方式，即在前一程序段加工时，输入后一个程序段的内容。不论系统工作在 MDI 方式还是存储器方式，译码都是以零件程序的一个程序段（即程序中的一行）为单位进行处理，把其中的各种零件轮廓信息（如起点、终点、直线或圆弧等）、加工速度信息（如 F 代码）和其他辅助信息（如 M、S、T 代码等），按照一定的语法规则解释成计算机能够识别的数据形式，并以一定的数据格式存放在指定的内存专用单元。在译码过程中，还要完成对程序段的语法检查，若发现语法错误便立即报警。简单地讲，所谓译码，主要是将标准程序格式翻译成便于计算机处理数据的格式（高级语言→机器语言）。

（4）刀具补偿。刀具补偿处理是插补运算前必须完成的预备处理。常见刀具补偿，主要包括刀具半径补偿和刀具长度补偿。为了方便编程人员编制零件加工程序，编程时零件程序多是以零件轮廓轨迹来编程的，与刀具尺寸无关。刀具补偿的作用是把零件轮廓轨迹按系统存储的刀具尺寸数据自动转换成刀具中心（刀位点）相对于工件的移动轨迹。刀具补偿包括 B 机能和 C 机能刀具补偿功能。在早期的硬件数控系统中，鉴于其内存容量和计算处理能力有限，不能完成大量复杂计算，为此一般采用功能较为简单的 B 机能刀具补偿方法；在较高档次的 CNC 中，目前都应用 C 机能刀具补偿方法，其能够进行程序段之间的自动转接和过切削判断等功能。

（5）进给速度处理。数控加工程序给定的刀具相对于工件的移动速度，是在各个坐标合成运动方向上的速度，即 F 代码的指令值。速度处理首先要进行的工作，是将各坐标合成运动方向上的速度分解成各进给运动坐标方向的分速度，为插补时计算各进给坐标的行程量做准备；另外，对于机床允许的最低和最高速度限制也在这里处理。有的数控机床的 CNC 软件的自动加速和减速也放在这里，确保启动快而不失步，停止的位置准确、不超程。

（6）插补。通常，零件加工程序的程序段中的指令行程信息是有限的，例如对于加工直线的程序段仅给定起、终点坐标；对于加工圆弧的程序段除了给定其起、终点坐标外，还给定其圆心坐标或圆弧半径。若要进行轨迹加工，CNC 就必须从一条已知起点和终点的曲线上，运用一定的算法，自动在有限坐标点之间生成一系列的坐标数据，进行所谓的"数据点密化"的工作，这就是插补。插补在每个规定的周期（插补周期）内进行一次，即在每个周期内，按指令进给速度，计算出一个微小的轨迹数据段，通常经过若干个插补周期后，插补完一个程序段的加工，也就完成了从程序段起点到终点的"数据密化"工作。

（7）位置控制。位置控制的主要工作是在每个采样周期内，将插补计算出的理论位置与实际反馈位置进行比较，用其差值控制进给电动机。位置控制可由软件完成，也可由硬件完成。在位置控制中通常还要完成位置回路的增益调整、各坐标方向的螺距误差补偿和反向间隙补偿等，以提高机床的定位精度。

（8）伺服驱动。伺服系统接收数控装置（CNC 装置）发出的控制指令，经过一定的信号转换和电压、功率放大，精确控制执行部件的运动方向、进给速度与位移量。

（9）加工。通过数控机床的机床本体转换成真实的、准确的机械运动和动作，带动刀具与工件加工出符合图样要求的零件。

（10）反馈。通过检测装置对数控机床运动部件的位置及速度进行检测，并将信号反馈给数控装置，以此减少加工误差。需要说明的是，对于开环数控机床而言，是没有检测、反馈系统的。

1.1.3　数控机床的维护保养

1.1.3.1　数控机床维护保养的概念与意义

数控机床是采用数字控制技术，具有高效自动化加工功能，综合应用了多门学科的最新技术成果而发展起来的完全新型的机床。与普通机床相比，数控机床不但具有加工精度好、生产效率高、产品质量稳定、自动化程度高等优点，而且其还能完成普通机床难以完成或根本无法完成的复杂曲面零件加工。由此可见，数控机床在机械制造业中具有不可或缺的重要地位。可以这样认为，在机械制造业中，数控机床的拥有量、性能档次、应用水平，已成为反映一个企业制造能力的重要标志。

然而，人们更应清醒地认识到：数控机床在使用或闲置过程中，因内在、外在等缺陷因素的影响，会不可避免的产生磨损、腐蚀、变形、开裂、老化、泄露、打滑、松脱、烧损等异常现象。如何才能保持完好的技术状态、达到期望的加工精度、实现规定的生产效率、保证产品质量的稳定、减少设备故障的发生概率和延长机床的物质寿命，不仅仅取决于机床本身的质量、精度和性能等"先天条件"，而且还与操作者在生产中能否按规定对数控机床进行正确合理使用、精心维护保养等"后天因素"息息相关。

所谓数控机床维护，即是指通过擦拭、清扫、润滑、防腐、紧固、调整等必要措施对数控机床进行护理，以维持和保护数控机床的使用性能和技术状态，一般又可称为数控机床保养。数控机床的维护工作，按时间可分为日常维护保养、定期维护保养；按层次又可分为日常维护保养（简称日保）、一级维护保养（简称一保或定保）和二级维护保养（简称二保），此即常见的"三级保养制"。其中，日常维护保养是由数控机床操作工负责执行，内容包括日保养和周保养，又称为日例保和周例保，前者要求操作者在每次当班时进行；后者要求在每周末（或节假日前）进行。日常维护保养可谓是数控机床维护的基础工作，因此必须做到经常化、规范化、工艺化及制度化。而定期维护保养，则是以操作工为主、维修工配合，通常以月、季度、半年甚至年为周期对数控机床进行的维护保养。

综上所述，数控机床的维护是为防止机床性能劣化（退化）或降低机床失效概率，而按事先规定的计划或相应技术条件规定进行的技术管理措施，只有坚持做好对数控机床的维护保养工作，才可以延长元器件的使用寿命，延长机械部件的磨损周期，防止意外恶性事故的发生，争取机床长时间稳定工作；也才能充分发挥数控机床的加工优势，达到数控机床的技术性能，确保数控机床能够正常工作，因此，数控机床的维护必须引起高度的重视，并严格按规范执行。

1.1.3.2　数控机床维护保养的基本要求

A　做好宣传教育，提高思想认识

在思想上要高度重视数控机床的维护保养工作，尤其是对数控机床的操作者更应如此，要树立全面、正确的机床维护观，要充分认识到维护保养对机床使用期全过程管理的重要作用，使其能自觉遵守有关机床使用、维护、检查等规章制度，摒弃那种只管使用操作，而忽视对机床维护保养的狭隘做法。

B　增强操作者综合素质

数控机床在使用维护方面相对普通机床而言难度要大，这主要是因为数控机床是综合各种先进技术于一体的典型的机电一体化产品，它所涉及的知识面较宽，要求操作者应具有机、电、光、液、气等较为宽广的专业知识；此外，由于其电气控制系统中的 CNC 系统升级、更新换代比较快，如果不定期参加专业理论培训学习，则不能熟练掌握新的 CNC 系统应用，因此对操作人员提出的素质要求是比较高的。为此，必须对数控操作者不断进行培训，让其对机床原理、性能、结构、润滑部位及其方式等，进行较为系统的学习，为更好的使用维护机床奠定必要的理论基础，使其切实做到"三好"（即：管好、用好、修好设备）、"四会"（即：会使用、会保养、会检查、会排除故障）。

C　为数控机床创造一个良好的使用条件

数控机床必须工作在一定的使用条件下，方能使其稳定可靠运行。数控机床的使用要求一般包括电源要求和工作环境要求两个方面。其中，电源的要求主要有：电源相序按要求正规排序；电压应相对稳定，在允许范围内波动，例如 380V ± 10%，必要时应配备稳压电源；频率稳定、波形畸变小，例如 (50 ± 1)Hz，要求不与高频电感设备共用一条电源线；电源线与保险丝应满足总供电容量（例如：15kV·A）与机床匹配，并保证电缆线与接头完好及良好插接；提供可靠的接地保护，例如接地电阻 <0.4Ω，导线截面积大于 6mm^2 等。

工作环境要求主要有温度与湿度要求、位置环境要求等。在温度与湿度方面：精密数控机床一般有恒温环境的要求（通常为 20℃ 恒温室），只有在恒温条件下，才能确保机床精度和加工度；而一般普通数控机床对室温则没有这么苛刻的要求，但大量实践表明，当室温过高时，数控系统的故障率将大大增加。此外，潮湿的环境也会降低数控机床的可靠性，尤其在酸气较大的潮湿环境下，会使印制线路板和接插件锈蚀，机床电气故障也会增加。因此中国南方的一些用户，在夏季和雨季时应对数控机床环境有祛湿的措施。通常，数控车床加工中心的工作环境温度一般应在 0～35℃ 之间，工作环境相对湿度应小于

80%。为了提高零件加工精度，减小机床热变形，在有条件的情况下，可将数控机床安装在相对密闭的、加装空调设备的厂房内。

至于位置环境方面，一般要求应具有防振沟或远离振源，远离高频电感设备；无阳光直接照射与热辐射；空气应保持洁净，无导电粉尘、油雾、盐雾，无腐蚀性气体，无易爆气体，无尘埃等；机床周围有足够的活动空间和安全距离；另外，还应确保机床基础坚实牢固等。

D　严格遵循正确的机床维护规程

无论是什么类型的数控机床，一般都配备有相应的维护规程。机床维护规程是对数控机床日常维护方面的技术要求和管理规定，其主要内容包括：机床要达到清洁、整齐、润滑、防腐、安全等要求的作业内容、作业方法、使用的工器具及材料、达到的标准及注意事项；日常检查维护及定期检查的部位、方法和标准；检查和评定操作者维护设备程度的内容和方法等。机床操作者必须严格按照维护规程的要求认真开展工作。

E　尽可能提高数控机床开动率

在使用维护过程中，应尽可能提高数控机床的开动率。数控机床购置成本相对普通机床而言比较高，只有提高机床开动率，生产更多的产品，才能使其发挥最大的综合效益，为此，在生产实践中，应在机床操作与维护过程中寻求平衡，重操作、轻维护；或重维护、轻操作的做法都不可取。因此，机床操作者应尽量利用生产间隙等闲暇时间积极开展维护工作，例如在缺少生产任务时，对机床定期通电，每次空运行 1h 左右，利用机床运行时的发热量来除去或降低机内的湿度等。此外，对于新购置的数控机床，不要长期闲置，应尽快将其投入使用，这是因为机床在使用初期阶段，其故障率相对正常运行阶段来说往往要大一些，作为用户应在保修期内充分利用机床，使其薄弱环节尽早暴露出来，以便在保修期内得以经济、有效解决。

F　冷静对待机床问题，不可盲目处理

数控机床在使用维护过程中，不可避免地会出现这样或那样的问题，例如机床出现异常、缺陷，甚至发生故障，对此，操作者应保持足够冷静，切记不可听之任之，更不可胡乱处理，以免产生更为严重的后果，要注意保持现场，做好记录，待维修人员到来后，如实反映机床故障前后的情况，并积极参与分析问题，尽早排除故障。故障若属于操作原因，操作者应及时吸取教训，避免下次犯同样的错误。

G　制定并且严格执行数控机床管理的规章制度

数控机床的维护是一项系统工程。除了对数控机床的日常维护保养外，还必须制定并且严格执行数控机床管理的其他相关规章制度。主要包括：定人、定机和定岗的"三定"制度，定期检查制度，规范的交接班制度，操作者岗位责任制，数控机床点检制度，数控机床润滑制度，数控机床使用维护信息管理制度等。这也是数控机床管理、维护与保养的主要内容。

1.1.3.3　数控机床维护保养的内容

考虑到数控机床种类繁多、类型各异，各类数控机床因其功能、结构及系统的不同，各自具有不同的特性，从而使其维护保养的内容也各有其特色。在此抛砖引玉，仅对一般数控机床常见组成部分的维护保养内容进行简介。

A　CNC 系统的维护保养

无论是何种类型的数控机床，都具有数控系统（现在一般均为 CNC 系统），对其开展维护保养，可谓是数控机床的共性部分。CNC 系统是数控机床的核心组成部分，但其在运行使用一定时间以后，某些元器件难免会出现一些异常、缺陷或者故障。为防止 CNC 系统性能劣化，降低控制系统方面故障概率，尤其是为防止恶性事故发生，就必须认真对其进行维护保养。概括起来，主要包括以下几方面：

（1）制订并遵守 CNC 系统有关维护方面的规章制度。根据不同类型数控机床的性能特点，制订与 CNC 系统相关的维护保养方面的规章制度，以便做到有章可循；同时在日常使用和操作机床过程中，还应严格遵照执行。

（2）不得随意打开数控柜门和强电柜门。在机械加工厂房的空气中常会含有油雾、浮尘，甚至金属粉末，其一旦落入数控系统的印刷线路板或者电子元器件上，则易引起其元器件间绝缘电阻下降，甚至导致线路板或者元器件损坏，引发或造成失控等故障。所以，在工作中除进行必要的调整或维修外，一般不允许打开数控柜门和强电柜门，更不允许随意敞开柜门降温，以免恶劣环境加速系统损坏。

（3）定期清理数控柜的散热通风系统。散热通风系统是防止数控系统过热的重要装置。散热系统的缺陷，将会使数控系统因温度过高而不能可靠工作，甚至引发过热报警。为此，应每天检查数控柜上各个冷却风扇运转是否正常。视工作环境情况，每季度或者每半年检查一次过滤器风道是否有堵塞现象，对积尘过多的过滤网应及时予以清理。需要注意的是，在清理空气过滤器时，不可向内吹气，而是将其拆下，然后用压缩空气由里向外吹掉内部灰尘。若是过滤器太脏时，可使用中性清洁剂，以 1∶5.95 的配方与水混合后，对其进行冲洗，尽量不要揉擦，然后置于阴凉处晾干即可。

（4）定期检查和更换存储器用电池。CNC 系统中部分与用户相关的数据、参数、加工程序等是存放在 CMOS RAM 存储器中，其在 CNC 系统工作时由数控系统电源供电；而在 CNC 系统断电或不通电期间则采用电池供电。一般采用锂电池或者可充电的镍镉电池。当电池电压下降到一定值时，就会造成数据丢失，因此要定期检查电池电压，并保证每月至少 10h 累计开机时间，以便对可充电电池进行充电。但是充电电池是有充电次数极限或者说是有充电寿命的。另外，还有部分系统采用干电池对 RAM 供电。为防止电池失效造成数据丢失，一般要求每年更换一次电池，或在 CNC 系统发出低电压报警后的两周内更换。注意，更换电池时一般应在 CNC 系统通电状态下进行，这样才不会造成所存储的信息丢失。为了防止可能丢失数据的情况发生，平时应对存储器内信息做好备份，一旦发生参数或数据丢失，在调换电池后，可重新进行输入。

（5）定期维护 CNC 系统输入、输出装置。例如：定期采用专用清洗盘，清洗磁盘驱动器的磁头。对于部分仍在使用纸带阅读机的 CNC 系统，每天清理纸带阅读机的表面、用蘸有无水酒精纱布擦拭发光管与受光体，使用完毕后及时关上纸带阅读机的小门；每周定期擦拭阅读机上滚轴与压紧轴等运动部件；每半年对运动轴相应部位加注润滑油等，以免其受污染，导致信息在读入与传输中出错。

（6）经常监视 CNC 装置用的电网电压。CNC 系统对工作电网电压有严格的要求。例如 FANUC 公司生产的 CNC 系统，允许电网电压在额定值的 85% ~ 110% 的范围内波动，否则会造成 CNC 系统不能正常工作，甚至会引起 CNC 系统内部电子元件的损坏。为此要经常检测电网电压，并控制在定额值的 −15% ~ +10% 以内。在电网质量较差的地区，必要时应配置交流稳压电源装置，这将使故障率明显降低。

（7）定期检查和更换直流电机电刷。早期生产的数控机床大多数采用直流伺服电机，这就存在电刷的磨损问题。直流电机与测速发电机的电刷如果过度磨损，势必将影响电机的运行性能，甚至导致电机的损坏。为此，有必要对其进行定期检查和更换。检查周期随数控机床使用频率而异，一般为每半年或一年一次。特别应该注意的是，如果数控机床闲置半年以上时，应该将电刷从电机中取出，以免换向器的化学腐蚀作用，导致换向性能变坏，甚至损坏整台电机。

（8）CNC 系统长期不用时的维护。当数控机床由于某种原因需长期闲置时，也应定期对 CNC 系统进行维护保养。之所以要这样做，主要是因为：1）满足存储器充电电池的充电需要；2）满足 CNC 系统中电子元器件的"健康"与寿命需要。长期闲置的数控机床中的电子元器件容易氧化或腐蚀，为此应经常给 CNC 系统通电，尤其是在空气湿度较大的梅雨季节更是如此。通常是在机床锁住不动的情况下，让系统空运行，这样可利用电子元器件本身的发热来驱散数控柜内的潮气，以保证其性能稳定、可靠。实践经验表明，在空气湿度大的地区，这类闲置机床重新开机时，多半会发生故障，而经常给数控系统通电，是降低故障率的有效措施。

（9）备用印刷线路板的维护。对于已购置的备用印刷线路板，长期闲置同样容易出现故障，为此应定期装到 CNC 装置上通电运行一段时间，以防损坏。

（10）CNC 发生故障时的处理。一旦 CNC 系统发生故障，操作人员应采取急停措施，停止系统运行，并且保护好现场，同时协助维修人员做好维修前期的准备工作。

B　强电控制系统的维护保养

数控机床强电控制系统主要是由普通交流电动机的驱动、机床电器逻辑控制装置 PLC 与操作盘等部分构成，其维护保养主要包括以下几方面：

（1）可编程控制器（PLC）的维护与保养。PLC 也是数控机床上重要的电气控制部分。数控机床强电控制系统除了对机床辅助运动和辅助动作控制外，还包括对保护开关、各种行程和极限开关的控制。在上述过程中，PLC 可代替数控机床上强电控制系统中的大部分机床电器，从而实现对主轴、换刀、润滑、冷却、液压、气动等系统的逻辑控制。PLC 可与数控装置合为一体构成内装式 PLC；也可位于数控装置以外构成独立式 PLC。由于 PLC 的结构组成与数控装置有相似之处，所以其维护保养可参照上述数控装置的维护保养。

（2）普通继电接触器控制系统的维护保养。数控机床除了 CNC 系统外，对于经济型数控机床则还有普通继电接触器控制系统。对其维护保养工作，主要是如何采取措施，防止强电柜中的接触器、继电器的强电磁干扰的问题，这主要是因为强电柜中的接触器、继电器等电磁部件均为 CNC 系统的干扰源。当交流接触器、交流电机频繁启动、停止时，其电磁感应现象会使 CNC 系统控制电路中产生尖峰或浪涌等噪声，从而干扰系统的正常工作，为此，一定要对这些电磁干扰采取措施，予以消除。例如，对于交流接触器线圈，则在其两端或交流电机的三相输入端并联 RC 网络来抑制这些电器产生的干扰噪声等。另外，还要注意防止接触器、继电器触头的氧化和触头的接触不良（对低压电器而言，主要故障即为接触问题）等。

C　机械部分的维护保养

数控机床的机械部分相对普通机床而言，其传动结构更为简单，但在精度、刚度、抗振动等方面要求更高，且传动与变速系统更便于实现自动化控制。机械部分维护保养主要包括：机床主轴部件、进给传动机构、导轨、自动换刀装置、回转工作台、数控分度头、液压系统、气动系统等维护保养。其维护保养主要包括：

（1）主轴部件的维护保养。主轴部件是数控机床机械部分中的重要组成部件，主要由主轴、轴承、主轴准停装置、自动夹紧和切屑清除装置等组成。在数控机床的使用和维护过程中，必须高度重视主轴部件的润滑、冷却与密封问题，做好检查与消缺工作。1）润滑：良好的润滑，是减少摩擦、降低磨损、减少发热、防止锈蚀、保持摩擦表面清洁、减少振动与噪声的重要保证，为此必须做好主轴部件的润滑工作，合理选择润滑材料、润滑方法、润滑装置，严格按规定的润滑部位、润滑周期、润滑材料质量和数量等开展润滑工作，并妥善保管润滑材料以便使用时保证润滑质量。一般低速时，采用油脂、油液循环润滑；而高速时，采用油雾、油气润滑方式。注意在采用油脂润滑时，主轴轴承的封入量通常为轴承空间容积的10%，切忌随意填满，这是因为过多的油脂，会加剧主轴发热；对于油液循环润滑，应做到每天检查主轴润滑恒温油箱，查看油量是否充足，如果油量不够，则应及时添加合格的润滑油；同时要注意检查润滑油温度是否在规定范围内。2）冷却：主轴部件的冷却主要是以减少轴承发热，有效控制热源为主，注意检查冷却装置是否完好、可靠。3）密封：主轴部件的密封不仅要防止灰尘、屑末和切削液进入主轴部件，还应防止润滑油的泄漏。主轴部件的密封主要有接触式和非接触式密封。对于采用油毡圈和耐油橡胶密封圈的接触式密封，要注意检查其老化和破损；对于非接触式密封，为了防止泄漏，应保证回油能尽快排掉，回油孔应通畅等。

（2）进给传动机构的维护保养。数控机床进给系统的机械传动机构的维护保养主要包括滚珠丝杠螺母副、齿轮传动副及其支承部件的维护保养。1）对于滚珠丝杠螺母副，要注意由于丝杠螺母副的磨损而导致的轴向间隙，要对其进行定期检查、调整，以保证反向传动精度和轴向刚度；对于丝杠螺母的密封，要注意检查密封圈和防护套，以防止灰尘和杂质进入滚珠丝杠螺母副；对于丝杠螺母的润滑，如果采用润滑脂，要定期进行润滑，建议每半年对其清洗一次，换上新的润滑脂；如果采用润滑油，则要注意经常通过注油孔注油；此外，还应定期检查丝杠支承与床身的连接是否松动、支承轴承是否损坏，并及时进行紧固与更换处理。2）对于齿轮传动副，一方面主要是应做好齿轮润滑工作，另一方面还应注意齿面啮合、齿侧间隙的检查，并及时进行调整，以消除反向失动量，确保传动系统的稳定性。

（3）机床导轨的维护保养。机床导轨的维护保养主要包括导轨的润滑和导轨的防护。1）机床导轨的润滑。机床导轨润滑的目的主要是减少摩擦阻力和摩擦磨损，以避免低速爬行和降低温升，为此必须做好导轨的润滑工作，注意润滑材料、方法、部位、周期、润滑材料质量和数量应满足规范要求。2）机床导轨的防护。在操作使用中要注意防止切屑、杂质或者切削液散落在导轨面上，否则会引起导轨的磨损加剧、擦伤和锈蚀。为此，要注意导轨防护装置的日常检查，以保证其防护效果。

（4）自动换刀装置的维护保养。自动换刀装置是加工中心区别于其他类型数控机床的特征结构。它具有根据加工工艺要求自动更换所需刀具的功能，以帮助机床节省辅助时间，并满足在一次安装中完成多工序、同步加工要求。因此，在操作使用中，要注意经常检查自动换刀装置各组成部分的机械结构的运转是否正常、灵敏，同时检查其润滑是否良好，并且要注意换刀可靠性和安全性的检查。

（5）回转工作台的维护保养。数控机床的圆周进给运动一般由回转工作台来实现。对于加工中心而言，回转工作台已成为一个不可缺少的部件。因此，在操作使用中，要注意严格按照使用说明书和操作规程的要求，正确使用回转工作台，此外还应特别注意回转工作台传动机构和导轨的润滑工作开展。

（6）液压系统的维护保养。定期对油箱里的油液进行取样化验，检查油液质量是否达标，定期对其进行过滤或更换处理；检查冷却器和加热器的工作性能，控制油温在要求范围内；定期检查、更换密封元件，防止液压系统泄漏；定期检查、清洗或更换液压件、滤芯、油箱和管路等；严格执行日常点检制度，检查系统的泄漏、压力、温度、振动、噪声等是否正常。

（7）气动系统的维护保养。选用合适的过滤器，清除压缩空气中的杂质和水分；检查系统中油雾发生器的供油量，保证空气中有适量的润滑油来润滑气动元件，防止生锈、磨损等造成空气泄漏和元件动作失灵；定期检查、更换密封件，确保气动系统的密封性；定期检查、清洗或更换气动元件、滤芯；注意调节系统工作压力，保证气动装置具有合适的工作压力和运行速度。

D　数控机床维护中应特别关注的元器件

鉴于生产现场人力、物力、财力有限，为此在机床维护过程中，应集中力量重点关注并定期检查那些会因失修或维护不当而将引发设备故障的元器件，例如：

（1）易泄漏的部件，例如冷却液、润滑油、液压回路等部件的泄漏，不仅使其本身出现故障，而且还会流入电器引发电器故障等。

（2）易温升元器件，例如伺服放大回路中的大功率元器件，诸如稳压器与稳压电源、变压器、接触器、继电器、电动机等具有线圈的元器件等。

（3）易造成卡死的元器件，例如因润滑不良等，造成不能到位接触的电磁开关、电磁阀、热继电器、位置开关等。

（4）易磨损的元器件，例如电动机的电刷、测速发电机的碳刷、高频动作的接触器、离合器的摩擦片、轴承、齿轮副等。

（5）易疲劳失效的元器件，例如含有弹簧元器件（多见于低压电器中）的弹性失效、常拖动弯曲的电缆断线等。

（6）易松动移位的元器件，例如机械手的传感器、定位机构、位置开关、测速发电机、编码器等。

（7）易污染的元器件，例如传感器（光栅、光电头、电机整流子、编码器）、低压控制电器、接触器的铁芯截面、过滤器、风道等。

（8）易击穿的元器件，例如大功率管（晶闸管）、电容器等。

（9）易老化与有寿命问题的元器件，例如存储器电池及其电路、继电器以及高频接触器、光电池、光电阅读器的读带等。

（10）易氧化与腐蚀的元器件，例如电动、电磁开关、保险丝卡座、接插件接头、继电器与接触器触头、接地点等。

综上所述，搞好数控机床的维护保养，对确保机床安全、稳定、高效、经济运行大有裨益。需要说明的是：不同类型数控机床维护保养的详细内容，均有其各自相关规定的要求，具体可参见数控机床配套说明书、数控机床维护规程等技术资料。常见数控机床维护保养的周期、部位及内容，见表 1-2。

表1-2　数控机床的维护保养一览表

序号	检查周期	检查部位	检 查 内 容
1	每天	工作台、机床表面	清理工作台、基座等处的灰尘等污物；擦拭机床表面上的润滑油、切削液和切屑等脏物；移去一切无关物品
2	每天	导轨润滑油箱	检查润滑油油量，发现缺油及时予以添加；检查润滑油泵是否定时启动供油及停止；检查各润滑点是否有润滑油到达
3	每天	主轴润滑恒温油箱	检查油箱工作是否正常，油量是否充足，温度范围是否适合
4	每天	各坐标轴导轨面	清理导轨上切屑、杂质等污物；检查导轨面有无划伤、锈斑及损坏；检查导轨面润滑是否良好
5	每天	机床液压系统	检查液压泵有无异常振动或噪声；液压泵压力是否符合要求；油箱油面是否在规定高度；管路及各接头有无泄漏
6	每天	液压平衡系统	检查平衡压力是否正常，快速移动时平衡阀工作是否正常
7	每天	压缩空气源	检查气动控制系统压力是否在正常范围之内、压缩空气质量是否良好
8	每天	气源分水滤气器与空气干燥器	及时清理分水滤气器滤出的多余水分；确认空气干燥器工作状态正常
9	每天	气液转换器和增压器油位	检查其油位是否合适，发现缺油量时，应及时补充
10	每天	CNC 输入、输出单元	例如：检查光电阅读机的清洁情况，机械润滑是否良好等
11	每天	开关	清理并检查所有限位开关、接近开关及其周围表面
12	每天	切削液	检查切削液软管及液面情况；清理管内及切削液槽内的切屑、杂质等污物
13	每天	各防护装置	检查导轨、机床防护罩等是否齐全、有效；检查急停开关动作是否灵活；检查刀库、机床安全门开关动作是否正常
14	每天	电气柜各散热通风装置	检查各电气柜中冷却风扇工作是否正常；过滤器风道是否有堵塞现象，并及时进行清理
15	每天	其　他	检查机床其他部位是否完好；各按钮是否能自动复位；各手柄、开关、阀门位置是否正确，操作是否灵活、可靠；操作面板上所有指示灯显示是否正常
16	不定期	冷却油箱、水箱	随时检查液面高度，及时添加油（或水）；太脏时要更换，并清洗油箱（或水箱）；检查过滤器是否正常，各回油（或水）通道是否顺畅
17	不定期	废油池	及时清理积存在废油池中的废油，以免溢出；若油液突然增多，应检查液压管路是否存在泄漏
18	不定期	排屑器	经常清理切屑，检查有无卡住等异常现象
19	每周	各电气柜过滤网	对积尘过多的过滤网应及时予以清理，必要时进行更换
20	每月	电气控制箱	清理电气控制箱内部，使其保持干净、整洁
21	每月	工作台及床身基准	校准工作台及床身基准的水平，必要时应对其垫板进行调整，并拧紧螺母
22	每月	液压装置、管路及其接头等附件	检查液压装置、管路及其接头等附件，确保无松动、无磨损、无泄漏
23	每月	各电磁阀及开关	检查各电磁阀、行程开关、接近开关，确保其能正常工作
24	每月	液压油箱过滤器	检查液压油箱内的过滤器，必要时予以清洗
25	每月	电缆及接线端子	检查各电缆及接线端子的接触是否良好，有无损坏等异常现象

续表1-2

序号	检查周期	检查部位	检查内容
26	每月	连锁装置、时间继电器、继电器	检查各连锁装置、时间继电器、继电器能否正常工作，必要时予以修理或更换
27	每月	电动机轴承	检查各电动机轴承是否有异常振动或噪声，必要时应予以更换
28	半年	进给轴	测量各进给轴的反向间隙，必要时予以调整或进行补偿
29	半年	滚珠丝杠	清洗丝杠上旧的润滑脂，涂上新润滑脂；清洗螺母两端的防尘圈
30	半年	主轴驱动皮带	按机床说明书要求调整皮带的松紧程度
31	半年	各轴导轨上的镶条、压紧滚轮	按机床说明书要求调整镶条、压紧滚轮的松紧状态
32	半年	所有电气部件及继电器	外观检查所有各电气部件及继电器等是否可靠工作
33	一年	直流伺服电动机	检查换向器表面，去除毛刺，吹净碳粉，磨损过短的电刷应及时进行更换，并经跑合后方可使用
34	一年	主轴润滑恒温油箱	清洗过滤器、油箱；更换润滑油
35	一年	液压油路	清洗溢流阀、减压阀、过滤器、油箱；对液压油进行过滤或更换，且新加入的油也必须经过过滤；对密封元件进行检查，必要时予以更换

【任务实施】

1. 任务地点：校内实训基地或校外实习基地。

2. 任务对象：基地内配置的数控车、铣床。

3. 任务分组：依据学生人数和数控车、铣床的数目进行分组，并选定组长。

4. 实施步骤：

（1）首先由指导教师，对学员开展有关数控机床操作的安全文明生产教育，同时现场模拟演示各种不安全行为，讲解典型事故案例；然后组织学员对此进行讨论，指出演示与案例之中的经验教训；最后在笔试、口试合格后，方可进入下一步骤。

（2）接下来，先由指导教师选取生产区域中一典型的数控机床，简要说明其组成结构、每部分的作用及数控机床工作过程；然后，引导学员通过个人自学、组内研讨等方式，对本组负责的数控车、铣床的基本结构（包括性能参数、工艺范围等）、每个组成部分的具体作用以及整个机床的工作过程等进行学习，同时教师以随机提问等方式，掌握学员的学习效果，并给予必要的辅导。

（3）最后，先由指导教师选取生产区域中一典型的数控机床，简要说明维护保养的意义与要领；然后，引导学员通过个人自学、组内研讨等方式，对本组负责的数控车、铣床的维护保养开展学习，拟定相关维护保养规程初稿，指导教师组织对维护保养规程初稿进行讨论，形成正式稿；然后，组织学员依据讨论形成规程正式稿，对数控机床实地开展维护保养工作，并组织学员对维护保养的效果，进行自评、互评，并提出改进意见。

5. 总结点评：在上述工作进行过程中，通过自我评价、组内互评及教师点评，以便让每位学员发现不足、促进交流及共同提高。

【任务小结】

1. 重点讲解了数控机床安全文明生产规定以及安全操作规程，各位学员务必切实理解每项条款的含意，并确保在今后操作过程中，能严格遵照执行。

2. 简要介绍了数控机床的产生与相关概念，重点讲解了数控机床的基本组成，主要包括控制介质、输入、输出装置、数控装置（CNC 装置）、伺服驱动系统与位置检测装置、辅助控制装置、机床本体等几个部分，并对每个组成部分的作用进行了介绍；此外，还着重介绍了数控机床的工作过程，主要有编程、输入、译码、刀具补偿、进给速度处理、插补、位置控制、伺服驱动、加工与反馈等。要求学员能针对常见数控车、铣床，指明其基本组成部分，并懂得每个组成部分的具体作用，同时理解数控加工的工作过程。

3. 阐述了数控机床维护保养的概念与意义，讲解了数控机床维护保养的基本要求，重点介绍了数控机床维护保养的内容，并通过数控机床的维护保养一览表进行了归纳，以供参考。要求学员能针对常见数控车、铣床，现场实地对其开展日常维护保养工作，并能理解该项工作的重大意义。

【思考与训练】

1. 数控机床安全文明生产规定有哪些？
2. 简述数控机床安全操作规程。
3. 数控机床的定义是什么？
4. 数控机床由哪几部分组成？简述每个组成部分的作用。
5. 数控机床的工作过程是什么？
6. 什么是数控机床维护？数控机床维护的意义有哪些？
7. 数控机床维护保养有哪些基本要求？
8. 简述数控机床维护保养的内容。

【考核评价】

本学习情境评价内容包括：基础知识与技能评价、学习过程与方法评价、团队协作能力评价及工作态度评价；评价方式包括：学生自评、组内互评、教师评价。具体见表1-3。

表1-3　学习情境 1 考核评价表

姓名		学　号		班级		时间	
考核项目	考核内容	考核要求	评分标准	配分	学生自评比重30%	组内互评比重30%	教师评价比重40%
基础知识与技能评价	安全生产知识与技能	掌握安全文明生产知识具备安全文明操作技能	10	40			
	数控机床基本组成与工作过程	理解数控机床的组成、每部分作用与工作过程	15				
	数控机床维护保养知识与技能	理解数控机床维护保养知识，并能实地操作	15				

续表 1-3

姓名		学　号			班级		时间	
考核项目	考核内容	考核要求	评分标准	配分	学生自评比重 30%		组内互评比重 30%	教师评价比重 40%
学习过程与方法评价	各阶段学习状况	严肃、认真、保质、保量、按时完成每个阶段的培训内容	15	30				
	学习方法	具备正确有效的学习方法	15					
团队协作能力评价	团队协作意识	具有较强的协作意识	10	20				
	团队配合状况	积极配合他人共同完成学习任务，为他人提供协助，能虚心接受他人的意见和建议，乐于贡献自己的聪明才智	10					
工作态度评价	纪律性	严格遵守并执行学校和企业的各项规章制度，不迟到、不早退、不无故缺勤	5	10				
	责任性、主动性与进取心	具有较强责任感，不推诿、不懈怠；主动完成各项学习任务，并能积极提出改进意见；对学习充满热情和自信，积极提升自身综合能力与素养	3					
	作风、面貌与心态	作风正派，具备良好精神面貌和阳光心态	2					
合计				100				
教师评语							总分	
							教师签名	

学习情境2 数控车削加工

【学习目标】

（一）知识目标

1. 能够进行数控车床日常维护和保养。
2. 能够掌握数控车床安全使用常识。
3. 了解数控车床加工范围及特点，能够制定数控车削加工工艺。
4. 能够进行切槽、切断、外螺纹及简单轴套类零件的编程。
5. 能操纵数控车床进行切槽、切断、外螺纹及简单轴套类零件的加工。

（二）能力目标

培养学生的安全意识，能正确使用数控车床和进行日常维护与保养，能根据生产条件和工艺要求，合理安排数控车床加工工序、正确选择机床、刀具、夹具及量具，合理编制数控程序，能调试程序，能解决生产加工中的实际问题。

学习任务 2.1 阶台轴的手动加工

【学习任务】

如图 2-1 所示为单向阶台轴零件。毛坯材料为 ϕ 35mm 硬铝棒，实训设备：数控装置

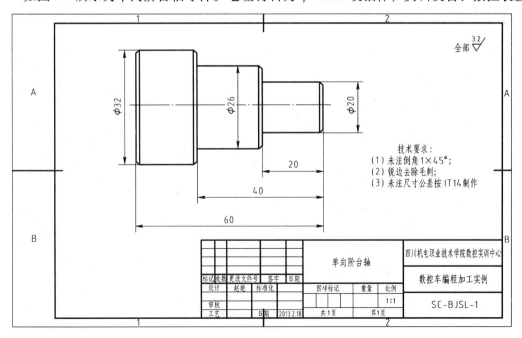

图 2-1 单向阶台轴零件图

型号为 FANUC 0i Mate-TD 的大连 CKA6136 数控车床，按图样要求，用手动操作方式完成该零件的加工。

【任务描述】

1. 掌握数控车床维护与保养和数控车床安全操作规程。

2. 了解数控车床加工范围及特点。

3. 掌握零件图的工艺分析、加工方案的确定、数控车削加工工序的划分、工步顺序和进给路线的确定。

4. 了解工件毛坯的安装和车刀的种类。

5. 掌握切削用量的选择。

6. 了解刀位点的概念。

7. 掌握车削端面和外圆的方法。

8. 了解 CKA6136 数控车床的特点及主要技术参数。

9. 掌握开机和关机操作、认识操作面板。

10. 掌握手动模式的操作和 MDI 模式的操作。

11. 掌握对刀操作的方法和技巧及工件坐标系建立的方法。

12. 掌握游标卡尺的使用及测量方法。

13. 掌握简单轴类零件的工艺分析和工艺路线确定的方法。

14. 掌握简单轴类零件的手动加工方法并形成技能。

【知识准备】

2.1.1　数控车床安全使用常识

2.1.1.1　数控车床维护与保养

在日常工作中，设备的日常维护，是指对设备在使用过程中，由于各部件、零件相互摩擦而产生的技术状态变化，进行经常的检查、调整和处理。这是一项经常性的工作，由操作工和维修工共同负责。设备的维护保养，是指操作工和维修工，根据设备的技术资料和有关设备的启动、润滑、调整、防腐、防护等要求和保养细则，对在使用或闲置过程中的设备所进行的一系列作业，它是设备自身运动的客观要求。

设备维护保养工作包括：日常维护保养、设备的润滑和定期加油换油、预防性试验、定期校正精度、设备的防腐和一级保养等。

数控车床的维护保养应根据其机床种类、型号及实际使用情况，并参照机床使用说明书进行。下面是一些常见、通用的日常维护保养要点。

A　日常点检

a　接通电源前

（1）检查切削液、液压油、润滑油的油量是否充足。

（2）检查工具、检测仪器等是否已准备好。

（3）切屑槽内的切屑是否已处理干净。

b　接通电源后

（1）检查机床操作面板上的各指示灯是否正常，各按钮、开关是否处于正确位置。

（2）数控装置 CRT 显示屏上是否有报警显示。如有问题应及时予以处理。

（3）液压装置的压力表是否指示在所要求的范围内。

（4）控制箱上的各个冷却风扇工作是否正常。

（5）刀具是否正确夹紧在刀夹上，刀夹与回转刀台是否可靠夹紧，刀具是否有磨损。

（6）若机床主轴变速有手动机械变速功能，应检查手动变速手柄是否放在所要求的位置。

（7）若机床带有导套、夹簧，应确认其调整是否合适。

c　机床运转

（1）运转中，主轴、滑板、丝杠、电机等处是否有异常噪声。

（2）有无与平常不同的异常现象，如声音、温度、裂纹、气味等。

B　月检查要点

（1）检查主轴的运转情况。主轴以最高转速一半左右的转速旋转 30min，用手触摸主轴箱壳体部分，若感觉温和即为正常。以此了解主轴轴承的工作情况。

（2）检查 X、Z 轴的滚珠丝杠，若有污垢，应清理干净。若表面干燥，应涂抹润滑脂。

（3）检查 X、Z 轴超程限位开关、各急停开关是否动作正常。可用手按压行程开关的滑动轮，若数控装置的 CRT 显示屏上有超程报警显示，说明限位开关正常。同时将各接近开关擦拭干净。

（4）检查刀台的回转头，中心锥齿轮的润滑状态是否良好，齿面是否有伤痕等。

（5）检查导套内孔状况，看是否有裂纹、毛刺，导套前面盖帽内是否积存切屑。

（6）检查切削液槽内是否积压切屑。

（7）检查液压装置，如压力表的动作状态、液压管路是否有损坏、各管接头是否有松动或漏油现象等。

（8）检查润滑油装置，如润滑泵的排油量是否合乎要求、润滑油管路是否损坏、管接头是否松动、漏油等。

C　半年检查要点

a　主轴检查项目

（1）主轴孔的振摆。将千分表探头嵌入卡盘套筒的内壁，然后轻轻地将主轴旋转一周，指针的摆动量小于出厂时精度检查表的允许值即可。

（2）主电机传动用 V 形带的张力及磨损情况。

（3）编码器、进给轴电机用同步带的张力及磨损情况。

b　检查刀台

主要看换刀时其换位动作的平顺性。以刀台夹紧、松开时无冲击为好。

c　检查导套装置

主轴以最高转速一半左右的转速旋转 30min，用手触摸壳体部分无异常发热及噪声为好。此外，用手沿轴向拉导套，检查其间隙是否过大。

d　润滑泵的检查

检查润滑泵装置浮子开关的动作状况。可从润滑泵装置中抽出润滑油，看浮子落至警戒线以下时，是否有报警指示以判断浮子开关的好坏。

e　伺服电动机的检查

检查伺服系统的伺服电动机。若换向器表面脏，应用白布蘸酒精予以清洗；若表面粗糙，用细金相砂纸予以修整；若电刷长度为 10mm 以下时，予以更换。

f　接插件的检查

检查各插头、插座、电缆和继电器的触点是否接触良好。检查各电路板是否干净。检查主电源变压器，各电动机的绝缘电阻应在 1MΩ 以上。

g　断电检查

检查断电后保存机床参数、工作程序用的后备电池的电压值，看情况予以更换。电池的更换应在数控系统供电状态下进行，以防更换时 RAM 内信息丢失。

D　生产点检

负责对生产运行中的数控车床进行点检，并负责润滑、紧固等工作。

点检工作作为一项工作制度必须认真执行并持之以恒，这样才能保证数控车床的正常运行。

E　数控车床的维护保养

除了定期的检查保养外，还应对一些部件进行不定期维护保养，见表2-1。

表 2-1　数控车床的维护与保养

日常保养内容和要求	定期保养内容和要求	
外观保养： （1）下班前擦洗机床表面，所有的运动表面抹上机油防锈； （2）清除切屑； （3）检查机床内外有无磕、碰、拉伤现象。 主轴部分： （1）检查液压夹具运转情况； （2）检查主轴运动情况。 润滑部分： （1）检查各润滑油箱的油量； （2）检查各手动加油点，按规定加油，并旋转滤油器。 尾座部分： （1）每周一次，移动尾座，清理底面、导轨； （2）每周一次，拿下顶尖清理锥孔。 电气部分： （1）检查三色灯、开关； （2）操作面板上各部分位置。 其他部分： （1）液压系统无滴油、发热现象； （2）切削液系统工作正常； （3）工件排列整齐； （4）清理机床周围，达到清洁； （5）认真填写好交接班记录及其他记录	保养部位	内容和要求
	外观部分	清除各部件上的切屑、油垢，做到无死角、保持内外清洁，无锈蚀
	液压及切削油箱	（1）清洗滤油器； （2）保持油管畅通、油窗明亮； （3）保持液压站无油垢、灰尘； （4）切削液箱内加 5～10CC 防腐剂（夏天 10CC，其他季节 5～6CC）
	机床本体及清屑器	（1）卸下刀架尾座的挡屑板，清洗； （2）扫清清屑器上的残余铁屑，每 3～6 个月卸下清屑器，清扫机床内部； （3）扫清回转刀架上的全部铁屑
	润滑部分	（1）各润滑油管要畅通无阻； （2）各润滑点加油，并检查油箱内有无沉淀物； （3）试验自动加油器的可靠性； （4）每半年对各运转点至少润滑一次； （5）每周检查一下滤油器是否干净，若较脏，必须洗净，最长不能超过一个月要清洗一次
	电气部分	（1）对电机碳刷每年要检查一次，若不符合要求，应立即更换； （2）热交换器每年至少检查清理一次； （3）擦拭电气箱保持内外清洁，无油垢、无灰尘； （4）保证各接触点良好，不漏电； （5）保证各开关按钮灵敏可靠

2.1.1.2　数控车床安全操作规程

数控机床安全操作规程如下：

（1）任何人员未经设备管理人员允许，不得任意开动机床。任何人员使用数控车床时，必须遵守本操作规程。在工作场地内禁止大声喧哗、嬉戏追逐，禁止吸烟，禁止从事一些未经管理人员同意的工作，不得随意触摸、启动各种开关。

（2）数控系统的编程、操作和维修人员必须经过专门的技术培训，熟悉所用数控车床的使用环境、条件和工作参数等，严格按机床和数控装置使用说明书要求，正确、合理地操作机床。

（3）操作机床时必须按要求穿戴劳保用品，不得穿短裤、拖鞋；女工禁止穿裙子，长头发要盘在适当的帽子里；操作机床时，禁止戴手套，并且不能穿着过于宽松的衣服。

（4）使用机床前必须先检查电源连接线、控制线及电源。不得欠过压、缺相、频率不符。

（5）任何人员不得更改数控装置内部制造厂设定的参数。

（6）机床在操作使用中严禁打开电气柜的门。

（7）开机前，应熟悉机床的传动系统和各手柄的功用，并检查变换手柄是否在所要求的位置。

（8）开机后，应先检查系统显示、机床润滑系统是否正常；空运行 10～20min 后，进行各轴的返机床参考点操作，然后再进入其他运行方式，以确保各轴坐标的正确性。

（9）操控控制面板上的各种功能按钮时，一定要辨别清楚并确认无误后，才能进行操控，不要盲目操作。在关机前应关闭机床面板上的各功能开关（例如转速、转向开关）。

（10）在操作加工前，应检查工件毛坯、刀具是否装夹紧固。手动操作时，设置进给速度宜在 1500mm/min 以内，一边操作，一边要注意拖板移动的情况。换刀时，必须先将刀架移动至换刀安全位置再换刀。

（11）加工程序编制完成后，必须先模拟运行程序，待程序校验准确无误后，再启动机床加工。

（12）机床工作时，操作者不能离开车床，当程序出错或机床性能不稳定时，应立即关机，消除故障后方能重新开机操作。

（13）开动车床应关闭防护罩，加工过程中严禁开启防护罩，以免发生意外事故。主轴未完全停止前，禁止触摸工件、刀具或主轴。触摸工件、刀具或主轴时要注意是否烫手，小心灼伤。

（14）在操作范围内，应把刀具、工具、量具、材料等物品放在工作台上，机床上不应放任何杂物。

（15）设备空运行时，应让卡盘卡爪夹持一工件，负载运转。禁止卡爪张开过大和空载运行。空载运行容易使卡盘卡爪飞出伤人。

（16）在机床实操时，只允许一名操作员单独操作，其余非操作的同事应离开工作区。实操时，同组同事要注意工作场所的环境，互相关照，互相提醒，防止发生人员或设备的安全事故。

（17）任何人在使用设备时，都应把刀具、工具、量具、材料等物品整理好，并作好设备清洁和日常设备维护工作。

（18）加工过程中，如出现异常危急情况，应及时按下"急停"按钮，以确保人身和设备的安全。

（19）机床出现故障时，应立即切断电源，立即上报并作好相关记录，勿带故障操作和擅自处理。

（20）机床发生事故时，应立即切断电源，立即上报并作好相关记录。操作者要注意保留现场，并向维修人员如实说明事故发生前后的情况，以利于分析和查找事故原因。

（21）保持工作环境的清洁，每天下班前 15min，要清理工作场所，必须做好当天的设备检查记录。

（22）要认真填写数控机床的工作日志，做好交接工作，消除事故隐患。

（23）下班前要清除切屑，擦净机床，拖板退到床尾一端，按下急停开关，关闭数控装置电源，关闭机床总电源。

2.1.2　数控车削加工工艺基础

2.1.2.1　数控车削加工的主要应用

数控车床即装备了数控系统的车床，数控车床是目前使用最广泛的数控机床之一。由数控系统通过伺服驱动系统去控制各运动部件的动作，主要用于轴类和盘类回转体零件的多工序加工。通过数控加工程序的运行，它能自动完成内外圆柱面、圆锥面、圆弧面或非圆弧曲线轮廓面、端面和螺纹等工序的切削加工，并能进行车槽、钻孔、镗孔、扩孔、铰孔等加工，如图 2-2 所示。此外，数控车削中心还可以在一次装夹中完成更多的加工工

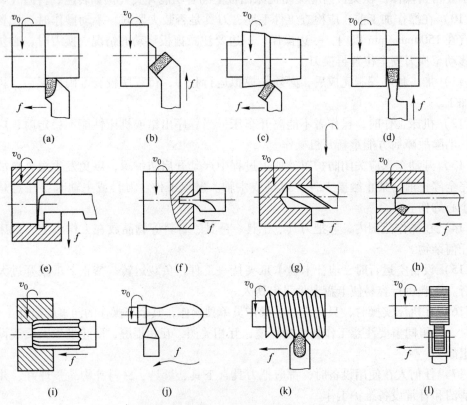

图 2-2　数控车床的用途

（a）车外圆；（b）车端面；（c）车圆锥；（d）切断；（e）切内沟槽；（f）钻中心孔；
（g）钻孔；（h）镗孔；（i）铰孔；（j）车成形面；（k）车螺纹；（l）滚花

序，包括钻、铣、攻螺纹等。它具有高精度、高效率、高柔性化等综合特点，其加工范围较普通车削广，不仅可以进行车削还可以铣削，适合中小批量形状复杂零件的多品种、多规格生产。

2.1.2.2 数控车削加工零件的类型

数控车削加工是数控加工中用得最多的加工方法之一，由于数控车床具有精度高、能做直线和圆弧插补以及在加工过程中能自动变速的特点，其工艺范围较普通车床宽得多。

车床车削的主运动是工件装夹在主轴卡盘上的旋转运动，配合刀具在平面内的运动使加工出的工件是回转体零件。回转体零件分为轴套类、轮盘类和其他类几种。车床轴套类和轮盘类零件的区分在于长径比，一般将长径比大于1的零件视为轴类零件；长径比小于1的零件视为轮盘类零件。

数控车床适合于车削具有以下要求和特点的回转类零件：

（1）轴套类零件。车床轴套类零件的长度大于直径，轴套类零件的加工表面大多是内、外圆周面。圆周面轮廓的母线可以是与 Z 轴平行的直线，切削形成台阶轴，轴上可有螺纹和退刀槽等；也可以是斜线，切削形成锥面或锥螺纹；还可以是圆弧或曲线（用参数方程编程），切削形成曲面。

（2）轮盘类零件。车床轮盘类零件的直径大于长度，轮盘类零件的加工表面多是端面，端面轮廓的母线可以是直线、斜线、圆弧、曲线或端面螺纹、锥面螺纹等。

（3）其他类零件。数控车床与普通车床一样，装上特殊卡盘或者夹具就可以加工偏心轴或在箱体、板材上加工孔或圆柱。

2.1.2.3 最适于用数控车加工的零件

A 精度要求高的回转体零件

由于数控车床的刚性好，制造精度高，对刀精确，以及能方便和精确地进行人工补偿甚至自动补偿，所以它能够加工尺寸精度要求高的零件。一般来说，车削七级尺寸精度的零件应该没什么困难。在有些场合可以以车代磨。此外由于数控车削时刀具运动是通过高精度插补运算和伺服驱动来实现的，再加上机床的刚性好和制造精度高，所以它能加工对母线直线度、圆度、圆柱度要求高的零件。对于圆弧以及其他曲线轮廓的形状，加工出的形状与图纸上的目标几何形状的接近程度比仿形车床要好得多。车削曲线母线形状的零件常采用数控线切割加工并稍加修磨的样板来检查。数控车削出来的零件形状精度，不会比这种样板本身的形状精度差。

数控车削对提高位置精度特别有效。不少位置精度要求高的零件用传统的车床车削达不到要求，只能在车削后用磨削或其他方法弥补。车削零件位置精度的高低主要取决于零件的装夹次数和机床的制造精度。在数控车床上加工如果发现位置精度较高，可以用修改程序内数据的方法来校正，这样可以提高其位置精度。而在传统车床上加工是无法作这种校正的。

B 轮廓形状复杂的回转体零件

任意平面曲线都可以用直线或圆弧来逼近，数控车床具有圆弧插补功能，可以加工各种复杂轮廓的零件。

由于数控车床具有直线和圆弧插补功能，部分车床数控装置还有某些非圆曲线插补功能，所以可以车削由任意直线和平面曲线组成的形状复杂的回转体零件和难以控制尺寸的零件。如图 2-3 所示为壳体零件封闭内腔的成型面，"口小肚大"，在普通车床上是无法加工的，而在数控车床上则很容易加工出来。

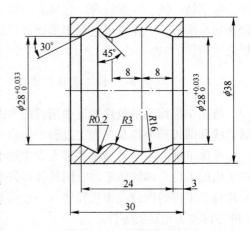

图 2-3　壳体零件封闭内腔

组成零件轮廓的曲线可以是数学方程式描述的曲线，也可以是列表曲线。对于由直线或圆弧组成的轮廓，直接利用机床的直线或圆弧插补功能。对于由非圆曲线组成的轮廓，可以用非圆曲线插补功能；若所选机床没有曲线插补功能，则应先用直线或圆弧去逼近，然后再用直线或圆弧插补功能进行插补切削。如果说车削圆弧零件和圆锥零件既可选用传统车床也可选用数控车床，那么车削复杂形状回转体零件就只能使用数控车床了。

C　表面粗糙度要求高的回转体零件

在工件材质和刀具的材料、精加工余量及刀具角度一定的情况下，表面粗糙度取决于切削速度和进给速度。普通车床是恒定转速，直径不同切削速度就不同。数控车床能加工出表面粗糙度小的零件，不但是因为机床的刚性和制造精度高，还由于它具有恒线速度切削功能。在普通车床上车削端面时，由于转速在切削过程中恒定，理论上只有某一直径处的粗糙度最小。实际上也可发现端面内的粗糙度不一致。使用数控车床的恒线速度切削功能，就可选用最佳线速度来切削端面和外圆轮廓，这样切出的粗糙度既小又一致。数控车床还适合于车削各部位表面粗糙度要求不同的零件。在加工表面粗糙度不同的表面时，粗糙度值小的表面选用小的进给速度，粗糙度值大的表面选用大些的进给速度，可变性很好，这点在普通车床很难做到。

D　带特殊类型螺纹的回转体零件

普通车床所能切削的螺纹相当有限，它只能车削等导程的圆柱、圆锥公、英制螺纹，而且一台车床只能加工若干种导程的螺纹。数控车床不但能车削任何等导程的圆柱、圆锥和端面螺纹，而且能车削增导程、减导程，以及要求等导程、变导程之间平滑过渡的螺纹和变径螺纹。数控车床车削螺纹时主轴转向不必像普通车床那样交替变换，它可以一刀又一刀不停地循环，直到完成，所以它车削螺纹的效率很高。数控车床可以配备精密螺纹切削功能，再加上一般采用机夹硬质合金螺纹车刀，以及可以使用较高的转速，所以车削出来的螺纹精度较高、表面粗糙度小。

E　超精密、超低表面粗糙度的回转体零件

磁盘、录像机磁头、激光打印机的多面反射体、复印机的回转鼓、照相机等光学设备的透镜及其模具，以及隐形眼镜等要求超高的轮廓精度和超低的表面粗糙度值，它们适合于在高精度、高功能的数控车床上加工。以往很难加工的塑料散光用的透镜，现在也可以用数控车床来加工。超精加工的轮廓精度可达到 $0.1\mu m$，表面粗糙度可达 $0.02\mu m$。超精车削零件的材质以前主要是金属，现已扩大到塑料和陶瓷。

2.1.2.4　数控车削加工工艺

在数控车床上加工零件时，要把被加工的全部工艺过程，工艺参数等编制成程序，整个过程是自动进行的，因此程序编制前的工艺分析是一项十分重要的工作。

制定数控车削加工工艺包括：选择并确定数控加工的内容、对零件图样进行数控加工工艺分析、零件图形的数学处理及编程尺寸设定值的确定、数控车削加工工艺过程的拟定、加工余量、工序尺寸及公差的确定、切削用量的选择、编制数控车削加工工艺文件等内容，其工作流程如图 2-4 所示。

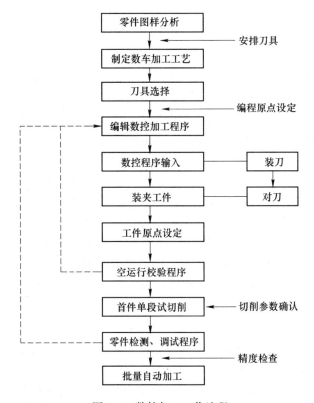

图 2-4　数控加工工作流程

A　零件图的工艺分析

a　分析几何元素的给定条件是否充分

由于设计等多方面的原因，在图样上可能出现构成加工轮廓的条件不充分，尺寸模糊不清及尺寸封闭缺陷，增加了编程工作的难度，有的甚至无法编程。

b　精度及技术要求

精度及技术要求分析的主要内容是：要求是否齐全、是否合理；本工序的数控车削精度能否达到图样要求，若达不到，需采取其他措施（如磨削）弥补的话，则应给后续工序留有余量；有位置精度要求的表面应在一次安装下完成；表面粗糙度要求较高的表面，应确定用恒线速切削。

B　加工方案的确定

一般根据零件的加工精度、表面粗糙度、材料、结构形状、尺寸及生产类型确定零件表面的数控车削加工方法及加工方案。

a　加工精度为 IT8～IT9 级、$Ra1.6～3.2\mu m$ 的除淬火钢以外的常用金属，可采用普通型数控车床，按粗车、半精车、精车的方案加工。

b　加工精度为 IT6～IT7 级、$Ra0.2～0.63\mu m$ 的除淬火钢以外的常用金属，可采用精密型数控车床，按粗车、半精车、精车、细车的方案加工。

c　加工精度为 IT5 级、$Ra<0.2\mu m$ 的除淬火钢以外的常用金属，可采用高档精密型数控车床，按粗车、半精车、精车、精密车的方案加工。

C　数控车削加工工序的划分

对于需要多台不同的数控机床、多道工序才能完成加工的零件，工序划分自然以机床为单位来进行。而对于需要很少的数控机床就能加工完零件全部内容的情况，数控加工工序的划分一般可按下列方法进行：

（1）以一次安装所进行的加工作为一道工序。将位置精度要求较高的表面安排在一次安装下完成，以免多次安装所产生的安装误差影响位置精度。

（2）以一个完整数控程序连续加工的内容为一道工序。有些零件虽然能在一次安装中加工出很多待加工面，但考虑到程序太长，会受到某些限制。

（3）以工件上的结构内容组合用一把刀具加工为一道工序。有些零件结构较复杂，既有回转表面也有非回转表面，既有外圆、平面也有内腔、曲面。对于加工内容较多的零件，按零件结构特点将加工内容组合分成若干部分，每一部分用一把典型刀具加工。这时可以将组合在一起的所有部位作为一道工序。

（4）以粗、精加工划分工序。对于容易发生加工变形的零件，通常粗加工后需要进行矫形，这时粗加工和精加工作为两道工序，可以采用不同的刀具或不同的数控车床加工。对毛坯余量较大和加工精度要求较高的零件，应将粗车和精车分开，划分成两道或更多的工序。

D　回转类零件非数控车削加工工序的安排

（1）零件上有不适合数控车削加工的表面，如渐开线齿形、键槽、花键表面等，必须安排相应的非数控车削加工工序。

（2）零件表面硬度及精度要求均高，热处理需安排在数控车削加工之后，则热处理之后一般安排磨削加工。

（3）零件要求特殊，不能用数控车削加工完成全部加工要求，则必须安排其他非数控车削加工工序，如滚压加工、抛光等。

（4）零件上有些表面根据工厂条件采用非数控车削加工更合理，这时可适当安排这些非数控车削加工工序，如铣端面打中心孔等。

E　工步顺序的确定

工步顺序安排的一般原则：

（1）先粗后精。对粗精加工在一道工序内进行的，先对各表面进行粗加工，全部粗加工结束后再进行半精加工和精加工，逐步提高加工精度。此工步顺序安排的原则要求：粗车在较短的时间内将工件各表面上的大部分加工余量切掉，一方面提高金属切除率，另一方面满足精车的余量均匀性要求。若粗车后所留余量的均匀性满足不了精加工的要求时，则要安排半精车，以此为精车做准备。为保证加工精度，精车要一刀切出图样要求的零件轮廓。此原则实质是在一个工序内分阶段加工，这样有利于保证零件的加工精度，适用于精度要求高的场合，但可能增加换刀的次数和加工路线的长度。

（2）先近后远。这里所说的远与近，是按加工部位相对于起刀点的距离远近而言的。在一般情况下，离起刀点远的部位后加工，以便缩短刀具移动距离，减少空行程时间。

（3）内外交叉。对既有内表面又有外表面需加工的零件，安排加工顺序时，通常应先进行内外表面粗加工，后进行内外表面精加工。切不可将零件上一部分表面（外表面或内表面）加工完毕后，再加工其他表面（内表面或外表面）。

F　进给路线的确定

进给路线是指数控机床在加工工件时，刀具刀位点相对工件运动的轨迹及方向，包括切削加工的路径及刀具切入、切出等非切削空行程。加工路线既包括了工步的内容，也反映出工步安排的顺序，是编写程序的重要依据。

确定进给路线的工作重点，主要在于确定粗加工及空行程的进给路线，因精加工切削过程的进给路线基本上都是沿其零件轮廓顺序进行的。在确定进给路线时最好先画一张工序简图，将已经拟定的进给路线画上去，这样可以给程序的编制带来许多方便。

确定进给路线的一般原则：

（1）保证零件的加工精度和表面粗糙度要求。

（2）缩短走刀路线，减少进退刀时间和其他辅助时间。

（3）方便数值计算，减少编程工作量。

（4）尽量减少程序段数。

在保证加工质量的前提下，使加工程序具有最短的进给路线，不仅可以节省整个加工过程的执行时间，还能减少一些不必要的刀具消耗及机床进给机构滑动部件的磨损等。实现最短的进给路线，除了依靠大量的实践经验外，还应善于分析，必要时可辅以一些简单计算。

完整轮廓的连续切削进给路线：在安排可以一刀或多刀进行的精加工工序时，其零件的完整轮廓应由最后一刀连续加工而成。这时，加工刀具的进、退刀位置要考虑妥当，尽量不要在连续的轮廓中安排切入和切出或换刀及停顿，以免因切削力突然变化而造成弹性变形，致使光滑连接轮廓上产生表面划伤、形状突变或滞留刀痕等缺陷。

G　工件毛坯的安装

车削加工时，必须将工件毛坯安装在车床的夹具上或三爪自定心卡盘上，经过定位、夹紧，使它在整个加工过程中始终保持正确的位置。由于工件形状、大小的差异和加工精度及数量的不同，在加工时应分别采用不同的安装方法。

a　在三爪自定心卡盘上安装工件

三爪自定心卡盘的三个卡爪是同步运动的，能自动定心，一般不需找正。三爪自定心卡盘装夹工件方便、省时，自动定心好，但夹紧力较小，所以适用于装夹外形规则的中、小型工件。三爪自定心卡盘可装成正爪或反爪两种形式。反爪用来装夹直径较大的工件。用三爪自定心卡盘装夹精加工过的表面时，被夹住的工件表面应包一层铜皮，以免夹伤工件表面。

数控车床多采用三爪自定心卡盘夹持工件。数控车床主轴转速较高，为便于工件夹紧，多采用液压高速动力卡盘。液动卡盘具有高转速、高夹紧力、高精度、调爪方便、通孔、使用寿命长等优点。通过调整油缸的压力，可改变卡盘的夹紧力，以满足夹持各种薄壁和易变形工件的特殊需要。还可使用软爪夹持工件，软爪弧面由操作者随机配制，可获得理想的夹持精度。

　　b　在四爪单动卡盘上安装工件

　　四爪单动卡盘的四个卡爪是各自独立运动的。因此在安装工件时，必须将工件的旋转中心找正到与车床主轴旋转中心重合后才可车削。四爪单动卡盘找正比较费时，但夹紧力较大，所以适用于装夹大型或形状不规则的工件。

　　c　在两顶尖之间安装工件

　　对于较长或必须经过多道工序才能完成的轴类工件，为保证每次安装时的装夹精度，可用两顶尖装夹，如图 2-5 所示。两顶尖安装工件方便，不需找正，定位精度高，但装夹前必须先在工件的两端面钻出合适的中心孔。该装夹方式适用于多工序加工或精加工。

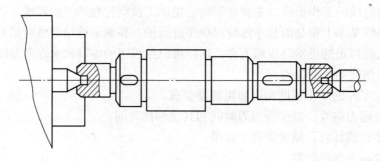

图 2-5　在两顶尖之间安装工件

用两顶尖装夹工件时须注意的事项：

（1）前后顶尖的连线应与车床主轴轴线同轴，否则车出的工件会产生锥度误差。

（2）尾座套筒在不影响车刀切削的前提下，应尽量伸出得短些，以增加刚性，减少振动。

（3）中心孔应形状正确，表面粗糙度值小。轴向精确定位时，中心孔倒角可加工成准确的圆弧形倒角，并以该圆弧形倒角与顶尖锋面的切线为轴向定位基准定位。

（4）两顶尖与中心孔的配合应松紧合适。

　　d　用一夹一顶方法来安装工件

　　用两顶尖装夹工件虽然精度高，但刚性较差，尤其对粗大笨重工件安装时的稳定性不够，切削用量的选择受到限制，这时通常选用一端用卡盘夹住另一端用后顶尖支撑来安装工件，即一夹一顶安装工件，如图 2-6 所示。

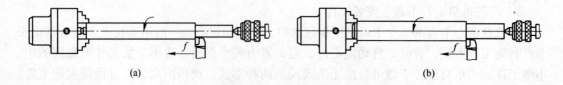

(a) 　　　　　　　　　　　　　　　(b)

图 2-6　一夹一顶安装工件
(a) 用限位支撑；(b) 用工件阶台限位

为了防止工件由于切削力的作用而产生轴向位移，必须在卡盘内装一限位支撑，或利用工件的台阶面轴向限位。一夹一顶安装工件比较安全、可靠，能承受较大的轴向切削力，安装刚性好，轴向定位准确，所以应用比较广泛。但这种方法对于相互位置精度要求较高的工件，在掉头车削时校正较困难。

e　用双三爪自定心卡盘装夹

对于精度要求高、变形要求小的细长轴类零件可采用双主轴驱动式数控车床加工，机床两主轴轴线同轴、转动同步，零件两端同时分别由三爪自定心卡盘装夹并带动旋转，这样可以减小切削加工时切削力矩引起的工件扭转变形。

f　其他类型的数控车床夹具

为了充分发挥数控车床的高速度、高精度和自动化的效能，必须有相应的数控夹具与之配合。数控车床夹具除了使用通用三爪自定心卡盘、四爪卡盘、顶尖、大批量生产中使用便于自动控制的液压、电动及气动卡盘、顶尖外，还有其他类型的夹具，它们主要分为两大类：即用于轴类工件的夹具和用于盘类工件的夹具。

（1）用于轴类工件的夹具：数控车床加工一些特殊形状的轴类工件（如异形杠杆）时，坯件可装卡在专用车床夹具上，夹具随同主轴一同旋转。用于轴类工件的夹具还有自动夹紧拨动卡盘、三爪拨动卡盘和快速可调万能卡盘等。如图2-7所示为加工实心轴所用的拨齿顶尖夹具，其特点是在粗车时可以传递足够大的转矩，以适应主轴高速旋转车削要求。

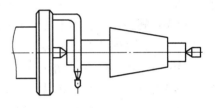

图 2-7　拨齿顶尖夹具

（2）用于盘类工件的夹具：这类夹具适用在无尾座的卡盘式数控车床上。用于盘类工件的夹具主要有可调卡爪式卡盘和快速可调卡盘。

H　车刀的种类

数控刀具的分类方法很多。按刀具切削部分的材料可分为高速钢、硬质合金、陶瓷、立方氮化硼和金刚石等刀具；按刀具的结构形式可分为整体式、焊接式、机夹可转位式；按所使用机床的类型和被加工表面特征可分为车刀、铣刀和孔加工刀具等。目前，数控车床用得最普遍的是硬质合金机夹可转位式刀具和高速钢刀具两种。常用车刀的种类、形状和用途如图2-8所示。

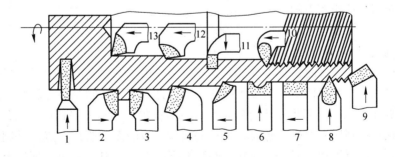

图 2-8　常用车刀的种类、形状和用途

1—切断刀；2—90°左偏刀；3—90°右偏刀；4—弯头车刀；5—直头车刀；6—成形车刀；7—宽刃精车刀；
8—外螺纹车刀；9—端面车刀；10—内螺纹车刀；11—内槽车刀；12—通孔车刀；13—盲孔车刀

由于工件材料、生产批量、加工精度以及机床类型、工艺方案的不同，数控车刀的种类也异常繁多。数控车刀按用途可分为外圆车刀、端面车刀、切断刀、内孔车刀、螺纹车刀以及成形车刀。

a　按刀具的结构形式分类

（1）整体式车刀。主要是整体式高速钢车刀。通常用于小型车刀、螺纹车刀和形状复杂的成形车刀。它具有抗弯强度高、冲击韧性好、制造简单和刃磨方便、刃口锋利等优点。

（2）焊接式车刀。将硬质合金刀片用焊接的方法固定在刀体上称为焊接式车刀。这种车刀的优点是结构简单，制造方便，刚性较好。缺点是由于存在焊接应力，使刀具材料的使用性能受到影响，甚至出现裂纹。另外，刀杆不能重复使用，硬质合金刀片不能充分回收利用，造成刀具材料的浪费。根据工件加工表面以及用途不同，可分为外圆车刀、端面车刀、切断刀、内孔车刀、螺纹车刀、成形车刀等。

（3）机夹可转位式车刀。使用可转位刀片的机夹车刀称为机夹可转位式车刀。为了减少换刀时间和方便对刀，实现机械加工的标准化，现在数控机床大多数使用系列化、标准化刀具。

机夹可转位车刀夹固不重磨刀片时通常采用螺钉、螺钉压板、杠销或楔块等结构。如图 2-9 所示，机械夹固式可转位车刀由刀杆 1、刀片 2、刀垫 3 以及夹紧元件 4 组成。刀片 2、刀垫 3、套装在夹紧元件 4 上，并由夹紧元件 4 将刀片压向支承面而夹紧。车刀的前角、后角是靠刀片在刀杆槽中安装后得到的。刀片每边都有切削刃，当某切削刃磨损钝化后，只需松开夹紧元件，将刀片转一个位置便可继续使用，直到刀片上所有的切削刃都用钝，刀片才报废，更换新刀片后，车刀又可以继续使用。

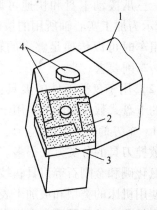

图 2-9　机夹可转位式车刀的组成
1—刀杆；2—刀片；3—刀垫；4—夹紧元件

b　按刀具的结构特点分类

按结构特点又可分为尖形车刀、圆弧形车刀和成型车刀三类：

（1）尖形车刀。以直线形切削刃为特征的车刀一般称为尖形车刀。这类车刀的刀尖（同时也为其刀位点）由直线形的主、副切削刃构成，如 90°内、外圆车刀，左、右端面车刀，切槽（断）车刀及刀尖倒棱很小的各种外圆和内孔车刀。

用这类车刀加工零件时，其零件的轮廓形状主要由一个独立的刀尖或一条直线形主切削刃位移后得到，它与另两类车刀加工时所得到零件轮廓形状的原理是截然不同的。

（2）圆弧形车刀。圆弧形车刀是较为特殊的数控加工用车刀。其特征是，构成主切削刃的刀刃形状为一圆度误差或轮廓误差很小的圆弧。该圆弧上的每一点都是圆弧形车刀的刀尖，因此，刀位点不在圆弧上，而在该圆弧的圆心上。车刀圆弧半径理论上与被加工零件的形状无关，并可按需要灵活确定或经测定后确认。

当某些尖形车刀或成型车刀（如螺纹车刀）的刀尖具有一定的圆弧形状时，也可作为这类车刀使用。

圆弧形车刀可以用于车削内、外表面，特别适宜于车削各种光滑连接的凹形成型面。

（3）成型车刀。成型车刀也称为样板车刀，其加工零件的轮廓形状完全由车刀刀刃的形状和尺寸决定。数控车削加工中，常见的成型车刀有小半径圆弧车刀、非矩形车槽刀和螺纹车刀等。在数控加工中，应尽量少用或不用成型车刀，当确有必要选用时，则应在工艺文件或加工程序单上进行详细说明。

I 刀位点

所谓刀位点，是指刀具的定位基准点。在加工程序编制中，刀位点是指用以表示刀具特征的点。刀具在机床上的位置是由"刀位点"的位置来表示的。对刀时应使对刀点与刀位点重合。

对车刀和镗刀而言，刀位点是指它们的刀尖或刀尖圆弧中心，如图 2-10 所示。对立铣刀、端铣刀而言，是指它们的刀具轴心线与刀具底面的交点；对球头铣刀而言，是指球头球心；钻头的刀位点是钻头顶点或钻头底面中心。

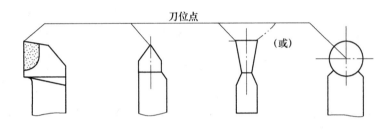

图 2-10 车刀刀位点的位置

J 切削用量的选择

切削用量是度量主运动和进给运动大小的参数。数控车削加工切削用量包括：背吃刀量、主轴转速或切削速度（用于恒线速度切削）、进给速度或进给量。这些参数均应在机床给定的允许范围内选取。

切削用量选择是否合理，对于能否充分发挥机床潜力与刀具切削性能，实现优质、高产、低成本和安全操作具有很重要的作用。

a 粗车时切削用量的选择原则

粗加工的主要目的是用最少的走刀次数尽快切除多余金属，只留后续工序的加工余量，所以应根据毛坯尺寸首先选择尽可能大的背吃刀量；其次为缩短进给时间再选择较大的进给量；当切削深度和进给量确定后，在机床功率和刀具耐用度允许的前提下，再选择一个相对大而且合理的切削速度。增大背吃刀量可使走刀次数减少，增大进给量有利于断屑。

b 精车时切削用量的选择原则

精车阶段，加工余量不大且较均匀，主要是考虑保证加工精度和表面质量，并在此基础上尽量提高生产效率及保证刀具寿命。因此，精车时应首先选择尽可能高的切削速度，然后选择能达到表面粗糙度要求的进给量，最后再根据精加工余量决定背吃刀量。

根据工艺要求留给精车的加工余量，原则上是在一次进给过程中切除。若工件的表面粗糙度要求高，一次进给无法达到表面粗糙度要求时，应分两次进给，但最后一次进给的切削深度不得小于 0.1mm。推荐的切削用量数据见表 2-2。

表 2-2　数控车削用量推荐表

工件材料	加工内容	切削深度/mm	切削速度/m·min⁻¹	进给量/mm·r⁻¹	刀具材料
碳素钢 $\sigma_b > 600$MPa	粗加工	5~7	60~80	0.2~0.4	YT 类
	粗加工	2~3	80~120	0.2~0.4	
	精加工	0.2~0.3	120~150	0.1~0.2	
	车螺纹		70~100	导程	
	钻中心孔		500~800r/min		W18Cr4V
	钻孔		~30	0.1~0.2	
	切断（宽度<5）		70~110	0.1~0.2	YT 类
铸铁 200HBS 以下	粗加工	2~3	50~70	0.2~0.4	YG 类
	精加工	0.2~0.3	70~100	0.1~0.2	
	切断（宽度<5）		50~70	0.1~0.2	
铝	粗加工	2~3	600~1000	0.2~0.4	YG 类
	精加工	0.2~0.3	800~1200	0.1~0.2	
	切断（宽度<5）		600~1000	0.1~0.2	

2.1.2.5　阶台轴加工方法

A　车削端面

车削端面包括台阶端面的车削，常见的方法如图 2-11 所示。图 2-11（a）中是使用 45°偏刀车削端面，可采用较大背吃刀量，切削顺利，表面光洁，而且大、小端面均可车削；图 2-11（b）是使用 90°右偏刀从外向工件中心进给车削端面，适用于加工尺寸较小的端面或一般的台阶端面；图 2-11（c）是使用 90°右偏刀从工件中心向外进给车削端面，适用于加工工件中心带孔的端面或一般的台阶端面；图 2-11（d）是使用左偏刀车削端面，刀头强度较高，适宜车削较大端面，尤其是铸锻件的大端面。

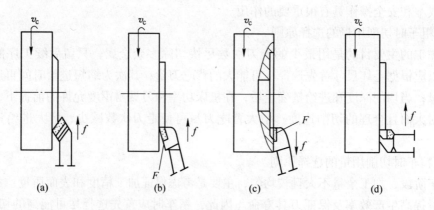

图 2-11　端面车削方法

（a）45°车刀车削端面；（b）右偏刀车削端面（由外向中心进刀）；
（c）右偏刀车削端面（由中心向外进刀）；（d）左偏刀车削端面

用 90°右偏刀车削端面的技术要点：

（1）切削深度不能过大。在通常情况下，是使用右偏刀的副切削刃对工件端面进行切削的（断屑槽沿主切削刃方向刃磨）。导致切削不顺畅，当切削深度过大时，向床头方向的切削力会使车刀扎入端面而形成凹面。

（2）主偏角不能小于90°。主偏角小于90°会使端面的平面度超差或者在车削阶台端面时造成阶台端面与工件轴线不垂直的现象，通常在车削端面时，右偏刀的主偏角应在90°~95°范围内。

　　B　车削外圆

车削外圆是最常见、最基本的车削方法，工件外圆一般由圆柱面、圆锥面、圆弧面及回转槽等基本面组成。如图 2-12 所示为使用各种不同的车刀车削中小型零件外圆（包括车外回转槽）的方法。其中左偏刀主要用于从左向右进给，车削右边有直角轴肩的外圆以及右偏刀无法车削的外圆。

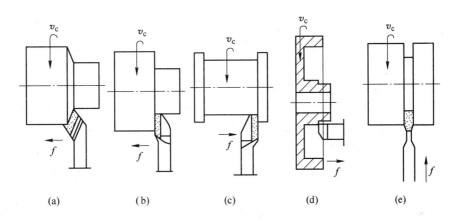

图 2-12　外圆的车削方法

（a）45°车刀车削外圆；（b）90°正偏刀车削外圆；（c）90°反偏刀车削外圆；
（d）加工工件内部的外圆柱面；（e）加工外沟槽

锥面车削，可以分别视为内圆、外圆切削的一种特殊形式。锥面可分为内锥面和外锥面，在普通车床上加工锥面的方法有小滑板转位法、尾座偏移法、靠模法和宽刃刀法等，而在数控车床上车削圆锥，则完全和车削其他外圆一样，不必像普通车床那么麻烦。车削圆弧面时，则更能显示数控车床的优越性。

【任务实施】

2.1.3　CKA6136 数控车床面板介绍及操作

2.1.3.1　CKA6136 数控车床简介

本机床为纵（Z）、横（X）两坐标控制的数控卧式车床，如图 2-13 所示。能够对各种轴类和盘类零件自动完成内外圆柱面、圆锥面、圆弧面、端面、切槽、倒角等工序的切削加工，并能车削公制直螺纹、端面螺纹及英制直螺纹和锥螺纹等各种车削加工。适合于多品种，中小批量产品的生产，对复杂、高精度零件尤能显示优越性。

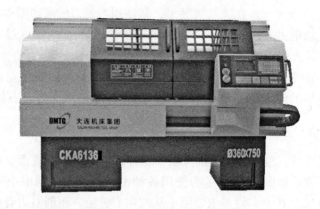

图 2-13　CKA6136 数控车床

A　CKA6136 数控车床特点

CKA6136 数控车床采用卧式平床身结构，床身、床头、床鞍、床腿等基础件均采用树脂砂铸造，人工时效处理，整机稳定性好。导轨副采用高频淬火（硬轨）加"贴塑"工艺，移动部件可实现微量进给，防止爬行。

控制系统配置 FANUC 0i Mate-TD 数控装置。主传动采用手动+变频型，变频电机实现挡内无级调速。进给系统采用伺服电机、精密滚珠丝杠、高刚性精密复合轴承结构及脉冲编码器位置检测反馈的半闭环控制系统。

随动式操纵箱，可任意位置移动并可旋转，方便操作者就近对刀。刀架采用立式四工位刀架。配有内冷却，不抬起刀架更有利于加工工件及防止冷却液飞溅。配有集中润滑器对滚珠丝杠及导轨结合面进行强制自动润滑，可有效提高机床的动态响应特性及丝杠导轨的使用寿命。

可根据用户要求配置手动、气动、液压卡盘或手动、气动、液压尾座及立式六工位、卧式六工位、快换刀架等。主传动形式还可选择手动型、自动+变频型、单主轴变频型、单主轴伺服型。控制系统还有西门子、FAGOR、大连数控、广州数控、华中世纪星等品牌供选择。

B　主要技术参数

（1）技术规格：

床身上最大工件回转直径	φ360mm
刀架上最大工件回转直径(非排刀架)	φ180mm
最大车削直径(立式四工位刀台)	φ360mm
最大工件长度	750mm
最大加工长度	580mm
主轴中心距床身导轨面距离	186mm

（2）主传动（手动+变频型）：

主轴转速范围	低速:20～650r/min, 高速:75～2500r/min
主轴头形式	A2～6

主轴通孔直径	$\phi52$mm
主电机功率	5.5kW

（3）尾座装置（手动尾架）：

套筒最大行程	130mm
套筒直径	$\phi63$mm
套筒锥孔锥度	莫氏 4 号

（4）刀架装置：

刀位数	4 工位
车刀刀柄尺寸	20mm×20mm

（5）进给系统：

刀架最大行程	X 向 230mm
	Z 向 580mm
横、纵向快速进给	X 向 4000mm/min
	Z 向 5000mm/min
横、纵向切削进给	X 向 0.01～3000mm/min
	Z 向 0.01～4000mm/min

（6）机床外形尺寸及质量（750 规格）：

机床外形尺寸(长×宽×高)	2300mm×1480mm×1520mm
机床净重	1800kg

2.1.3.2　认识操作面板

A　数控机床操作面板

如图 2-14 所示，数控机床操作面板由 FANUC 0i Mate-TD 数控装置操作面板 A、机床操作小面板 B 和机床操作触摸面板 C 三部分组成。

B　数控车床常用工作模式的基本操作

a　回零

也可称为"回原点模式"或"返回机床参考点"（REF），先 X 轴后 Z 轴的次序进行回零。回零操作时，应首先将 X 轴、Z 轴向负方向远离零点大约 100mm 后，再进行回零操作，这样可以避免回零过程中的超程现象。

目的：建立机床坐标系。

注意：本机床使用绝对脉冲编码器进行位置检测，回零数据出厂时已保存在存储单元，开机时调用回零数据自动建立机床坐标系，不再需要通过"返回机床参考点"操作建立机床坐标系。

b　MDI 模式

手动数据输入操作。可输入一段或若干段数控程序，按下程序启动键后执行输入程序段的自动运行。

如设定初始主轴转速：切换到 MDI 操作模式，输入"；S400 M03；"，然后按"循环

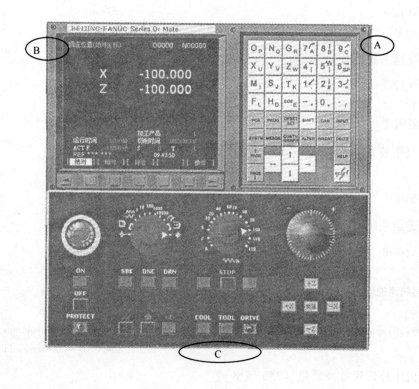

图 2-14　数控机床操作面板

启动"，主轴以 400r/min 的速度正转。

c　手动模式（JOG）

手动模式或称为点动模式。

点动操作：点按坐标进给键，坐标轴实现点动。

手动连续进给：按住坐标进给键，坐标轴实现连续进给，速度由"进给倍率"调节。

注意：手动操作时，要密切观察坐标轴实际移动位置，根据需要调节进给速度，防止碰撞。

d　手轮模式（HNDL）

将机床控制模式选为"手轮模式"，用钮子开关切换 X、Z 进给轴，手转动手轮实现手摇脉冲方式的进给，选择不同的"手轮倍率"调节手轮进给量。

手轮倍率选择"×1"时，当手轮转动一个刻度值，坐标轴移动距离为脉冲当量 $0.001\text{mm} \times 1$。

注意：手轮操作时，要正确判断坐标轴运动方向和正确选择手轮倍率后，方可进行动作。

e　编辑模式（EDIT）

可对程序进行管理，实现如下操作：

（1）新建程序。

（2）删除程序。

（3）输入程序。

（4）编辑程序。

注意：要灵活使用编辑键 CAN、INSERT、DELETE、ALTER，以提高编辑速度。

f　自动模式（MEM）

实现调用程序的自动运行。

注意：进行此操作，必须确保数控程序的正确性和对刀正确，在未学习此工作模式之前切不可自行进行自动模式的操作。

2.1.3.3　对刀

装刀与对刀是数控机床加工中极其重要并十分棘手的一项基本工作。对刀的好与差，将直接影响到加工程序的编制及零件的尺寸精度。

在数控加工程序执行前，调整每把刀的刀位点，使其尽量重合于某一理想基准点，这一过程称为对刀。对刀一般分为手动对刀和自动对刀两大类。目前，绝大多数的数控车床采用手动对刀，其基本方法有：定位对刀法、光学对刀法、ATC 对刀法和试切对刀法。在前 3 种手动对刀方法中，均因可能受到手动和目测等多种误差的影响，其对刀精度十分有限，所以往往通过试切对刀，以得到更加准确和可靠的结果。数控车床常用的试切对刀方法如图 2-15 所示。

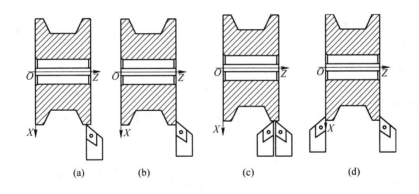

图 2-15　车刀对刀点示意图

（a）X 方向对刀；（b）Z 方向对刀；（c）两把刀 X 方向对刀；（d）两把刀 Z 方向对刀

在编制程序时，要正确选择对刀点的位置。对刀点设置的原则是：

（1）便于数值计算和简化程序编制。

（2）易于找正并在加工过程中便于检查。

（3）引起的加工误差小。

对刀点可以设置在加工零件上，也可以设置在夹具上或机床上。为了提高零件的加工精度，对刀点应尽量设置在零件的设计基准或工艺基准上。例：以外圆或孔定位零件，可以取外圆或孔的中心与端面的交点作为对刀点。

加工过程中需要换刀时，应规定换刀点。所谓"换刀点"，是指刀架转动换刀时的位置。换刀点应设在工件或夹具的外部，以换刀时不碰工件及其他部件为准。

2.1.4　阶台轴的手动加工实例

2.1.4.1　加工实例

如图 2-1 所示单向阶台轴零件，毛坯材料为 ϕ35mm 硬铝棒。实训设备：数控装置型号为 FANUC 0i Mate-TD 的大连 CKA6136 数控车床，按图样要求，用手动操作方式完成该零件的加工。

A　零件图分析

该零件由三个阶台外圆构成单向阶台轴，所有尺寸均为自由公差，表面粗糙度全部为 Ra3.2。零件图尺寸标注完整，符合数控加工尺寸标注要求。零件材料为硬铝，切削加工性能好。

B　零件加工工艺设计

a　工件装夹

该零件的加工采用一次装夹方式。用三爪自定心卡盘卡爪夹持棒料毛坯外圆并找正，毛坯装夹长度距卡爪端面 80mm。

b　刀具选择

为完成该零件的加工，需要一把外圆车刀和一把切断刀。根据加工要求，选用机夹可转位式 95°外圆正偏车刀一把，安装在 1 号刀位，刀偏号为 01 号，刀具编程指令为 T0101；选用 3mm 宽机夹右手外切断刀一把，切断刀右刀尖为刀位点，安装在 4 号刀位，刀偏号为 04 号，刀具编程指令为 T0404。刀片材料均为涂层硬质合金。

c　工件原点的确定

选择零件已加工右端面中心点为工件坐标系的原点。

d　工艺路线

粗精车端面→粗车 ϕ32 外圆→粗车 ϕ26 外圆→粗车 ϕ20 外圆→精车外圆轮廓→切断工件。

C　编制数控车床加工工序卡

工序内容见表 2-3。

表 2-3　数控车床加工工序卡

单 位 名 称		产 品 名 称		零 件 名 称		零 件 图 号	
四川机电职业技术学院		简单轴		单向阶台轴		SC-BCJG-1	
工序	程序编号	夹具名称		使用设备		车间	
1		三爪卡盘		CKA6136		数控实训中心	
序号	工步内容	刀具号	刀具规格	主轴转速 /r · min^{-1}	进给速度 /mm · min^{-1}	背吃量/mm	量 具
1	粗精车端面	T0101	95°外圆正偏刀	1200	150	0.2	
2	粗车 ϕ32 外圆	T0101	95°外圆正偏刀	900	300	2	游标卡尺
3	粗车 ϕ26 外圆	T0101	95°外圆正偏刀	900	300	2	游标卡尺
4	粗车 ϕ20 外圆	T0101	95°外圆正偏刀	900	300	2	游标卡尺
5	精车外圆轮廓	T0101	95°外圆正偏刀	900	150	0.25	游标卡尺
6	切断	T0404	3mm 切断刀	700	150	3	游标卡尺

2.1.4.2　实训内容

A　开机和关机操作练习

a　开机

先强电，后弱电。强电接通后，看到面板上的指示灯点亮，将急停按钮按下，按机床操作面板上的"NC 启动"，等待几秒钟，屏幕出现 EMG 的报警信息，顺时针旋转按钮释放，解除报警。

b　关机

先弱电，后强电。先将中拖板退出再将大拖板退至尾座端，按下急停按钮，再按下"NC 关闭"键，最后将强电断开。

B　手动模式的操作练习

（1）手动工进和快进的操作。

（2）摇手轮进给操作。

（3）超程报警的解除操作。

软超程：系统显示报警为 ALM，这种超程的位置由系统参数设定。

解除方法：判断超程方向，用手动或手轮摇回到有效行程范围内，按"RESET"复位键即可解除报警。

（4）机床急停操作。

（5）卡盘的夹紧与松开操作。

（6）手动尾座操作。

（7）主轴转速高低挡的调整。

（8）数控车床操作系统的菜单结构与基本操作步骤的操作练习。

C　MDI 模式的操作练习

（1）程序的输入、检查与修改。

（2）主轴的启动与停止的操作。

（3）刀架转位的操作。

（4）在"MDI"模式下输入位移指令程序段控制机床运行观察程序轨迹与坐标值的变化。

D　手动操作加工实训项目一

（1）手动操作练习。手动操作加工见图 2-1 单向阶台轴。

（2）练习要求：熟悉外圆车刀的结构和特点，熟悉单向阶台外圆车削的加工特点，掌握单向阶台外圆加工的走刀路线，掌握工件坐标系的建立方法，通过手动操作练习提高机床的操作熟练程度。

（3）加工步骤：

1）夹持外圆找正，工件伸出距卡爪端面 80mm 左右即可。

2）粗精车端面，确定 Z 轴的刀偏值，试车削外圆，确定 X 轴的刀偏值。

3）将刀架退至换刀安全点，换切断刀，用逼近法对刀，确定 Z、X 轴的刀偏值。

4）将刀架退至换刀安全点，在 MDI 模式下输入"；T0101；"，按下"程序启动"键，建立外圆刀的工件坐标系。

5）粗车 $\phi32$ 外圆，外圆留 0.5mm 精加工余量，轴向尺寸车至 64mm。

6）粗车 $\phi26$ 外圆，外圆留 0.5mm 精加工余量，轴向尺寸车至 39.9mm，阶台长度尺寸留 0.1mm 精加工余量。

7）粗车 $\phi20$ 外圆，外圆留 0.5mm 精加工余量，轴向尺寸车至 19.9mm，阶台长度尺寸留 0.1mm 精加工余量。

8）按零件轮廓顺序精车单向阶台轴至尺寸要求。

9）将刀架退至换刀安全点，在 MDI 模式下输入 "；T0404；"，按下 "程序启动" 键，建立切断刀的工件坐标系。

10）用 3mm 宽切断刀切断工件，保证工件总长 60mm。工件切下后去除毛刺并擦拭干净。

E　手动操作加工实训项目二

（1）手动操作练习。手动操作加工图 2-16 所示双向阶台轴。

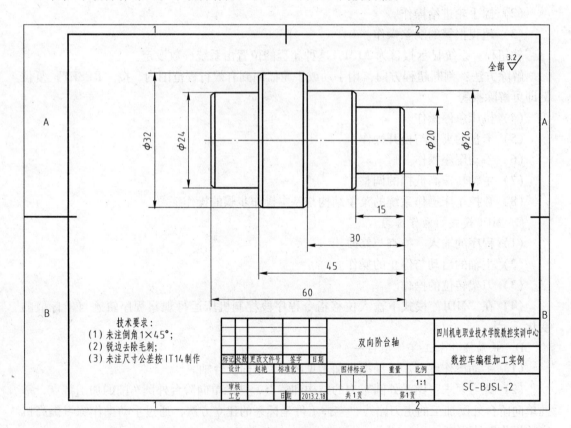

图 2-16　双向阶台轴零件图

（2）练习要求：熟悉双向阶台轴车削的加工特点，掌握双向阶台轴加工的走刀路线，掌握工件坐标系的建立方法，通过手动操作练习提高机床的操作熟练程度。

（3）加工步骤：要求学生参考实训项目一自编。

（4）质量检测：用游标卡尺按照零件图的要求逐项检测，如有不合格的项目，小组讨论，分析查找原因，教师讲评。改正错误后，重新操作加工，直至零件加工合格。

2.1.4.3 容易产生的问题和注意事项

容易产生的问题和注意事项：

（1）开机前要检查机床状态是否正常，检查电气柜散热风扇运转是否正常。

（2）开机时，机床上电，按下操作面板上的"急停"按钮，再数控装置上电。

（3）关机时，先按下操作面板上的"急停"按钮，再断开数控装置电源，最后断开机床电源。

（4）超程解除时，置工作方式为"手动"或"手轮"方式，在手动（手轮）方式下，使超程轴向超程反方向退出，按下"复位"键，解除超程报警。

（5）机床使用结束后应将拖板退至尾座一端。在移动拖板时，应先将中拖板退出，再退大拖板。若中拖板未退出，就退大拖板，容易造成刀架上的刀具和刀架电机撞到尾座，使刀具和刀架电机被撞坏。

（6）在熟悉机床的操作练习中，工进和快进的速度应由慢到快逐步增加。练习时需先将大、中拖板移至床身导轨中间，让刀架沿前、后、左、右移动的距离最大。

（7）在操作练习中，必须是一人独立操作机床，绝对禁止多人同时操作。在操作设备时，必须要注意力集中，眼睛观察刀架的移动位置，如有紧急情况立即按下"急停"按钮。

（8）车削前应检查工件装夹是否牢靠，刀具是否装夹紧固，卡盘扳手是否取下。

【任务小结】

没有安全意识或安全意识淡薄，安全知识缺乏和安全技能低下，在设备使用中就容易发生安全事故。在实训教学中必须坚持安全第一、预防为主、综合治理的方针。《中华人民共和国安全生产法》第二十一条规定：生产经营单位应当对从业人员进行安全生产教育和培训，保证从业人员具备必要的安全生产知识，熟悉有关的安全生产规章制度和安全操作规程，掌握本岗位的安全操作技能。未经安全生产教育和培训合格的从业人员，不得上岗作业。

第一次实训课，必须对学生进行安全教育，认真学习数控车床维护与保养及数控车床安全操作规程的相关知识，安全考试合格后方能上岗实习。

【思考与训练】

1. 什么是设备的日常维护？设备的维护保养又是什么？
2. 数控车床通用的日常维护保养要点有哪些？各有哪些工作内容？
3. 简述数控车床安全操作规程。
4. 什么叫轴类零件？什么叫轮盘类零件？
5. 哪些类型的零件最适于用数控车加工？
6. 制定数控车削加工工艺包括哪些内容？
7. 如何划分数控车削加工工序？
8. 如何确定数控车削加工工步顺序？
9. 什么叫进给路线？确定进给路线的一般原则是什么？
10. 数控车床上工件毛坯的安装方法有哪些？

11. 用两顶尖装夹工件时必须注意哪些事项？

12. 按刀具材料和刀具的结构形式车刀可分为哪几类？数控车床用得最普遍的刀具是哪几种？

13. 按所使用机床的类型和被加工表面特征刀具可分为哪几类？数控车刀按用途又可分为哪几类？

14. 简述机夹可转位车刀的组成。

15. 数控车刀按结构特点可分为哪几类？各有什么特点？

16. 粗车时切削用量的选择原则是什么？

17. 精车时切削用量的选择原则是什么？

18. 什么叫刀位点？车刀的刀位点在什么位置？

19. 什么叫对刀？对刀一般分为哪几种？数控车床常用的对刀方法是哪种？

20. 对刀点设置的原则是什么？

21. 车削端面的方法有哪些？车削外圆的方法有哪些？

22. 数控车床常用工作模式有哪几种？如何操作？

23. 如何正确开、关机？

24. 软超程如何解除？

25. 简述对刀操作的步骤。

学习任务 2.2　简单轴的编程加工

【学习任务】

加工如图 2-16 所示双向阶台轴零件。单件小批量生产，毛坯材料为 $\phi50mm$ 硬铝棒，实训设备是数控装置型号为 FANUC 0i Mate-TD 的大连 CKA6136 数控车床，按图样要求，编制数控程序及自动加工。

【任务描述】

1. 了解数控编程的基本概念和掌握数控编程步骤。

2. 了解数控编程中的有关规则及代码。

3. 掌握程序的结构和程序段格式。

4. 掌握字与字的功能类别。

5. 掌握机床坐标系的确定原则和坐标轴的指定。

6. 了解数控车床编程加工中坐标系的相关概念。

7. 掌握模态、非模态指令的使用。

8. 掌握直径编程与半径编程和绝对与增量位置编程。

9. 了解数控车床的编程特点。

10. 掌握刀具功能 T、进给功能 F、主轴转速功能 S、辅助功能 M 指令的编程要点。

11. 掌握 G20/G21、G98/G99 指令的编程要点。

12. 掌握 G00/G01 指令的编程格式和方法。

13. 掌握直线后倒直角和直线后倒圆角功能的编程格式和方法。

14. 掌握 G90/G94 指令的编程格式和方法。

15. 掌握程序仿真校验和单段自动加工的方法和技巧。

16. 掌握简单轴类零件的工艺分析和工艺路线确定的方法。

17. 掌握简单轴类零件的自动加工方法并形成技能。

【知识准备】

2.2.1　数控车削加工编程基础

2.2.1.1　数控编程的基本概念

A　数控编程

数控编程是指从确定零件加工工艺路线到制成控制介质的整个过程，即把零件的工艺过程、工艺参数及其他辅助动作，根据动作顺序，按数控机床规定的指令、格式编成加工程序，再记录于控制介质（程序载体）输入数控装置，从而指挥机床加工。

B　数控程序

由一定格式及各种代码组成的加工程序称为数控程序。

C　程序单

记录工艺路线、走刀轨迹、工艺参数及数控程序等的技术文件。

采用数控机床加工零件时，首先要进行零件加工程序编制，按零件图纸要求将零件加工的工艺路线、走刀轨迹、工艺参数（如主轴转速、进给量、切深等）以及辅助操作（如换刀、变速、冷却液选用、工件夹紧、松开等）等进给信息，用相应数控系统规定的文字、数字元、符号代码按一定的格式编制成加工程序单，并将程序单的信息制作成控制介质输入到数控装置，由数控装置实现机床的自动加工控制。

程序编制主要分为手工编程和自动编程两类。本书数控车部分主要对手工数控编程进行介绍。

D　手工编程

从零件图样分析、工艺处理、数据计算、编写程序单、输入程序到程序校验等各步骤主要由人工完成的编程过程称为手工编程。

手工编程按其数据输入及处理方式，分为三种：

（1）用 ISO（国际标准化组织）代码编程。

（2）用户宏指令编程。

（3）会话编程。

E　自动编程

使用计算机编制数控加工程序，自动地输出零件加工程序单及自动地制作控制介质的过程称作自动编程。自动编程又称为计算机辅助编程，即程序编制工作的大部分或全部由计算机完成。自动编程方式目前主要有以下三种：

（1）APT 语言编程。

（2）图形输入编程。

（3）CAD/CAM 软件编程。

2.2.1.2　数控编程步骤

手工数控编程的一般步骤主要包括：零件图样分析、工艺处理、数学处理、编制程序单、程序的输入修改及程序的首件试切削等。

如图 2-17 所示，数控编程的一般步骤为：

（1）分析图样、确定加工工艺。在确定加工工艺过程时，编程人员要根据零件图样对工件的形状、尺寸、加工精度、技术条件、毛坯等进行详细分析，并在此基础上确定加工的工步顺序和装夹方法，合理选用切削用量和刀具的形状、尺寸以及在回转刀架上的安装位置等。

编程者在编程时，应特别注意：选择最佳的切削条件，选择最短的刀具路径，正确地选择换刀点，减少换刀次数，以提高效率；充分利用机床数控系统的指令功能，以简化编程。

（2）数值计算。设定编程坐标系，根据毛坯尺寸、零件图的几何尺寸及确定的工艺路线，计算零件轮廓和刀具运动的轨迹的坐标值，诸如几何元素的起点、终点、圆弧的圆心、两几何元素的交点或切点等坐标值，有的还要计算刀具中心的运动轨迹坐标值。

（3）编制数控程序单及初步校验。根据制定的加工工艺路线、切削用量、刀位数据、辅助动作及刀具运动轨迹，按照机床数控系统使用的指令代码及程序格式，编写零件加工程序单，并需校核、检查上述两个步骤中的错误。

（4）制备控制介质。把编制好的程序单上的内容记录在控制介质上，作为数控装置的输入信息。通过程序的传输（或阅读）装置送入数控系统。若程序较简单，也可直接将其通过键盘输入。

（5）程序校验和首件试切。程序单和制备好的控制介质必须经过校验和试切削才能用于正式加工。校验的方法是将控制介质上的内容输入到数控装置中，让机床空运转，以检查机床的运动轨迹与动作是否正确。在有刀具轨迹动态图形仿真显示的机床上，用模拟刀具对工件切削过程的方法进行检验更为方便；在无图形仿真显示的机床上，可用木料或塑料毛坯进行试切。但这些方法只能检查机床的运动轨迹与动作是否正确，无法检查被加工零件的加工精度，因此，要进行零件的首件试切。首件试切方法不仅可查出程序单和控制介质是否有错，还可知道被加工零件的加工精度是否符合要求。当发现有加工误差时，分

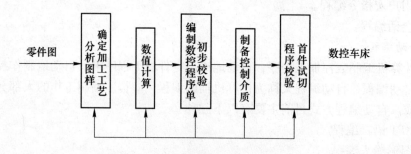

图 2-17　数控编程的步骤

析误差产生的原因，或修改程序单，或调整刀具补偿值，直到符合图样规定的精度要求为止。

2.2.1.3　程序结构与格式

A　数控编程中的有关规则及代码

为了满足设计、制造、维修和普及的需要，在输入代码、坐标系统、加工指令、辅助功能及程序格式等方面，国际上已形成了两种通用的标准，即国际标准化组织（ISO）标准和美国电子工程协会（EIA）标准。我国原机械工业部根据 ISO 标准制定了 JB 3050—1982《数字控制机床用的七单位编码字符》、JB 3051—1982《数字控制坐标和运动方向的命名》、JB 3208—1983《数字控制机床穿孔带程序段格式中的准备功能 G 和辅助功能 M 代码》。但是由于各个数控机床生产厂家所用的标准尚未完全统一，其所用的代码、指令及其含义不完全相同，因此，在数控编程时必须按所用数控机床编程手册中的规定进行。目前，数控系统中常用的代码有 ISO 代码和 EIA 代码。

B　程序的结构

一个完整的程序由程序号、程序的内容和程序结束三部分组成。

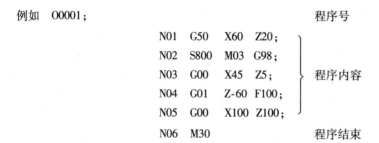

```
例如   O0001;                           程序号
       N01   G50   X60   Z20;
       N02   S800   M03   G98;
       N03   G00   X45   Z5;          程序内容
       N04   G01   Z-60   F100;
       N05   G00   X100   Z100;
       N06   M30                       程序结束
```

a　程序号

程序号即为程序的开始部分，为了区别存储器中的程序，每个程序都要有程序编号，在编号前采用程序编号地址符。FANUC 系统一般采用英文字母 O 作为程序编号地址符，而其他系统有的采用 P、% 及"∶"等。

b　程序内容

程序内容部分是整个程序的核心，它由许多程序段组成，每个程序段由一个或多个指令构成，它表示数控机床要完成的全部动作。

c　程序结束

程序结束是以程序结束指令 M02 或 M30 作为整个程序结束的符号，来结束整个程序。

C　程序段格式

零件的加工程序是由程序段组成的，每个程序段由若干个程序字组成，每个程序字是控制系统的具体指令。

程序段格式是指一个程序段中字、字符、数据的书写规则。通常有三种格式：字-地址程序段格式、使用分隔符的程序段格式和固定程序段格式。目前国内外都广泛采用了字-地址程序段格式，个别老式数控系统仍采用带分隔符的程序段格式。

字-地址程序段格式如下：

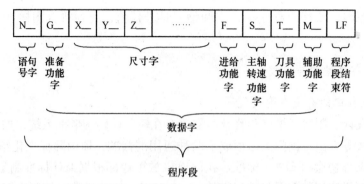

字-地址程序段格式由语句号字、数据字和程序段结束符组成。各字前有地址，字的排列顺序要求不严格，数据的位数可多可少，不需要的字以及与上一级程序段相同的续效字可以不写。该格式的优点是程序简短、直观以及容易检查和修改。因此，该格式目前被广泛使用。

例如：N30 G01 X35 Z-60 F200 S350 T22 M30

程序段结束符是写在每一程序段后，表示程序结束。当用 EIA 标准代码时，结束符为"CR"；用 ISO 标准代码时为"NL"或"LF"；有的用符号"："或"＊"表示；有的直接回车即可。

D　字与字的功能类别

字是程序字的简称，在这里它是机床数字控制的专门术语。它的定义是：一套有规定次序的字符，可以作为一个信息单元存储、传递和操作，如 X160 就是一个"字"。一个字所含的字符个数称为字长。常规加工程序中的字都是由一个英文字母与随后的若干位 10 进制数字组成。这个英文字母称为地址符。地址符与后续数字间可加正、负号。程序字按其功能的不同可分为 7 种类型，它们分别称为顺序号字、准备功能字、尺寸字、进给功能字、主轴转速功能字、刀具功能字和辅助功能字。

a　顺序号字

它也称为程序段号或程序段序号。顺序号位于程序段之首，它的地址符是 N，后续数字一般 2~4 位。顺序号可以用在主程序、子程序和宏程序中。

（1）顺序号的作用。首先顺序号可用于对程序的校对和检索修改。其次在加工轨迹图的几何节点处标上相应程序段的顺序号，就可直观地检查程序。顺序号还可作为条件转向的目标，更重要的是，标注了程序段号的程序可以进行程序段的复归操作，这是指操作可以回到程序的（运行）中断处重新开始，或加工从程序的中途开始的操作。

（2）顺序号的使用规则。数字部分应为正整数。顺序号的数字可以不连续，也不一定按从小到大顺序排列。一般都将第一程序段冠以 N10，以后以间隔 10 递增的方法设置顺序号，这样，在调试程序时如需要在 N10 和 N20 之间加入两个程序段，就可以用 N11、N12。

b　准备功能字

准备功能字地址符是 G，所以又称 G 功能或 G 指令。它的定义是建立机床或控制系统工作方式的一种命令。准备功能字中的后续数字大多为两位正整数。随着数控机床功能的增加，G00~G99 已不够用，所以有些数控系统的 G 功能字中的后续数字已经使用三位数。

　　c　尺寸字

尺寸字也叫尺寸指令。尺寸字在程序段中主要用来指令机床上刀具运动到达的坐标位置，表示暂停时间等的指令也列入其中。尺寸字由地址符、+、-符号及绝对（或增量）数值构成。尺寸字的"+"可省略。尺寸字的地址码有 X、Y、Z、U、V、W、P、Q、R、A、B、C、I、J、K、D、H 等。

　　d　进给功能字

进给功能字地址符是 F，所以又称 F 功能或 F 指令。它的功能是指令切削的进给速度或进给量。由地址符和后续若干位数字构成。对于车床，可分为每分钟进给和主轴每转进给两种。

　　e　主轴转速功能字

主轴转速功能字用来指定主轴的转速，单位为 r/min，地址符使用 S，所以又称为 S 功能或 S 指令。

　　f　刀具功能字

刀具功能字用地址符 T 及随后的数字表示，所以也称为 T 功能或 T 指令。T 指令的功能含义主要是用来指定加工时使用的刀具号。对于车床，其后的数字还兼作指定刀具偏置（含 X、Z 两个方向）补偿和刀尖半径补偿用。

在车床上，T 之后的数字分 2 位、4 位和 6 位三种。对两位数字的来说，一般前位数字代表刀具（位）号，后位数字代表刀具偏置补偿号。

　　g　辅助功能字

辅助功能字由地址符 M 及随后的 2 位数字组成，所以也称为 M 功能或 M 指令。它用来指令数控机床辅助装置的接通和断开，表示机床各种辅助动作及其状态。

字的分类根据各种数控装置的特性而异，程序字基本上可以分为尺寸字和非尺寸字两种。非尺寸字地址有如下字母，见表 2-4，尺寸字地址有如下字母，见表 2-5。

表 2-4　非尺寸字地址字母

机　能	地　址	意　义
程序段顺序号	N	顺序地址字母
准备功能	G	由 G 后面两位数字决定该程序段意义
进给功能	F	刀具进给功能
主轴转速功能	S	指定主轴转速
刀具功能	T	指定刀具号
辅助功能	M	指定机床上的辅助功能

表 2-5　尺寸字地址字母

机　能	地　址	意　义
尺寸字地址字母	X、Y、Z	坐标轴地址指令
	U、V、W	附加轴地址指令
	A、B、C	附加回转轴地址指令
	I、J、K	圆弧起点相对于圆弧中心的坐标指令

2.2.1.4　机床坐标系

为了保证数控机床的正确运动，避免工作的不一致性，简化编程和便于培训编程人员，ISO 和我国都统一了数控机床坐标轴的代码及其运动的正、负方向，这给数控系统和机床的设计、使用和维修带来了极大的方便。

A　机床坐标系的确定原则

我国机械工业部 1982 年颁布了 JB 3052—1982 标准，其中规定的命名原则如下：

（1）刀具相对于静止工件而运动的原则。这一原则使编程人员能在不知道是刀具移近工件还是工件移近刀具的情况下，就可依据零件图样，确定机床的加工过程。

（2）标准坐标（机床坐标）系的规定。在数控机床上，机床的动作是由数控系统来控制的，为了确定机床上的成形运动和辅助运动，必须先确定机床上运动的方向和运动的距离，这就需要建立一个坐标系才能实现，这个坐标系就称为机床坐标系。

标准的机床坐标系是一个右手笛卡尔直角坐标系，如图 2-18 所示。在图中，大拇指的方向为 X 轴的正方向，食指为 Y 轴的正方向，中指为 Z 轴正方向。如图 2-19 所示给出了卧式车床的标准坐标系。根据右手螺旋方法，人们可以很方便地确定出 A、B、C 三个旋转坐标的方向。

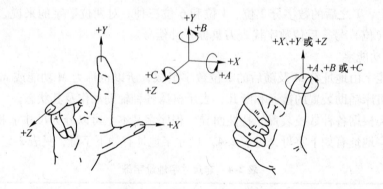

图 2-18　右手笛卡尔直角坐标系

（3）运动方向。数控机床的某一部件运动的正方向，是增大工件和刀具之间距离的方向。

B　坐标轴的指定

a　Z 坐标

Z 坐标的运动由传递切削力的主轴决定，与主轴轴线平行的坐标轴即为 Z 坐标。对于车床、磨床和其他成形表面的机床是主轴带动工件旋转；对于铣床、镗床、钻床等是主轴带动刀具旋转。如果没有主轴（如牛头刨床），Z 轴垂直于工件装夹平面。

Z 坐标的正方向为刀具远离工件的方向。

b　X 坐标

X 坐标一般是水平的，它平行于工件的装夹平面。这是在刀具或工件定位平面内运动的主要坐标。对于工件旋转的机床（如车床、磨床等），X 坐标的方向是在工件的径向上，且平行于横向滑板，刀具离开工件旋转中心的方向为 X 轴正方向，如图 2-19 所示。对于刀具旋转的机床（如铣床、镗床、钻床等），从刀具向立柱看，右手方向为 *X* 坐标运动的正方向。

c　*Y* 坐标

Y 坐标垂直于 *X*、*Z* 坐标轴。*Y* 轴运动的正方向根据 *X* 和 *Z* 坐标的正方向，按右手笛卡尔直角坐标系来判断。

d　旋转坐标 *A*、*B* 和 *C*

A、*B* 和 *C* 相应地表示其轴线平行于 *X*、*Y* 和 *Z* 坐标的旋转运动。*A*、*B* 和 *C* 的正方向相应地表示在 *X*、*Y* 和 *Z* 坐标正方向上按照右手螺旋前进的方向，如图 2-18 所示。

e　附加坐标

为了编程和加工的方便，有时还要设置附加坐标。

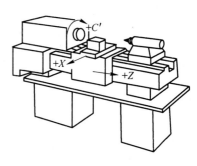

图 2-19　卧式车床的标准坐标系

2.2.1.5　数控车床编程中的坐标系

数控车床坐标系统分为机床坐标系、编程坐标系和工件坐标系。

A　机床坐标系

用机床上的一个固定点作为原点而建立的一个坐标系，它是数控机床安装调试时便设定好的一固定的坐标系统。机床坐标系通常是通过执行回机床参考点的操作而建立起来的。

作用：机床坐标系是数控机床中刀具运动的依据。

注意：当机床控制系统采用绝对编码器的进给伺服驱动系统并无硬件限位时，可不需要执行回机床参考点的操作，当数控装置上电后，自动建立起机床坐标系。

B　编程坐标系

它是编程人员用于确定工件几何图形上各几何要素（如点、直线、圆弧）的位置而建立的坐标系，是编程人员在编程过程中使用的，由编程人员以工件图样上的某一固定点为原点所建立的坐标系，程序数据便是基于该坐标系的坐标值。

作用：编程坐标系是编程人员计算编程尺寸的依据。

C　工件坐标系

它是编程坐标系在机床上的具体体现，由相应的编程指令建立。当采用绝对值编程时，必须首先设定工件坐标系，如图 2-20 所示。该坐标系与机床坐标系是不重合的。

由对刀操作建立三者之间的相互联系。

D　机床原点

机床原点是机床坐标系的原点，是工件坐标系、机床参考点的基准点，又称机械原点、机床零点，它是机床上的一个固定点，其位置是由机床设计和制造单位确定的，是数控机床进行加工运动的基准参考点，通常不允许用户改变。数控车床原点的位置，各生产厂不一致，一般在卡盘前端面或后端面的中心，如图 2-21 所示。

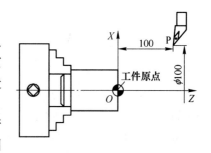

图 2-20　工件坐标系

E　机床参考点

机床参考点是机床坐标系中一个固定不变的点，是机床各运动部件在各自的正向自动退至运动极限位置的一个点（由限位开关精密定位），如图 2-21 所示。机床参考点已由机床制造厂测定后输入数控系统，并记录在机床说明书中，用户不得更改。

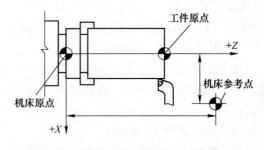

图 2-21　数控机床的机床原点与参考点

实际上，机床参考点是机床上最具体的一个机械固定点，既是运动部件返回时的一个固定点，又是各轴启动时的一个固定点，而机床零点（机床原点）只是系统内运算的基准点，处于机床何处无关紧要。机床参考点对机床原点的坐标是一个已知定值，可以根据该点在机床坐标系中的坐标值间接确定机床原点的位置。

机床参考点的作用：在每次数控机床启动时，通过操作机床，执行机床刀架回参考点的运动，使数控系统的坐标系统与机床本身坐标系统相一致。

F　编程原点

编程原点是指根据加工零件图样选定的编制零件加工程序的原点，即编程坐标系的原点。编程原点应尽量选择在零件的设计基准或工艺基准上，并考虑到编程的方便性，编程坐标系中各轴的方向应该与所使用数控车床相应的坐标轴方向一致。数控车床编程原点一般设在零件轴心线与零件左端面或已加工右端面的交点处。为简化编程尺寸的计算和方便对刀操作，建议将编程原点设定在零件的右端面中心点，如图 2-22 所示。

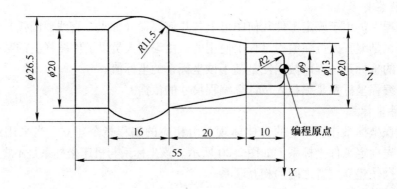

图 2-22　编程原点的选择

G　工件原点

工件原点也称程序原点。是指零件毛坯被装夹好后，相应的编程原点在机床坐标系中的位置。在加工过程中，零件毛坯在数控机床上装夹好后通过对刀操作确定刀偏数据，使用建立工件坐标系的指令建立工件坐标系，确定工件原点在机床坐标系中的位置，如图 2-20所示。数控机床按照工件原点及程序要求进行自动加工。

2.2.1.6　编程相关的基本概念

A　模态、非模态指令

G、M 指令均有模态与非模态之分：

（1）非模态功能，只在所规定的程序段中有效，程序段结束时被注销。

（2）模态指令，也称续效指令，一经程序段中指定，便一直有效，直到以后程序段中出现同组另一指令（G 指令）或被其他指令取消（M 指令）时才失效。与上段相同的模态指令可省略不写。不同组模态指令可编在同一程序段内，不影响其续效。

例如：N0010　　G20 G99 G01 X10 Z-2 F0.2

G 功能根据功能的不同分成若干组，其中 00 组的 G 功能称非模态 G 功能，其余组的称模态 G 功能。模态 G 功能组中包含一个缺省 G 功能，上电时将被初始化为该功能。没有共同地址符的不同组 G 代码可以放在同一程序段中，而且与顺序无关。例如，G20、G99 可与 G01 放在同一程序段。

另外，M 功能还可分为前作用 M 功能和后作用 M 功能两类：

（1）前作用 M 功能：在程序段编制的轴运动之前执行。

（2）后作用 M 功能：在程序段编制的轴运动之后执行。

B　直径编程与半径编程

当用直径值进行编程时称为直径编程；而采用半径值编程时称为半径编程。数控车数控装置出厂时默认为直径编程。由于回转体一般都使用直径标注，且回转体零件径向测量值也是直径尺寸，所以使用直径编程方法可以直接使用图样上的标注尺寸，而无需转换计算。

C　绝对和增量位置编程

普通数控车床有两个控制轴。对这种二轴系统有两种编程方法：绝对坐标命令方法和增量坐标命令方法。对于 X 轴和 Z 轴寻址所要求的增量指令是 U 和 W。

a　绝对位置编程

绝对位置编程是使用绝对坐标来确定目标点的位置。

刀具（或机床）运动位置的坐标值是相对于固定的坐标原点给出的，即称为绝对坐标，该坐标系称为绝对坐标系。如图 2-23(a) 所示，编程目标点的绝对坐标为：

$$X = 300\text{mm}（直径值），Z = 200\text{mm}$$

如果按照工件绝对坐标编程来进行加工（如 G00 X300 Z200），可直接将刀具从某处移至该坐标值。

b　增量位置编程

增量位置编程即参考上一次的位置，用相对上一次编程的增量值来确定下一点的位置。该坐标值就是参考的增量式坐标或链式尺寸。

刀具（或机床）运动位置的坐标值是相对于前一位置，而不是相对于固定的坐标原点给出的，称为增量坐标系统。常使用代码表中的第二坐标 U、V、W 表示。如图 2-23(b) 所示，①编程参考点的绝对坐标为：

$$X = 300\text{mm}（直径量），Z = 200\text{mm}$$

目标点②相对点①的增量坐标为：

$U = -100\text{mm}，W = -80\text{mm}$

如增量编程指令 G00U-100W-80，可直接移动刀具至编程目标点。增量坐标编程在加工中具有灵活调整参考点而无需平移坐标系的特点。

　　c　增量坐标值的正负规定

相对于参考点，向坐标值正方向增大为正，向坐标值负方向减少则为负。

在同一程序段中，可同时采用绝对坐标值和增量坐标值，例如图 2-23（b），可混合编程：G00 X200 W-80。根据图纸尺寸灵活使用混合编程既可以简化坐标计算，又能取得良好的精度，但注意不能同时出现 $[X、U]$，$[Z、W]$。

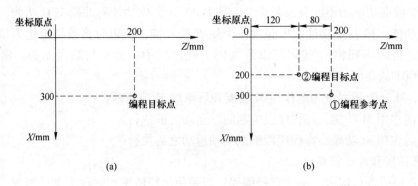

图 2-23　绝对和增量位置编程

（a）绝对位置编程；（b）增量位置编程

2.2.2　FANUC 系统数控车床的基本编程方法

数控车床是目前使用最广泛的数控机床之一。数控车床主要用于加工轴类、盘类等回转体零件。通过数控加工程序的运行，可自动完成内外圆柱面、圆锥面、成形表面、螺纹和端面等工序的切削加工，并能进行车槽、钻孔、扩孔、铰孔等工作。车削中心可在一次装夹中完成更多的加工工序，提高加工精度和生产效率，特别适合于复杂形状回转类零件的加工。

本书数控车部分以配置 FANUC 0i Mate-TD 数控装置的 CKA6136 数控车床为例介绍其编程与操作。

2.2.2.1　数控车床的编程特点

　　A　工件坐标系

工件坐标系应与机床坐标系的坐标方向一致，X 轴对应径向，Z 轴对应轴向，C 轴（主轴）的运动方向则以从车床尾座向主轴看，逆时针为 $+C$ 向，顺时针方向为 $-C$ 向，如图 2-24 所示。

　　B　绝对编程与增量编程

　　a　绝对值编程

绝对值编程是根据预先设定的编程原

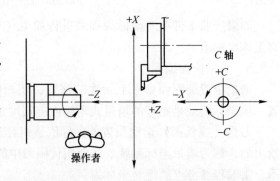

图 2-24　数控车床坐标系

点计算出绝对值坐标尺寸进行编程的一种方法。

b　增量值编程

增量值编程是根据与前一个位置的坐标值的增量来表示位置的编程方法。

c　混合编程

绝对值编程与增量值编程混合起来进行编程的方法称为混合编程。

在一个程序段中，根据图样上标注的尺寸，可以采用绝对值编程、增量值编程。

C　直径编程

通常采用直径编程方式。由于回转体零件的径向尺寸，无论是测量尺寸还是图纸标注尺寸，都是以直径值来表示的，采用直径尺寸编程与零件图样中的尺寸标注一致，这样可避免尺寸换算过程中可能造成的错误，给编程带来很大方便。

数控车床的数控系统通常具备各种不同形式的固定循环，如车内、外圆、钻孔、车螺纹等固定循环，大大简化了毛坯为棒料或锻件零件的编程。

大多数数控车床的数控系统都具有刀具圆弧半径自动补偿功能。编程人员可直接按工件轮廓尺寸编程，不用考虑车刀刀尖圆弧对加工工件精度的影响。

编程时，常认为刀尖是一个点，而实际中刀尖为一个半径不大的圆弧，因此需要对刀具半径进行补偿。

D　进刀和退刀方式

进刀时采用快速走刀接近工件切削起点附近的某个点，再改用切削进给，以减少空走刀的时间，提高加工效率。切削起点的确定与工件毛坯余量大小有关，应以刀具快速走到该点时刀尖不与工件发生碰撞为原则。

退刀时，沿轮廓延长线工进退出至工件附近，再快速退刀。一般先退 X 轴，后退 Z 轴。

对于不同的数控车床、不同的数控系统，其编程基本上是相同的，个别有差异的地方，要参照具体机床的用户手册或编程手册。

2.2.2.2　常用指令的编程要点

数控机床常用的指令字分为两大类：一类是准备功能字——G 代码（G 指令）；另一类是辅助功能字——M 代码（M 指令），另外还有进给功能字（F 代码）、主轴转速功能字（S 代码）、刀具功能字（T 代码）。其中，G 指令与 M 指令是数控加工程序中描述工件加工工艺过程的各种操作和运行特征的基本单元。

国际上广泛使用 ISO 标准 G、M 指令，但不同的数控系统，其 G、M 指令的含义略有不同，特别是中、高档系统，由于目前大多从日本、德国等国进口，差异较大，因此在编程时，应遵循机床数控系统说明书编制程序。

A　刀具功能 T

数控程序中所有的坐标数据都是在编程坐标系中确立的。当工件毛坯安装好后，必须让数控装置知道当前工件的安装位置，也就是必须建立起工件坐标系和机床坐标系之间的关系，机床才能正确加工。

数控车床采用刀具功能 T 指令建立工件坐标系最为方便。

T 指令用于选择加工所用刀具和刀具偏置，即执行 T 指令后，在刀架换刀的同时建立该刀具的工件坐标系。

编程格式：Txxxx

本指令由地址符字母 T 和后面四位数字组成，前两位数字表示刀具位置号，后两位数字既是刀具偏置补偿号，又是刀尖圆弧半径补偿号，统称为刀补号。后面两位数字直接指令该刀补号的刀具自动补偿。

例如：T0301：03 表示换到 3 号刀位，01 表示使用 1 号刀补号的刀具偏置补偿值建立工件坐标系。T0300 表示取消刀具补偿。

因其地址符规定为 T，故又称为 T 功能或 T 指令。其自动补偿的内容有：刀具对刀后的刀具偏置补偿、刀具半径补偿及刀具磨损补偿。

T 指令编程时，建议采用刀具号和刀补号使用相同编号的原则，即 1 号刀的刀具偏置补偿值存放在 1 号刀补号里，编程格式为：T0101。

把对刀过程记录的坐标值以 MDI 方式输入到某刀偏表地址码中（如 01 地址号），则在编程中直接用指令 TXX01 即可自动按机床坐标系的绝对偏置坐标关系建立起工件坐标系。

这种方式与 G54 预置的方式实质是一样的，只不过不用去记录和计算预置的 X、Z 轴坐标，而是数控系统自动计算这两个值。

B　进给功能 F

进给功能又称为 F 功能，其代码由地址 F 和其后面的数字组成，用于指定进给速度或进给量，一般数控系统对进给速度有两种设置方法，即每分钟进给和每转进给，其单位分别为 mm/min（公制）或 in/min（英制）和 mm/r（公制）或 in/r（英制）。作为切削用量三要素之一，能否合理地选择进给速度对加工的质量、效率影响很大。

a　快速进给

由快速点定位指令（G00）可进行快速进给定位。

b　切削进给

在直线插补（G01）、圆弧插补（G02/G03）中，其进给的速度是由 F 后面的数值给定的。

C　主轴转速功能 S

S 功能指令用于控制主轴转速，S 功能为模态代码。

编程格式：G97S_ ；

G97 表示恒转速功能，地址 S 后面的数字表示主轴转速，单位为 r/min。

例如：要求主轴的转速为每分钟 500 转，可指令为 S500。

开机初始化后为 G97。

D　准备功能 G 指令

G 指令，也称为准备功能指令，简称为 G 功能指令或 G 代码指令。G 指令是使数控机床准备为某种运动方式的代码。G 指令确定的控制功能，可分为坐标系设定类型、插补功能类型、刀具半径补偿类型、固定循环类型等。G 指令通常由地址 G 及其后的两位数字表示，从 G00～G99，通常为 100 种。

a　尺寸单位选择指令 G20、G21

编程格式：

G20

G21

说明：

G20：英制输入制式，英寸输入。

G21：公制输入制式，毫米输入。

G20、G21 为模态功能，可相互注销，开机初始化后为 G21。

b 进给速度单位的设定指令 G98、G99

编程格式：

G98 F_；

G99 F_；

说明：

G98：每分钟进给。

G99：每转进给。

对于线性轴，G98 定义的 F 是进给速度，F 的单位依 G20/G21 的设定而为 mm/min 或 in/min；对于旋转轴，F 的单位为度/min。

对于线性轴，G99 定义的 F 是进给量，即主轴转一周时刀具的进给量。F 的单位依 G20/G21 的设定而为 mm/rev 或 in/rev。

这个功能只在主轴装有编码器时才能使用。G98、G99 为模态功能，可相互注销，开机初始化后为 G99。只要不出现 G98 指令，进给功能一直是按 G99 方式以每转进给量来设定。G98/G99 进给运动的特点如图 2-25 所示。

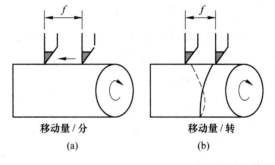

移动量/分　　　　　移动量/转

（a）　　　　　　　（b）

图 2-25　G98/G99 进给运动的特点

（a）每分钟进给；（b）每转进给

c 快速线性移动指令 G00

编程格式：

G00X(U)_Z(W)_；

G00 用于使刀具从当前位置以设定的快速度位移到目标位置。目标位置由 X（U）、Z（W）来设定。不运动的坐标可以省略，省略的坐标轴不动作。

注意事项：

（1）使用 G00 指令时，刀具的实际运动路线并不一定是直线，而是一条折线。因此要注意刀具是否与工件和夹具发生干涉。对不适合联动的场合，每轴可单动。

（2）使用 G00 指令时，机床的实际进给率由机床参数指定，G00 指令是模态指令。

如图 2-26 所示，假设刀具原处于①点处，该点坐标值为 $X=500$，$Z=500$，如欲将刀具快进到②点处，该点坐标值为 $X=100$，$Z=300$。

绝对编程为：G00　X100　Z300

增量编程为：G00　U-400　W-200

刀具的运动轨迹如图 2-26 实线所示。

假设刀具原处于②点处，欲将刀具快进到①点处，则：

绝对编程为：　G00　X500　Z500
增量编程为：　G00　U400　W200

刀具的运动轨迹如图 2-26 虚线所示。

d　直线插补指令 G01

编程格式：

G01 X(U)_Z(W)_F_;

直线插补指令是直线运动指令，它命令刀具在两坐标间以插补联动方式按指定的进给速度做任意斜率的直线运动，该指令是模态指令。

插补运动终点位置由 X(U)、Z(W) 设置。不运动的坐标可以省略，省略的坐标不动作。

如图 2-27 所示，假设原刀具处于①点处，设点①坐标值为 $X = 16$，$Z = 210$，并将刀具以 200mm/min 的进给速率移动到点②处，该点坐标值为 $X = 120$，$Z = 20$。

绝对编程：　G01　X120　Z20　F200
增量编程：　G01　U104　W-190　F200

刀具轨迹如图 2-27 实线所示。

假设刀具原处于②点处，将刀具以同样的速率移动到①点处则：

绝对编程：　G01　X16　Z210　F200
增量编程：　G01　U-104　W190　F200

刀具轨迹如图 2-27 虚线所示。

进给速度 F 为模态，后续的 G01、G02、G03 等指令均可继承，直到被新指令终止。

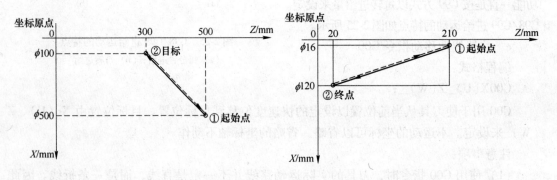

图 2-26　快速定位示意图　　　　　　　图 2-27　直线插补示意图

e　直线后倒直角指令

该指令用于直线后倒直角，指令刀具从 A 点到 B 点，然后到 C 点，再到 D 点，如图 2-28(a) 所示。

编程格式：

G01 X(U)_Z(W)_C_F_;

说明：

X、Z：绝对编程时，相邻两直线 *AB* 和 *DC* 延长线的交点 *G* 的坐标值。

U、W：增量编程时，G 点相对于起始直线轨迹的始点 A 点的移动距离。

C：相邻两直线 AB 和 DC 延长线的交点 G 相对于倒角终点 C 的距离。

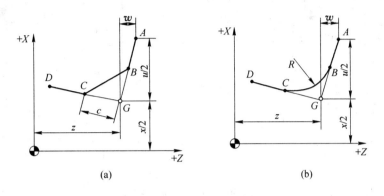

图 2-28　倒角参数说明

（a）直线后倒直角；（b）直线后倒圆角

f　直线后倒圆角指令

该指令用于直线后倒圆角，指令刀具从 A 点到 B 点，然后到 C 点，再到 D 点，如图 2-28（b）所示。

编程格式：

G01 X(U)_Z(W)_R_F_；

说明：

X、Z：绝对编程时，相邻两直线 AB 和 DC 延长线的交点 G 的坐标值。

U、W：增量编程时，G 点相对于起始直线轨迹的始点 A 点的移动距离。

R：倒角圆弧的半径值。

例1：如图 2-29 所示，用倒角指令编程。

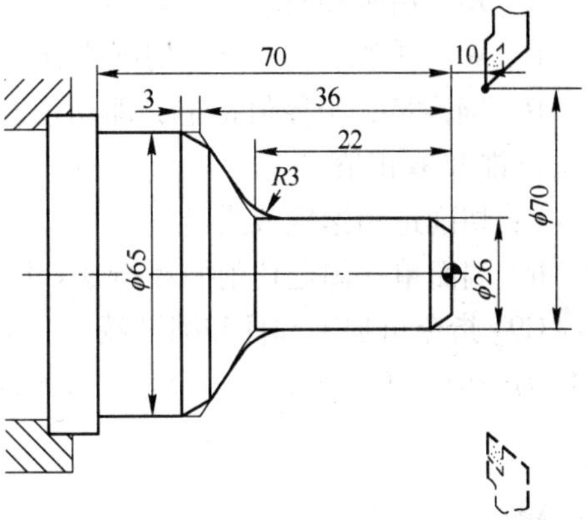

O1；

G21 G98 S800 M03；

T0101；

G00 X0 Z0；	从编程规划起点，移到工件前端面中心处
G01 X26 C3 F100；	倒 3×45° 直角
Z-22 R3；	倒 $R3$ 圆角
X65 Z-36 C3；	倒边长为 3 等腰直角
Z-70；	加工 $\Phi65$ 外圆
G00 X70 Z10；	回到编程规划起点
M30；	主轴停、主程序结束并复位

图 2-29　倒角编程实例

g　外径、内径单一固定切削循环指令 G90

G90 指令可加工内、外圆柱和圆锥面。该指令把"进刀→车削外（内）圆→退刀→返回"四个工步作为一个加工循环，用一个程序段来编程，如图 2-30 所示。

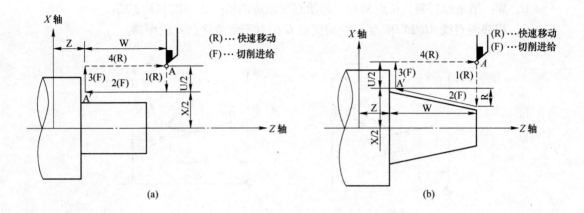

图 2-30　G90 指令走刀路线

（a）G90 指令加工外圆柱面；（b）G90 指令加工外圆锥面

编程格式：

（1）切削圆柱面：G90 X(U)_Z(W)_F_。

（2）切削圆锥面：G90 X(U)_Z(W)_R_F_。

X、Z：切削终点的坐标值。

U、W：从加工起始点至切削终点的位移量。

R：圆锥量，半径值指定，即切削起始点与切削终点的半径差，加工正锥 R 取负值，加工倒锥 R 取正值。

F：切削进给速度或进给量。

h　端面单一固定切削循环指令 G94

G94 指令可加工圆柱和圆锥端面。该指令把"进刀→车削端面→退刀→返回"四个工步作为一个加工循环，用一个程序段来编程，如图 2-31 所示。

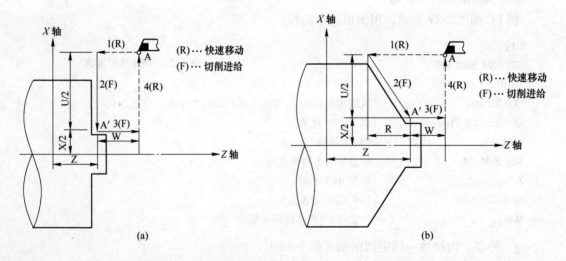

图 2-31　G94 指令走刀路线

（a）G94 指令加工圆柱端面；（b）G94 指令加工圆锥端面

编程格式：

（1）切削圆柱面：G94 X(U)_Z(W)_F_。

（2）切削圆锥面：G94 X(U)_Z(W)_R_F_。

X、Z：切削终点的坐标值。

U、W：从加工起始点至切削终点的位移量。

R：圆锥量，即圆锥切削起始点与切削终点的位移量。

F：切削进给速度或进给量。

E 辅助功能 M 指令

辅助功能指令，也称为 M 功能、M 指令或 M 代码。M 指令是控制机床"开关"功能的代码，主要用于完成加工操作时的辅助动作及其表示辅助动作的状态，例如机床主轴正向旋转、停转、反向旋转、切削液的开、关等。通常由地址 M 及其后的两位数字表示，从 M00~M99，通常为 100 种。FANUC 0i/0i Mate-D 数控装置 M 指令功能含义对照表，见表 2-6。

表 2-6 **FANUC 0i/0i Mate-D 数控装置 M 指令功能含义对照表**

代 码	数控车床	数控铣床、加工中心	功 能
M00	√	√	停止程序运行
M01	√	√	选择性停止
M02	√	√	结束程序运行
M03	√	√	主轴正向转动开始
M04	√	√	主轴反向转动开始
M05	√	√	主轴停止转动
M06		√	换刀指令
M08	√	√	冷却液开启
M09	√	√	冷却液关闭
M30	√	√	结束程序运行且返回程序开头
M98	√	√	子程序调出
M99	√	√	子程序结束

辅助功能在编程中书写格式为 Mxx，用字母 M 后跟两位数字表示。

下面就 M 功能作详细说明。

a M00—程序暂停

功能：在完成该程序段其他指令后，M00 使程序停在本段状态，不执行下段。

当按下控制面板上的循环启动键后，可继续执行下一程序段。

应用：该指令可应用于自动加工过程中，停车进行某些固定的手动操作，如手动变速、换刀、测量工件尺寸等。

b M01—选择性停止

功能：与 M00 相似。不同的是，必须在控制面板上，预先按下"任选停止（OPTIONAL STOP）"开关，当执行完编有 M01 指令的程序段的其他指令后，程序即停止。若不按下"任选停止"开关，则 M01 不起作用，程序继续执行。

应用：常用于关键尺寸的抽样检查或临时停车。

c　M02—程序结束指令

功能：该指令表示加工程序全部结束。它使主轴、进给、切削液都停止，机床复位。

应用：该指令必须编在最后一个程序段中。

d　主轴正转、反转、停

指令：M03、M04、M05

功能：M03、M04 指令使主轴正、反转。与同段其他指令一起开始执行。

所谓正转是沿主轴轴线向正 Z 方向看，顺时针方向旋转。逆时针方向则为反转。也可用右手定则判断：用右手拇指代表正 Z 方向，紧握四指则代表主轴正转方向。M05 指令使主轴停止，是在该程序段其他指令执行完成后才停止的。

编程格式：

M03 S_　或 S_　M03

M04 S_　或 S_　M04

e　M08、M09—冷却液开、关指令

功能：M08 命令切削液开，M09 命令切削液关。

f　M30—程序结束

功能：在完成程序段所有指令后，使主轴、进给及冷却液停止，机床复位，程序返回程序开头。

应用：该指令必须编在最后一个程序段中，表示加工程序结束。

2.2.3　双向阶台轴的编程加工实例

2.2.3.1　加工实例

加工可见图 2-16 所示双向阶台轴零件，单件小批量生产，毛坯材料为 φ50mm 硬铝棒，实训设备：数控装置型号为 FANUC 0i Mate-TD 的大连 CKA6136 数控车床，按图样要求，编制数控程序及加工。

A　零件图分析

该零件由 4 个阶台外圆构成双向阶台轴，所有尺寸均为自由公差，表面粗糙度全部为 Ra3.2。零件图尺寸标注完整，符合数控加工尺寸标注要求。零件材料为硬铝，切削加工性能好。

B　零件加工工艺设计

a　工件装夹

该零件的加工采用二次装夹方式。第一次装夹用三爪自定心卡盘卡爪夹持棒料毛坯外圆并找正，毛坯装夹长度距卡爪端面 80mm；第二次装夹用三爪自定心卡盘卡爪（或者用软爪）夹持已加工外圆 φ26 并找正，外圆表面用铜皮包裹。

b　刀具选择

为完成该零件的加工，需要一把外圆车刀和一把切断刀。根据加工要求，选用机夹可转位式 95°外圆正偏车刀一把，安装在 1 号刀位，刀偏号为 01 号，刀具编程指令为 T0101；选用 3mm 宽机夹右手外切断刀一把，切断刀右刀尖为刀位点，安装在 4 号刀位，刀偏号为 04 号，刀具编程指令为 T0404。刀片材料均为涂层硬质合金。

 c　编程原点的确定

选择零件已加工右端面中心点为编程坐标系的原点。

 d　工艺路线

粗精车端面→粗车 ϕ32 外圆→粗车 ϕ26 外圆→粗车 ϕ20 外圆→精车外圆轮廓→切断工件→工件调头二次装夹→粗车端面→粗车 ϕ24 外圆→精车左端外圆轮廓。

（1）夹持毛坯外圆找正，工件伸出距卡爪端面 80mm 左右即可。

（2）手动粗精车端面，确定 Z 轴的刀偏值，手动试车削外圆，确定 X 轴的刀偏值；将刀架退至换刀安全点，换切断刀，用逼近法对刀，确定 Z、X 轴的刀偏值。

（3）粗车 ϕ32 外圆，外圆留 0.5mm 精加工余量，轴向尺寸车至 64mm，用 G90 指令编程加工。

（4）粗车 ϕ26 外圆，外圆留 0.5mm 精加工余量，轴向尺寸车至 29.9mm，阶台长度尺寸留 0.1mm 精加工余量，用 G90 指令编程加工。

（5）粗车 ϕ20 外圆，外圆留 0.5mm 精加工余量，轴向尺寸车至 14.9mm，阶台长度尺寸留 0.1mm 精加工余量，用 G90 指令编程加工。

（6）按零件轮廓顺序精车右端单向阶台轴至尺寸要求，用 G01/G00 指令编程加工。

（7）用 3mm 宽切断刀切断工件，工件切断长度 60.5mm，切至 ϕ3mm 即可，退刀停车后手掰断工件，用 G01/G00 指令编程加工。

（8）工件调头第二次装夹，用三爪自定心卡盘卡爪（可用软爪）夹持已加工外圆 ϕ26 处，阶台端面靠紧卡爪端面，找正后夹紧，外圆表面用铜皮包裹，工件伸出长度距卡爪端面 30.5mm，外圆刀对刀操作，确定刀偏值并存入 5 号刀偏号。

（9）左端面若加工余量较大，需先用手动粗车端面，留 0.1mm 精车余量。

（10）编程粗精车左端轮廓，控制工件总长至尺寸要求。工件取下后去除毛刺并擦拭干净。

 C　编制数控车床加工工序卡

工序内容详见表 2-7 和表 2-8。

表 2-7　数控车床加工工序 1 工序卡

单 位 名 称		产 品 名 称		零 件 名 称		零 件 图 号	
四川机电职业技术学院		简单轴		双向阶台轴		SC-BCJG-2	
工序	程序编号		夹具名称		使用设备		车间
1	O1101		三爪卡盘		CKA6136		数控实训中心
序号	工步内容	刀具号	刀具规格	主轴转速 /r·min⁻¹	进给速度 /mm·min⁻¹	背吃量/mm	量　具
1	粗精车端面	T0101	95°外圆正偏刀	1200	0.1	0.2	
2	粗车 ϕ32 外圆	T0101	95°外圆正偏刀	900	0.2	1.5	游标卡尺
3	粗车 ϕ26 外圆	T0101	95°外圆正偏刀	900	0.2	1.5	游标卡尺
4	粗车 ϕ20 外圆	T0101	95°外圆正偏刀	900	0.2	1.5	游标卡尺
5	精车外圆轮廓	T0101	95°外圆正偏刀	1200	0.1	0.25	游标卡尺
6	切　　断	T0404	3mm 切断刀	700	0.1	3	游标卡尺

表 2-8　数控车床加工工序 2 工序卡

单位名称	产品名称		零件名称		零件图号	
四川机电职业技术学院	简单轴		双向阶台轴		SC-BCJG-2	
工序	程序编号	夹具名称	使用设备		车间	
2	O1102	三爪卡盘	CKA6136		数控实训中心	
序号	工步内容	刀具号	刀具规格	主轴转速 /r·min^{-1}	进给量 /mm·r^{-1}	背吃量/mm	量具
1	工件二次装夹						
2	对刀操作	T0105	95°外圆正偏刀	900	0.1		
3	粗车 ϕ24 外圆	T0105	95°外圆正偏刀	900	0.2	2	游标卡尺
4	精车左端面轮廓	T0105	95°外圆正偏刀	1200	0.1	0.2	游标卡尺

D　编制数控程序

使用 G90 指令编写粗加工程序，用 G00/G01 指令编写精加工程序。

工序 1：粗、精车零件轮廓和切断工件。

数控程序	注　释
O1101；	程序名
G21 G40 G97 G99 M03 S1200；	程序初始化，主轴正转转速 1200r/min
T0101；	换外圆刀，并建立工件坐标系
G00 X40 Z0；	到精车端面起点
G01 X0 F0.1；	精车端面，切削进给量 0.1mm/r
G00 X38 Z2；	退刀至单一固定循环加工起始点
S900；	变速至粗车外圆转速 900r/min
G90 X32.5 Z-64 F0.2；	单一固定循环粗车外圆,切削进给量 0.2mm/r
G90 X29.5 Z-29.9 F0.2；	
G90 X26.5 Z-29.9 F0.2；	
G90 X23.5 Z-14.9 F0.2；	
G90 X20.5 Z-14.9 F0.2；	
S1200；	变速至精车外圆轮廓转速 1200r/min
G00 X14；	进刀
G01 X20 Z-1 F0.1；	倒角
Z-15；	精车外圆
X26 C1；	倒角
Z-30；	精车外圆
X32 C1；	倒角
Z-64；	精车外圆
G00 X100 Z100；	联动退刀至换刀点
S700；	变速至切断转速 700r/min
T0404；	换切断刀
G00 X40	
Z-60.5；	进刀至切断处
G01 X3 F0.1；	切断

G00 X100;	X 轴退刀至换刀点
Z100;	Z 轴退刀至换刀点
M30;	程序结束

工序 2：粗、精车左端轮廓

O1102;	程序名
G21 G40 G97 G99 M03 S900;	程序初始化,主轴正转转速 900r/min
T0105;	换切断刀,并建立工件坐标系
G00 X38 Z2;	退刀至单一固定循环加工起始点
G90 X31 Z-15 F0.2;	单一固定循环粗车外圆,切削进给量 0.2mm/r
G90 X27 Z-15 F0.2;	
G90 X24.5 Z-15 F0.2;	
S1200;	变速至精车外圆转速 1200r/min
G00 X0 Z2;	快进至切削起始点附近
G01 Z0 F0.1;	工进至切削起始点
X24 C1;	车端面、倒角
Z-15;	精车外圆
X30;	精车阶台端面
X34 W-2;	倒角
G00 X100 Z100;	联动退刀至换刀点
M30;	程序结束

E　零件加工

a　编辑程序

输入编写的数控程序 O1101 和 O1102。

b　程序校验

用程序仿真校验功能检查 O1101 和 O1102 号数控程序并修改，程序校验正确后方可用于自动加工。

c　装夹毛坯

用三爪自定心卡盘装夹工件毛坯、找正；第一次装夹毛坯伸出长度距卡爪端面 80mm，第二次调头装夹工件伸出长度距卡爪端面 30.5mm。

d　安装刀具

95°外圆正偏刀安装在 1 号刀位；切断刀安装在四号刀位，按切断刀装刀要求安装。

e　对刀操作

分别对所用两把刀具逐一进行对刀，将每把刀具的刀偏值存入刀偏表，确认每把车刀的刀偏值正确。

f　单段自动加工

调出 O1101 号数控程序，车床调至自动加工工作方式，单段模式，将进给修调倍率开关调至 100% 位置，快进倍率调至 25% 挡，按下"程序启动"键启动数控程序，执行单段自动加工。在整个加工过程中，操作者不得离开设备，注意观察加工情况，根据实际需要适当调整进给修调倍率和快进倍率的大小。工件右端轮廓加工结束后，取下工件，工件调头第二次装夹，外圆刀对刀，调出 O1102 号数控程序，执行单段自动加工。

g　工件检测

用量具按照零件图的要求逐项检测尺寸精度。

2.2.3.2　实训内容

A　实训项目一

(1) 将图2-16所示双向阶台轴的数控程序输入数控装置，进行程序编辑、程序校验和程序的仿真加工练习。程序校验正确后请老师确认。

(2) 按零件加工的要求学生安装好工件毛坯和刀具，对好刀，调整好机床操作面板，再次请老师确认，老师确认无误后，学生完成该零件的单段自动加工。

(3) 用游标卡尺按照零件图的要求逐项检测，如有不合格的项目，小组讨论，分析查找原因，教师讲评。

(4) 改正错误，重新操作加工，直至零件加工合格。

B　实训项目二

(1) 在老师指导下由学生完成图2-32单向阶台锥轴的编程，要求使用G90、G00/G01指令编程。

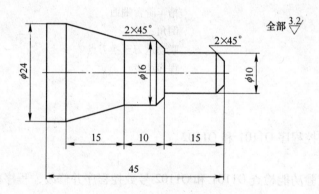

图2-32　单向阶台锥轴

(2) 将自编的数控程序输入数控装置，独立完成程序的校验及修改，直至正确为止。

(3) 完成该零件的单段自动加工。

(4) 检查质量合格后切下工件交件待检。

C　实训项目三

(1) 在老师指导下由学生完成图2-33双向阶台锥轴的编程，要求粗加工使用G90、G00/G01指令编程。

(2) 将自编的数控程序输入数控装置，独立完成程序的校验及修改，直至正确为止。

(3) 完成该零件的单段自动加工。

(4) 检查质量合格后切下工件交件待检。

2.2.3.3　容易产生的问题和注意事项

(1) 开机前要检查机床状态是否正常，检查电气柜散热风扇运转是否正常。

(2) 使用图形仿真功能进行程序校验，必须保证程序完全正确才能进行自动加工。

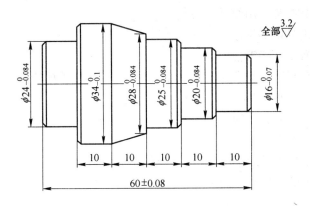

图 2-33　双向阶台锥轴

（3）校验程序锁住过机床，在对刀操作前必须重启数控装置，以建立正确的工件坐标系。

（4）程序校验完成后再装夹工件，并检查工件装夹是否牢靠，刀具是否装夹紧固，卡盘扳手是否取下。

（5）每把刀具对刀操作完成后，在"MDI"工作方式下，输入建立该刀工件坐标系的刀指令程序段，然后手动试车削外圆，检验对刀的准确性。

（6）在操作练习中，必须是一人独立操作机床，绝对禁止多人同时操作。在操作设备时，必须要注意力集中，眼睛观察刀架的移动位置，如有紧急情况立即按下"急停"按钮。

（7）首件试加工必须使用单段自动加工方式，并将快进修调倍率调到 F0 或 25% 挡。

（8）在自动加工过程中，操作者可将右手放在"程序暂停"键上边缘，加工中如有异常，立即按下"程序暂停"键。

（9）在自动加工过程中，必须关紧防护门，加工结束后方可打开。车床未停稳，禁止使用量具测量工件。

（10）在进行机床操作练习时，互保对子必须到位，一人操作练习，另外一人安全监护。

【任务小结】

　　牢记指令的格式和掌握指令的编程要点是学好编程的基础，学会简单轴的工艺分析与制定是编好程的关键。各指令的编程要点可利用数控仿真软件进行编程练习，而工艺能力必须在反复加工实践中才可得以提高。

　　通过讲授、示范操作及上机操作练习环节，使学生逐步熟练掌握数控车床的操作加工。多动手、勤练习，才能形成编程和操作加工的技能。

【思考与训练】

　　1. 什么叫数控编程、数控程序和程序单？

　　2. 简述手工数控编程的一般步骤。

3. 一个完整的数控程序由哪几部分构成?

4. 简述字与字的功能类别。

5. 为什么要设置机床参考点?

6. 什么是机床坐标系、编程坐标系和工件坐标系? 各自的作用是什么?

7. 什么叫模态和非模态指令?

8. 什么叫绝对和增量位置编程?

9. 什么叫直径编程与半径编程?

10. 机床坐标系的确定原则是什么? 坐标轴是如何指定的?

11. 数控车床的编程特点有哪些?

12. 数控机床常用的指令字有哪些?

13. 简述刀具功能 T 的编程格式和方法。

14. 简述进给功能 F 的编程格式和方法。

15. 简述 G20/G21、G98/G99 指令的编程格式并解释各参数的用法。

16. 简述快速线性移动指令 G00 的编程格式并解释各参数的用法。

17. 简述直线插补指令 G01 的编程格式并解释各参数的用法。

18. 简述直线后倒直角和直线后倒圆角指令的编程格式并解释各参数的用法。

19. 简述内、外径单一固定切削循环指令 G90 的编程格式并解释各参数的用法。

20. 简述端面单一固定切削循环指令 G94 的编程格式并解释各参数的用法。

21. 简述辅助功能 M 指令的代码及其功能和应用。

22. 简述程序仿真校验的步骤。

23. 简述单段自动加工的步骤。

24. 编写如图 2-32 所示的单向阶台锥轴的数控程序，进行仿真校验和加工。

25. 对如图 2-33 所示零件进行零件图分析、零件加工工艺设计、编制数控车床加工工序卡、编制数控程序及加工。

学习任务 2.3　带槽轴的编程加工

【学习任务】

加工如图 2-34 所示矩形槽轴。单件小批量生产，毛坯材料为 φ35mm 硬铝棒，实训设备：数控装置型号为 FANUC 0i Mate-TD 的大连 CKA6136 数控车床，按图样要求，编制数控程序及自动加工。

【任务描述】

1. 了解切断和切槽的概念和外沟槽的种类。

2. 掌握切断刀装夹的方法。

3. 掌握车削外沟槽和切断的方法。

4. 掌握切槽循环指令 G75 的编程方法。

5. 掌握槽轴类零件的工艺分析和工艺路线确定的方法。

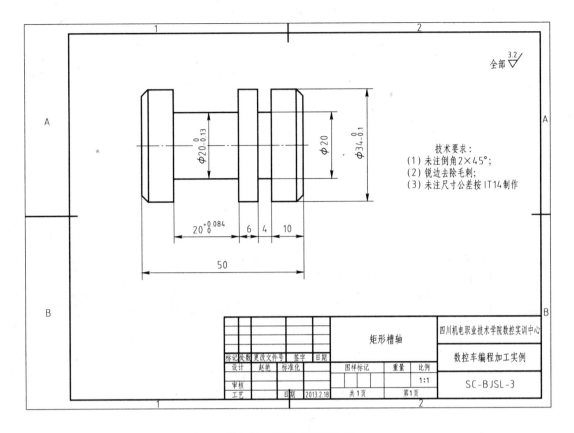

技术要求：
(1) 未注倒角 2×45°；
(2) 锐边去除毛刺；
(3) 未注尺寸公差按 IT14 制作

矩形槽轴	四川机电职业技术学院数控实训中心

数控车编程加工实例

SC-BJSL-3

图 2-34　矩形槽轴零件图

6. 掌握加工窄槽和精度宽槽的编程方法和技巧。

7. 学会用直进法编程切断工件。

8. 掌握槽轴的加工方法。

9. 掌握外沟槽的测量方法。

【知识准备】

2.3.1　切槽和切断加工相关工艺知识

2.3.1.1　刀具的选择和安装

A　基本概念

在车削加工中，把棒料或工件切成两段（或数段）的加工方法叫切断。一般采用正向切断法，即车床主轴正转，车刀横向进给进行车削。

在工件表面上车削加工各种形状的沟槽的方法叫切槽，常见的沟槽有外沟槽、内沟槽和端面沟槽，如图 2-35 所示。

a　外沟槽

车削外圆及轴肩部分的沟槽，称为车外沟槽。常见的外沟槽有：外圆沟槽、45°外沟槽、外圆端面沟槽、圆弧沟槽和梯形沟槽等，如图 2-36 所示。

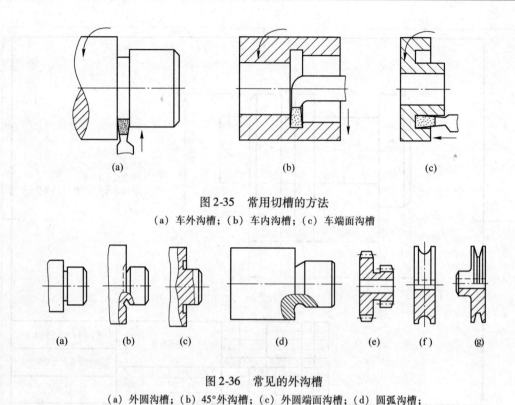

图 2-35　常用切槽的方法

（a）车外沟槽；（b）车内沟槽；（c）车端面沟槽

图 2-36　常见的外沟槽

（a）外圆沟槽；（b）45°外沟槽；（c）外圆端面沟槽；（d）圆弧沟槽；

（e）矩形沟槽；（f）圆弧形沟槽；（g）梯形沟槽

b　内沟槽

内沟槽的截面形状有矩形、圆弧形、梯形等几种，内沟槽在机器零件中起退刀、密封、定位、通气、通油等作用。

c　端面沟槽

端面沟槽的截面形状有直槽、圆弧槽、燕尾槽、T 形槽等。

B　切断刀

常用的切断（槽）刀有高速钢切断（槽）刀、硬质合金切断（槽）刀、反切刀和弹性切断刀。硬质合金切断刀又有焊接式和机夹式。机夹式切断刀数控车床上使用最多。

切断刀以横向进给为主，前端的切削刃为主切削刃，两侧的切削刃是副切削刃。一般切断刀的主切削刃较窄，刀头部分较长，因此强度较低，在选择和确定切断刀的几何参数时，要特别注意提高切断刀的强度问题。

a　主切削刃的宽度 a

主切削刃太宽会因切削力太大而振动，同时浪费材料；太窄又会削弱刀体强度。因此主切削刃宽度可用下面的经验公式计算：

$$a \approx (0.5 \sim 0.6)\sqrt{d} \tag{2-1}$$

式中　a——主切削刃宽度，mm；

　　　　d——工件待加工表面直径，mm。

b　刀体长度 L

刀体太长也容易引起振动和使刀体折断。切断刀刀头部分长度由加工工件的切深确定，如图 2-37 所示。

$$L = h + (2 \sim 3)\,\mathrm{mm} \qquad (2\text{-}2)$$

式中 L——刀体长度，mm；

h——切入深度，mm。

C 切槽刀

切矩形外圆沟槽的切槽刀的角度和形状与切断刀基本相同，在车较窄的外沟槽时，车槽刀的主切削刃宽度应与槽宽相等，刀体长度要略大于槽深。

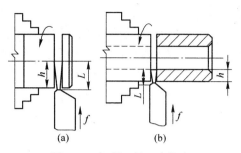

图 2-37 切断刀的刀头长度
（a）切断实心工件；（b）切断空心工件

D 切断刀的安装

（1）安装时，切断刀不宜伸出过长，同时切断刀的中心线与工件轴心线必须垂直，以保证两个副偏角对称。

（2）切断实心工件时，切断刀的主切削刃必须装得与工件轴心线等高，否则不能切到工件中心，而且容易崩刃，甚至折断车刀。

（3）切断刀的底平面应平整，以保证两后副后角对称。

2.3.1.2 车外沟槽和切断

A 外沟槽的车削方法

外沟槽的车削方法如下：

（1）车削精度不高和宽度较窄的矩形沟槽，可以用刀宽等于槽宽的切槽刀，采用直进法一次车出，如图 2-38（a）所示。

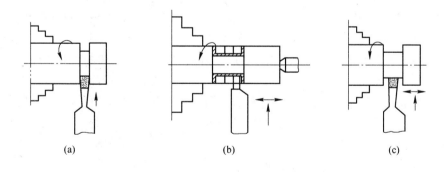

图 2-38 矩形沟槽的车削
（a）直进法车矩形沟槽；（b）宽矩形沟槽的粗车；（c）宽矩形沟槽的精车

（2）有精度要求的沟槽，一般采用两次直进法车出。即第一次车槽时，槽壁两侧留精车余量，然后根据槽深、槽宽进行精车。

（3）车削较宽的沟槽，可用多次直进法切削，并在槽的两侧留一定的精车余量，然后根据槽深、槽宽精车至尺寸，如图 2-38（b）和图 2-38（c）所示。并给精车留余量。

（4）车削较小的圆弧形槽，可用成形刀一次车出，较大的可用圆弧插补指令使用圆头刀车削。

（5）车削较小的梯形槽，一般用成形车刀完成，较大的梯形槽，通常先车直槽，然后用直槽刀使用直线插补指令 G01 斜进切削完成。

B　沟槽的检查和测量

（1）精度要求低的沟槽可用钢直尺测量，如图 2-39（a）所示。

（2）精度要求高的沟槽通常用千分尺和游标卡尺测量，如图 2-39（b）和图 2-39（c）所示。

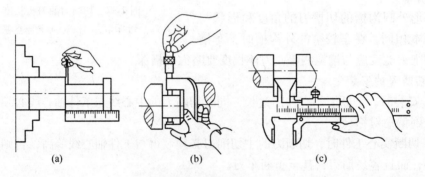

图 2-39　外沟槽的测量方法

（a）钢直尺测量槽宽和槽深；（b）外径千分尺测量槽低直径；（c）游标卡尺测量槽宽

C　切断方法

切断方法如下：

（1）用直进法切断工件。所谓直进法，是指垂直于工件轴线方向进行切断，如图 2-40（a）所示。切断直径不大的工件可用直进法直接切断。这种方法切断效率高，但对车床、切断刀的刃磨和安装都有较高的要求，否则容易造成刀头折断。

（2）左右借刀法切断工件。左右借刀法是指切断刀在工件轴线方向反复地往返移动，随之两侧径向进给，直至工件被切断，如图 2-40（b）所示。直径较大的工件可用左右进给法加工。左右借刀法常用在切削系统（刀具、工件、车床）刚度不足的情况下，用来对工件进行切断。

（3）反切法切断工件。反切法是指车床主轴和工件反转，车刀反向装夹进行切削，如图 2-40（c）所示。反切法适用于较大直径工件的切断。

D　切削用量的选择

（1）切削深度。切断时的切削深度等于切断刀刀体的宽度。

（2）进给量。一般用高速钢车刀切断钢料时 $f = 0.05 \sim 0.1$ mm/r，切断铸铁时 $f = 0.1 \sim 0.2$ mm/r；用硬质合金切断刀切断钢料时 $f = 0.1 \sim 0.2$ mm/r，切断铸铁时 $f = 0.15 \sim 0.25$ mm/r。

（3）切削速度。用高速钢切断刀切断钢料时 $v_c = 30 \sim 40$ m/min，切断铸铁时 $v_c = 15 \sim 25$ m/min。

用硬质合金切断刀切断钢料时 $v_c = 80 \sim 120$ m/min，切断铸铁时 $v_c = 60 \sim 100$ m/min。

E　切断时的注意事项

（1）切断工件毛坯表面前，应先将外圆车一刀，或尽量减小进给量。

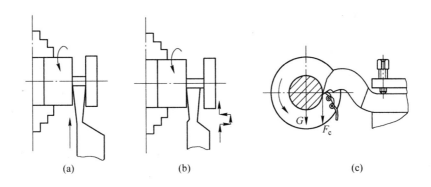

图2-40　切断工件的三种方法

（a）直进法；（b）左右进给法；（c）反切法

（2）手动进刀切断时，摇动手轮应连续均匀。

（3）用卡盘装夹工件切断时，切断位置应尽量靠近卡盘。

（4）用一夹一顶方法装夹工件切断时，在工件即将切断之前，应卸下工件后再敲断。

（5）切断刀刀尖必须与工件中心等高，否则切断处将有凸台，且刀头也容易损坏。

（6）切断刀伸出刀架的长度不要过长，进给要缓慢均匀；将切断时，必须放慢进给速度，以免刀头折断。

（7）高速钢切断刀切断钢件时需要加切削液进行冷却润滑，切铸铁时一般不加切削液，必要时可用煤油进行冷却润滑。

2.3.2　切槽和切断编程指令的使用

2.3.2.1　G04——暂停指令G04

该指令可以使刀具作短时间（几秒钟）无进给光整加工。主要用于切槽、钻不通孔、锪孔以及铰孔等场合，如图2-41所示。

编程格式：

G04 X/U__ ；

G04 P__ ；

（G99）G04 U(P)__ ；指令暂停进刀的主轴回转数；

（G98）G04 U(P)__ ；指令暂停进刀的时间；

X、U：单位秒；

P：输入两位整数，表示延迟时间，单位为毫秒。

例1：（G99）G04 U1.0

主轴转一转后执行下一个程序段

例2：（G98）G04 U1.0

1秒钟之后执行下一个程序段

2.3.2.2　外径/内径切槽循环指令G75

G75指令用于编程车削较宽的矩形沟槽。该指令只能完成粗切宽槽，如需精加工需另

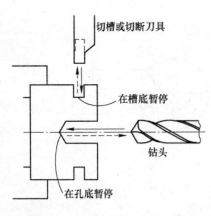

图 2-41　G04 暂停指令的应用

外编程。

编程格式：

G75 R(e)；

G75 X(U)_Z(W)_P(Δi) Q(Δk) R(Δd) F(f)

e：返回量，半径指定，该指定属于模态，在指定别的值之前一直有效。

X、Z：切槽终点的坐标值。

U、W：从切槽起始点至切槽终点的位移量。

Δi：X 轴方向的每次切削深度，该值用不带符号的半径值表示，编程单位：μm，不用小数点编程，如 P2000 表示深度为 2mm。

Δk：刀具完成一次径向切削后，在 Z 轴方向的移动量，编程单位：μm，不用小数点编程，如 Q3000 表示移动量为 3mm。

Δd：刀具在切削槽底位置的退刀量。

F：进给速度或进给量。

说明：

（1）反复执行切削 Δi、返回 e 的循环动作。切削达到 B 点时，刀具退缩 Δd，并以快速移动方式返回，朝着 C 点方向移动 Δk，再次进行切削。

（2）G75 指令经过切槽循环后刀具又返回到循环起点 A，如图 2-42 所示。

2.3.2.3　切槽编程特点

A　槽加工走刀路线设计

不同宽度、不同精度要求的沟槽加工工艺路线设计是不同的，具体如下：

（1）在较窄的沟槽加工且精度要求不高时，可以选择刀头宽度等于槽宽采用横向直进切削而成，如图 2-37(a) 所示。

（2）槽宽精度要求较高时，可采用粗车、精车二次进给车成，即第一次进给车沟槽时两壁留有余量；第二次用等宽刀修整，并采用 G04 指令使刀具在槽底部暂停几秒钟进行无进给光整加工，以提高槽底的表面质量。

（3）精度要求较高的较宽外圆沟槽加工，可以分几次进给，要求每次切削时刀具要有重叠的部分，并在槽沟两侧和底面留一定的精车余量。

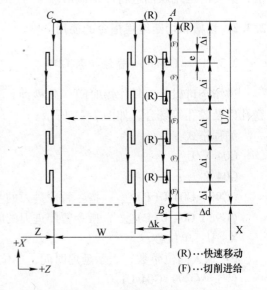

图 2-42　G75 指令走刀路线图

（4）宽槽加工需要计算循环次数以及刀具每次移动距离，可用下式进行估算：

$$L = a + (n - 1) \times \Delta \tag{2-3}$$

式中 L——沟槽宽度，mm；

　　a——刀具宽度，mm；

　　n——循环加工次数；

　　Δ——刀具每次移动距离，mm。

n 和 Δ 可以采用试凑法确定。

B　关于退刀路线

切槽刀或切断刀退刀时要注意合理安排退刀的路线：一般应先退 X 方向，再退 Z 方向，应避免与工件外阶台发生碰撞，造成车刀甚至是机床损坏。

C　关于刀位点确定

切槽刀和切断刀都有左右两个刀尖，两个刀尖及切削刃中心都可以选为刀位点，编程时应该根据图纸尺寸标注以及对刀的难易程度确定具体的刀位点。一般选用切断刀右刀尖为刀位点。一定要避免编程和实际对刀选用的刀位点不一致。

【任务实施】

2.3.3　槽轴的编程加工实例

2.3.3.1　加工实例

加工如图 2-34 所示矩形槽轴，单件小批量生产，毛坯材料为 ϕ35mm 硬铝棒，实训设备：数控装置型号为 FANUC 0i Mate-TD 的大连 CKA6136 数控车床，按图样要求，编制数控程序及自动加工。

A　零件图分析

该零件由一个有精度要求的外圆柱面、一个无精度要求的 4mm 窄槽、一个有精度要求的 20mm 宽槽和两处倒角组成，其余径向和轴向尺寸均为自由公差，尺寸精度要求较低，表面粗糙度全部为 $Ra3.2$。零件图尺寸标注完整，符合数控加工尺寸标注要求。零件材料为硬铝，切削加工性能好，无热处理和形位公差及硬度要求。通过上述分析，采取以下几点工艺措施：对有精度要求的尺寸取中差编程，其余取基本尺寸编程；根据毛坯来料，采用一次装夹全部加工出所有的表面，最后切断工件。

B　零件加工工艺设计

a　工件装夹

该工件毛坯为棒料，用三爪自定心卡盘装夹零件毛坯、找正，毛坯装夹长度距卡爪端面 65mm。

b　刀具选择

为完成该零件的加工，需要一把外圆车刀和一把既能用于切断又能用于切窄槽和宽槽的切槽刀。根据加工要求，选用机夹可转位式 95°外圆正偏刀一把，安装在 1 号刀位，刀偏号为 01 号，刀具编程指令为 T0101；选用 4mm 宽机夹右手外切槽刀一把，切槽刀右刀尖为刀位点，安装在 4 号刀位，刀偏号为 04 号，刀具编程指令为 T0404。刀片材料均为涂层硬质合金。

c　编程原点的确定

选择零件已加工右端面中心点为编程坐标系的原点。

d　工艺路线

精车端面→粗车外圆轮廓→精车外圆轮廓和倒角→切窄槽→粗切宽槽→精切宽槽→切断工件→去毛刺。

（1）精车端面。

（2）粗车外圆至 ϕ34.4mm，用 G90 指令编程加工。

（3）精车外圆和倒角，用 G01/G00 指令编程加工。

（4）用 4mm 宽切槽刀切窄槽至尺寸要求，用 G01/G00 指令编程加工。

（5）粗切宽槽，两槽壁分别留 0.2mm 精加工余量，槽底单边留 0.15mm 精加工余量，用 G75 指令编程加工。

（6）精切宽槽至尺寸要求，用 G01/G00 指令编程加工。

（7）切断工件，工件切至 ϕ3mm 即可，退刀停车后手掰断。用 G01/G00 指令编程加工。

（8）去毛刺。

C　编制数控车床加工工序卡

工序内容详见表2-9。

表 2-9　数控车床加工工序卡

单 位 名 称		产 品 名 称		零 件 名 称		零 件 图 号	
四川机电职业技术学院		槽轴		矩形槽轴		SC-BCJG-3	
工序	程序编号	夹具名称		使用设备		车　间	
1	O1201	三爪卡盘		CKA6136		数控实训中心	
序号	工步内容	刀具号	刀具规格	主轴转速 /r·min^{-1}	进给量 /mm·r^{-1}	背吃量/mm	量 具
1	精车端面	T0101	95°外圆正偏刀	1200	0.1	0.2	
2	粗车外圆	T0101	95°外圆正偏刀	900	0.2	2	游标卡尺
3	精车外圆轮廓	T0101	95°外圆正偏刀	900	0.1	0.2	游标卡尺
4	车窄槽	T0404	4mm 切槽刀	900	0.15	4	游标卡尺
5	粗车宽槽	T0404	4mm 切槽刀	900	0.15	3.8	游标卡尺
6	精车宽槽	T0404	4mm 切槽刀	1200	0.1	0.2	游标卡尺
7	倒角、切断	T0404	4mm 切槽刀	700	0.1	4	游标卡尺

D　编制数控程序

使用 G90 指令编写粗加工程序，用 G00、G01 指令编写精加工程序，用 G75 指令粗车宽槽。

数控程序　　　　　　　　　　　　　　　　注释

O1201;

G21 G40 G97 G99 M03 S1200;　　　　　　程序初始化,主轴正转,转速 12000r/min

T0101;　　　　　　　　　　　　　　　　换外圆刀,并建立工件坐标系

G00 X40 Z0;	到精车端面起点
G01 X0 F0.1;	精车端面,切削进给量0.1mm/r
G00 X38 Z2;	退刀至单一固定循环加工起始点
S900;	变速至转速900r/min
G90 X34.4 Z-55 F0.2;	单一固定循环粗车外圆,切削进给量0.2mm/r
G00 X25.96;	进刀
G01 X33.96 Z-2;	倒右端角
Z-55;	精车外圆
G00 X100 Z100;	返回到换刀点
T0404;	换切断刀
S900;	变速至转速900r/min
G00 X36;	X向进刀
Z-10;	Z向进刀至切窄槽起始点
G01 X20 F0.1;	切槽至要求尺寸
G98 G04 U5;	加工暂停5s,光整槽底
G99 G00 X36;	X向退刀
G00 Z-20.2;	Z向进刀至切宽槽循环起始点
G75 R0.5;	循环粗车宽槽
G75 X20.3 Z-35.8 P4000 Q3800 F0.2;	循环粗车宽槽
G00 Z-20;	Z向退刀至精切宽槽定位尺寸处
S1200;	变速至转速800r/min
G98 G04 U5;	加工暂停5s
G99 G01 X20.3 F0.1;	精车右槽壁
W-1;	Z向退刀
X36;	X向退刀
G00 Z-36.04;	Z向进刀至槽宽尺寸处
G01 X19.95 F0.1;	精车左槽壁
Z-20;	精车槽底
X36 Z-25;	联动退刀
G00 Z-50;	Z向进刀至切断处
G01 X28;	切槽
X36;	X向退刀
Z-47;	Z向退刀至倒角起点处
X30 Z-50;	倒左端角
X3;	切断工件
G00 X100;	回到换刀点
Z100;	回到换刀点
M30;	程序结束

E 零件加工

a 编辑程序

输入编写的数控程序O1201。

b 程序校验

用程序仿真校验功能检查程序并修改，程序校验正确后方可用于自动加工。

c　装夹毛坯

用三爪自定心卡盘装夹工件毛坯、找正，毛坯装夹长度距卡爪端面65mm。

d　安装刀具

95°外圆正偏刀安装在一号刀位，按外圆车刀装刀要求安装，确保工作主偏角为95°左右；切槽刀安装在四号刀位，按切槽刀装刀要求安装。

e　对刀操作

手动精车端面，Z向对刀，确定出Z向刀偏值，将其存入刀偏表；手动试车外圆，X向不动，Z向退刀至安全位置，停车后测量试车的外圆直径，确定出X向刀偏值，将其存入刀偏表；将刀具退至加工安全位置。

f　单段自动加工

调出O1201号数控程序，车床调至自动加工工作方式，单段模式，将进给修调倍率开关调至100%位置，快进倍率调至25%挡，按下"程序启动"键启动数控程序，执行单段自动加工。在整个加工过程中，操作者不得离开设备，注意观察加工情况，根据实际需要适当调整进给修调倍率和快进倍率的大小。

g　工件检测

用游标卡尺按照零件图的要求逐项检测。

2.3.3.2　实训内容

A　实训项目一

a　手动切断操作练习

手动操作加工如图2-43所示垫片。

b　练习要求

熟悉切断刀的结构和特点，掌握切断刀的安装技巧，熟悉切断的加工特点，掌握切断切削用量的选择。

c　加工步骤

（1）夹持外圆找正，工件伸出距卡爪端面50mm左右即可。

（2）车端面。

（3）粗、精车外圆至尺寸要求。

（4）倒角。

（5）切垫片。

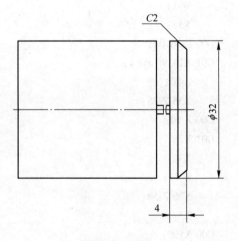

图2-43　垫片

d　练习方式

每位同学手动加工两件。练习完成后不取下工件，下一个同学在此工件上接着进行切断手动操作练习。

B　实训项目二

a　将图2-34矩形槽轴的数控程序输入数控装置，校验程序，程序校验正确后请老师确认，按零件加工的要求学生安装好工件和刀具，对好刀，调整好机床操作面板，再次请老师确认，老师确认无误后，学生完成该零件的单段自动加工。

　　b　用游标卡尺按照零件图的要求逐项检测，如有不合格的项目，小组讨论，分析查找原因，教师讲评。

　　c　改正错误，重新操作加工，直至零件加工合格。

　　C　实训项目三

　　（1）由学生独立完成图 2-44 矩形宽槽轴的编程，将数控程序输入数控装置，在教师的指导下校验并修改程序，直至正确为止。

　　（2）完成该零件的单段自动加工。

　　（3）检查质量合格后切下工件交件待检。

2.3.3.3 容易产生的问题和注意事项

容易产生的问题和注意事项如下：

　　（1）校验程序锁住过机床，在对刀操作前必须重启数控装置，以建立正确的机床坐标系。

　　（2）加工之前必须确保加工程序的编程原点与加工原点完全重合。

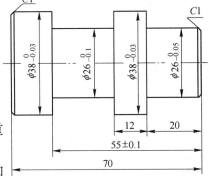

图 2-44　矩形宽槽轴

　　（3）车削前应检查工件装夹是否牢靠，刀具是否装夹紧固，卡盘扳手是否取下。

　　（4）自动加工时，操作者不能离开机床。

　　（5）车削前应检查主轴箱手柄位置。

　　（6）手动操作移动刀具时，应注意调节进给速度修调开关，选择一个合适的进给速度。当刀具远离工件时可选择一个较快的速度；当刀具快要移动到工件附近时，降低快进速度，以防刀具速度过快撞到工件上，发生安全事故。

　　（7）不能由主轴正转直接变为主轴反转，必须要先停稳车后再变换主轴旋转方向。

　　（8）车床未停稳，不能使用量具测量工件。

　　（9）加工同一批零件时，必须保证毛坯的装夹长度一样。如果毛坯装夹时长时短，将会发生安全事故。

【任务小结】

掌握车削外沟槽和切断的方法，才能设计出合理的走刀路线；学会加工沟槽的编程指令的用法，再结合设计的走刀路线，才能编制出数控加工程序；学会切断刀的选择和安装方法，才能顺利加工出工件；工件是否合格，必须要学会沟槽的检查和测量。

通过讲授、示范操作及上机操作练习环节，可使学生进一步增强对重点内容的认识和理解，加深对切槽和切断的感性认识。只有多动手、勤练习，才能提高编程和操作加工的熟练程度。

【思考与训练】

　　1. 切断外径为 ϕ80mm，孔径为 ϕ25mm 的工件，求切断刀的主切削刃宽度和刀头长度。

　　2. 安装切断刀应注意什么问题？

3. 切断时的注意事项有哪些?

4. 切断的方法有哪些?

5. 外沟槽的车削方法有哪些?

6. 精度较高的槽应该怎样测量?

7. 简述切槽循环指令 G75 的编程格式并解释各参数的用法。

8. 设计图 2-45 梯形槽轴的走刀路线,编写加工梯形槽的数控程序并进行仿真校验。

9. 图 2-44 矩形宽槽轴,零件材料为硬铝,毛坯规格为 φ40mm×105mm。对矩形宽槽轴进行零件图分析、零件加工工艺设计、编制数控车床加工工序卡、编制数控程序及加工。

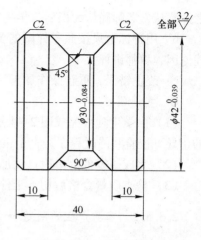

图 2-45　梯形槽轴

学习任务 2.4　套类零件的编程加工

【学习任务】

加工如图 2-46 所示阶台孔套零件。单件小批量生产,毛坯材料为 φ50mm 硬铝棒,实训设备:数控装置型号为 FANUC 0i Mate-TD 的大连 CKA6136 数控车床,按图样要求,编

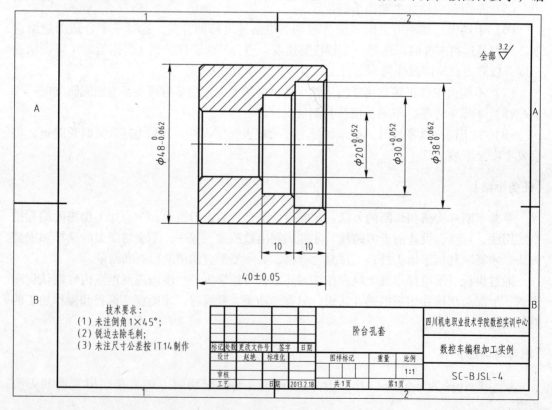

图 2-46　阶台孔套零件图

制数控程序及自动加工。

【任务描述】

1. 掌握钻孔和扩孔加工的方法。
2. 掌握内孔车刀安装的方法。
3. 掌握套类工件的安装方法。
4. 了解内孔车刀的种类。
5. 学习车削内孔的方法。
6. 掌握套类零件的工艺分析和工艺路线确定的方法。
7. 掌握使用单一固定循环指令 G90 对阶台孔的编程方法和技巧。
8. 掌握套类零件的加工方法并形成技能。
9. 掌握内孔量具的使用和孔径的测量方法。

【知识准备】

2.4.1 数控车床上孔加工方法

套类零件是指带有孔的零件。很多零件如齿轮、轴套、带轮等，不仅有外圆柱面，而且有内圆柱面，在车床上加工内结构的加工方法有钻孔、扩孔、铰孔、车孔等加工方法，其工艺适应性都不尽相同。应根据零件内结构尺寸以及技术要求的不同，选择相应的工艺方法。

套类零件的结构特点：

套筒零件属于内外回转面，有较高的尺寸及形状位置精度要求，主要结构有内沟槽、螺纹、阶台孔、光滑孔圆柱面或圆锥面、倒角、圆弧阶梯结构。

套类零件的车削加工特点：

（1）结构刚性差，装夹、加工易产生变形从而影响加工精度。因此薄壁套筒常采用套筒夹具或芯轴类夹具装夹，并采用较小的切削速度和较小的切削深度。

（2）内孔加工受结构限制，刀具结构刚性差，加工中易产生让刀，影响加工精度。

（3）内腔结构尺寸不易测量。

（4）对机床精度要求高。

2.4.1.1 钻孔

用钻头在实体材料上钻出孔的方法称为钻孔。钻孔属于粗加工，其尺寸精度公差等级为 IT10 以下，表面粗糙度为 $Ra12.5 \sim 25\mu m$，多用于粗加工孔。钻孔后，可以通过扩孔、铰孔或镗孔等方法来提高孔的加工精度和减小表面粗糙度值。

如图 2-47 所示，在车床上钻孔，工件装夹在卡盘上，钻头安装在尾座套筒锥孔内。钻孔时，摇动尾座手轮使钻头缓慢进给，注意经常退出钻头排屑。钻孔进给不能过猛，以免折断钻头。钻钢料时应加切削液。

A 麻花钻钻孔

钻孔常用的刀具是麻花钻头（用高速钢制造），如图 2-48 所示。

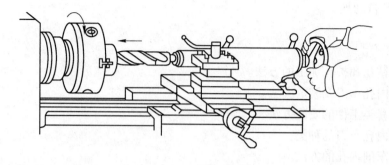

图 2-47　车床上钻孔

孔的主要工艺特点如下：

（1）钻头的两个主刀刃不易磨得完全对称，切削时受力不均衡；钻头刚性较差，钻孔时钻头容易发生偏斜。

（2）通常麻花钻头钻孔前先车平端面并车出一个中心坑或先用中心钻钻中心孔作为引导，用于引正麻花钻开始钻孔时的定位和钻削方向。

（3）麻花钻头钻孔时切下的切屑体积大，钻孔时排屑困难，产生的切削热大而冷却效果差，使得刀刃容易磨损。因而限制了钻孔的进给量和切削速度，降低了钻孔的生产率。

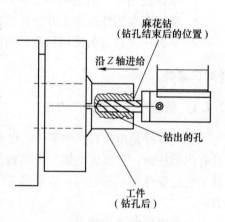

图 2-48　麻花钻钻孔

钻孔注意事项：

（1）起钻时进给量要小，待钻头头部全部进入工件后，才能正常钻削。

（2）钻钢件时，应加冷切液，防止因钻头发热而退火。

（3）钻小孔或钻较深孔时，由于铁屑不易排出，必须经常退出排屑，否则会因铁屑堵塞而使钻头"咬死"或折断。

（4）钻小孔时，主轴转速应选择快些，钻头的直径越大，钻孔的速度应相应降低。

（5）当钻头将要钻通工件时，由于钻头横刃首先钻出，因此轴向阻力大减，这时进给速度必须减慢，否则钻头容易被工件卡死，造成钻头锥柄在尾座套筒内打滑而损坏锥柄和锥孔。

B　硬质合金可转位刀片钻头钻孔

数控车床也常使用硬质合金可转位刀片钻头，如图 2-49 所示。可转位刀片的钻孔速度通常要比高速钢麻花钻的钻孔速度高很多。刀片钻头适用于钻孔直径范围为 16～80mm 的孔。刀片钻头需要较高的功率和高压冷却系统。如果孔的公差要求小于 ±0.05，则需要增加镗孔或铰孔等第二道孔加工工序，使孔加工到要求的尺寸。用硬质合金可转位刀片钻头钻孔时不需要钻中心孔。

2.4.1.2　扩孔

扩孔是用扩孔钻对已钻或铸、锻出的孔进行加工，扩孔时的背吃刀量为 0.85～4.5mm

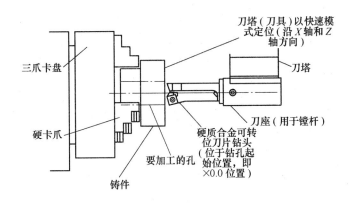

图2-49　硬质合金可转位刀片钻头钻孔

范围内，切屑体积小，排屑较为方便。因而扩孔钻的容屑槽较浅而钻心较粗，刀具刚性好。一般有 3~4 个主刀刃，每个刀刃的切削负荷较小；棱刃多，使得导向性好，切削过程平稳。扩孔能修正孔轴线的歪斜，扩孔钻无端部横刃，切削时轴向力小，因而可以采用较大的进给量和切削速度。扩孔的加工质量和生产率比钻孔高，加工精度可达 IT10，表面粗糙度值为 $Ra6.3~3.2\mu m$。采用镶有硬质合金刀片的扩孔钻，切削速度可以提高 2~3 倍，大大地提高了生产率。扩孔常常用作铰孔等精加工的准备工序，也可作为要求不高孔的最终加工。

2.4.1.3　铰孔

铰孔用铰刀对未淬硬孔进行精加工的一种加工方法。铰刀是尺寸精确的多刃刀具。铰刀的容屑槽浅，刚性好，刀刃数目多（6~12 个），导向可靠性好，刀刃的切削负荷均匀；铰刀制造精度高，其圆柱校准部分具有校准孔径和修光孔壁的作用。铰孔的加工余量小（粗铰为 0.15~0.35mm，精铰为 0.05~0.15mm），铰孔时排屑和冷却润滑条件好，切削速度低（精铰 2~5m/min），切削力、切削热都小，并可避免产生积屑瘤。因此，铰孔的精度可达 IT6~IT8；表面粗糙度值为 $Ra1.6~0.4\mu m$。铰孔的进给量一般为 0.2~1.2mm/r，约为钻孔进给的 3~4 倍，可保证有较高的生产率。铰孔直径一般不大于 80mm。铰孔不能纠正孔的位置误差，孔与其他表面之间的位置精度，必须由铰孔前的加工工序来保证。

2.4.1.4　车削内孔

车削内孔是指用车削方法扩大工件的孔或加工空心工件的内表面，又称为镗孔。是车削加工的主要内容之一。既可进行孔的粗加工，又可进行半精加工和精加工。车孔后的尺寸精度一般可达 IT7~IT8；表面粗糙度可达 $Ra1.6~3.2\mu m$。车孔还可以校正原有孔轴线歪斜或位置偏差。车孔可以加工中、小尺寸的孔，更适于加工大直径的孔。

2.4.2　数控车床上内孔车削加工工艺

2.4.2.1　内孔车刀的种类

根据不同的加工情况，内孔车刀可分为通孔车刀和盲孔车刀两种，如图 2-50 所示。

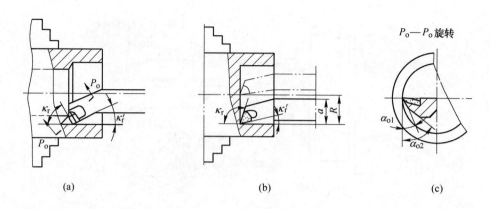

图 2-50　内孔车刀
（a）通孔车刀；（b）盲孔车刀；（c）双重后角

A　通孔车刀

通孔车刀切削部分几何形状基本上与外圆车刀相似，如图 2-50（a）所示。为减小径向切削抗力，防止车孔时振动，主偏角应取得大些，一般 $\kappa_r = 60° \sim 75°$；副偏角 $\kappa_r' = 15° \sim 30°$。为防止内孔车刀后刀面和孔壁的摩擦又不使后角磨得太大，一般磨成双重后角，即两个后角，如图 2-50（c）所示旋转剖视，其中 α_{o1} 取 $6° \sim 12°$，α_{o2} 取 30°左右。

B　盲孔车刀

盲孔车刀用于车削盲孔或台阶孔，其切削部分的几何形状基本上与偏刀相似，如图 2-50（b）所示。盲孔车刀的主偏角大于 90°，一般 $\kappa_r = 92° \sim 95°$。后角要求与通孔车刀相同。盲孔车刀刀尖到刀柄外侧的距离 a 应小于孔的半径 R，否则无法车平底孔的底面。

2.4.2.2　内孔车刀的安装

内孔车刀安装的正确与否，直接影响到车削情况及孔的精度，所以在安装时一定要注意：

（1）刀尖应与工件中心等高或稍高。如果装得低于中心，由于切削抗力的作用，容易刀柄压低而产生扎刀现象，并可能造成孔径扩大。

（2）刀柄伸出刀架不宜过长，一般比加工孔长 5 ~ 6mm 左右。

（3）刀柄基本平行于工件轴线，否则在车削到一定深度时刀柄后半部分容易碰到工件孔口。

（4）盲孔车刀装夹时，内偏刀的主切削刃应与孔底平面成 3° ~ 5°，并且在车平面时要求横向有足够的退刀余地。

2.4.2.3　工件的安装

车孔时，工件一般采用三爪自定心卡盘安装；对于较大和较重的工件可采用四爪单动卡盘安装。加工直径较大、长度较短的工件（如盘类工件等），必须找正外圆和端面。一般情况下先找正端面再找正外圆，如此反复几次，直至达到要求为止。

2.4.2.4　车削内孔的方法

孔的形状不同，车孔的方法也有差异，如图 2-51 所示。

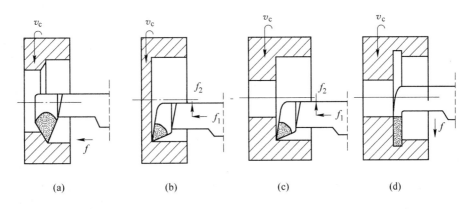

图 2-51　车孔方法

（a）车削通孔；（b）车削盲孔；（c）车削台阶孔；（d）车削内沟槽

A　车通孔

（1）孔的车削基本上与车外圆相同，只是进刀和退刀的方向相反。在粗车和精车时也要进行试切削。当车刀纵向切削至 2mm 左右时，纵向快速退刀（X 向不动），然后停车测量，若孔的尺寸不到位，则需要微量 X 向进刀后再次测量，直到符合要求，方可车出整个内孔表面。

（2）车孔时的切削用量要比车外圆时适当减小些，特别是车小孔或深孔时，其切削用量应更小。切削用量的选择：切削时，由于内孔车刀刀尖先切入工件，因此其受力较大，再加上刀尖本身强度差，所以容易碎裂，其次由于刀杆细长，在切削力的影响下，吃刀深了，容易弯曲振动。

B　车阶台孔

（1）车直径较小的阶台孔时，由于观察困难而尺寸精度不宜掌握，所以常采用粗、精车小孔，再粗精车大孔。

（2）车大的台阶孔时，在便于测量小孔尺寸而视线又不受影响的情况下，一般先粗车大孔和小孔，再精车小孔和大孔。

（3）车削孔径尺寸相差较大的阶台孔时，最好采用主偏角 $\kappa_r < 90°$（一般为 85°～88°）的车刀先粗车，然后再用内偏刀精车，直接用内偏刀车削时切削深度不可太大，否则刀刃易损坏。其原因是刀尖处于刀刃的最前端，切削时刀尖先切入工件，因此其承受切削抗力最大，加上刀尖本来强度差，所以容易碎裂；由于刀柄伸长，在轴向抗力的作用下，切削深度大容易产生振动和扎刀。

C　车盲孔（平底孔）

车盲孔时其内孔车刀的刀尖必须与工件旋转中心等高，否则不能将孔底车平。检验刀尖中心高的简便方法是车端面时进行对刀，若端面能车至中心，则盲孔底面也能车平。同时还必须保证盲孔车刀的刀尖至刀柄外侧的距离 a 应小于内孔半径 R，否则切削时刀尖还未车到工件中心，刀柄外侧就已经与孔壁相碰。

2.4.2.5　孔径尺寸的测量

测量孔径尺寸时，应根据工件的尺寸精度及数量要求，采用相应的量具进行测量。如果孔的尺寸精度要求较低，可采用钢直尺、游标卡尺测量；当孔的尺寸精度要求较高时，可采用下列方法测量：

（1）用内径千分尺测量。内径千分尺由测微头和各种规格尺寸的接长杆组成，如图2-52(a)所示。内径千分尺的测量范围为 50 ~ 125mm、125 ~ 200mm、200 ~ 325mm、325 ~ 500mm、500 ~ 800mm 等。其分度值为 0.01mm。测量大于 ϕ50mm 的精度较高、深度较大的孔径时，可采用内径千分尺。此时，内径千分尺应在孔内摆动，在直径方向应找出最大读数，轴向应找出最小读数，如图 2-52(b)所示，这两个读数重合就是孔的实际尺寸。

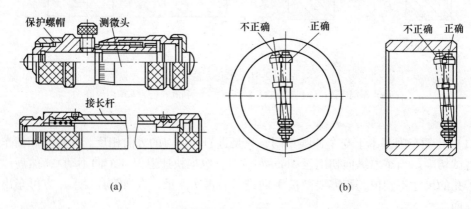

(a)　　　　　　　　　　　　　　　　(b)

图 2-52　内径千分尺及测量方法

(a) 内径千分尺外形结构；(b) 内径千分尺的使用方法

内径千分尺的读数方法与外径千分尺相同，但由于无测力装置，因此测量误差较大。

（2）用内测千分尺直接测量。内测千分尺是内径千分尺的一种特殊形式，使用方法如图 2-53 所示。其刻线方向与外径千分尺相反，当顺时针旋转微分筒时，活动爪向右移动，测量值增大。内测千分尺的测量范围为 5 ~ 30mm 和 25 ~ 50mm。其分度值为 0.01mm。

（3）用内径百分表测量。内径百分表结构如图 2-54 所示。百分表装夹在测架 1 上，触头（活动测量头）6 通过摆动块 7、杆 3，将测量值 1:1 传递给百分

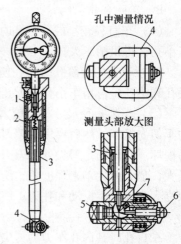

图 2-54　内径百分表

1—测架；2—弹簧；3—杆；4—定心器；

5—测量头；6—触头；7—摆动块

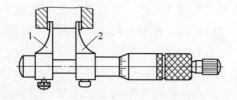

图 2-53　内测千分尺及测量方法

1—固定量爪；2—活动卡爪

表。测量头 5 可根据被测孔径大小更换。定心器 4 用于使触头自动位于被测孔的直径位置。

内径百分表是利用对比法测量孔径的，测量前应根据被测孔径用千分尺将内径百分表对准零位。测量时，为得到准确的尺寸，活动测量头应在径向方向摆动并找出最大值，在轴向方向摆动找出最小值，两值应重合一致，如图 2-55 所示。这个值即为孔径基本尺寸的偏差值。并由此计算出孔径的实际尺寸。

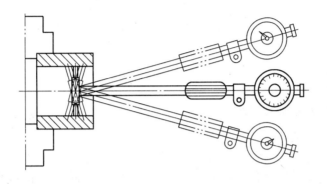

图 2-55　内径百分表的测量方法

内径百分表主要用于测量精度要求较高而且又较深的孔。

（4）塞规测量

塞规的形状如图 2-56（a）所示。塞规通端的基本尺寸等于孔的最小极限尺寸（L_{min}），止端的基本尺寸等于孔的最大极限尺寸（L_{max}）。塞规通端的长度比止端的长度长，一方面便于修磨通端以延长塞规使用寿命，另一方面则便于区分通端和止端。用塞规检验孔径时，若通端进入工件的孔内，而止端不能进入工件的孔内，如图 2-56（b）所示，则说明工件孔径合格。测量盲孔时，为了排除孔内的空气，常在塞规的外圆上开有通气槽或在轴心处轴向钻出通气孔。

用塞规检测孔径时，应保持塞规表面和孔壁清洁。检测时，塞规轴线应与孔轴线一致，不可歪斜。不允许将塞规强行塞入孔内，不准敲击塞规，不要在工件还未冷却到室温时用塞规检测。塞规是精密的界限量规，只能用来判断别孔径是否合格，不能测量出孔的实际尺寸。

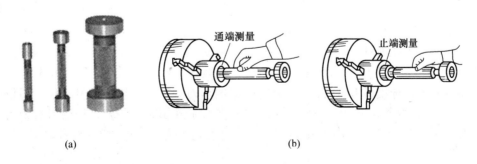

(a)　　　　　　　　　　　　　(b)

图 2-56　塞规及测量方法
（a）塞规；（b）测量方法

2.4.2.6　数控车床上车削内孔编程特点

套类零件内轮廓加工与轴类零件的加工指令相同，也是使用单一固定切削循环指令、轮廓加工复合形固定循环指令、直线插补指令、圆弧插补指令等。

（1）内孔轮廓加工使用轮廓加工复合形固定循环指令编程时，进刀方向是向着 X 增大的方向，在相应的指令应用时，注意对应指令参数的设置。

（2）加工精度要求高的内孔时，对由于让刀所产生的加工误差做出相应的误差补偿。

（3）对应于零件结构中重复加工内容，尽量采用子程序编程方式，通过多次调用子程序进行加工以简化程序结构。

【任务实施】

2.4.3　套类零件的编程加工实例

2.4.3.1　加工实例

加工如图 2-46 所示阶台孔套零件，单件小批量生产，毛坯材料为 ϕ50mm 硬铝棒，实训设备：数控装置型号为 FANUC 0i Mate-TD 的大连 CKA6136 数控车床，按图样要求，编制数控程序及加工。

A　零件图分析

需要加工的部分为左右端面、一个有精度要求的外圆柱面、有精度要求的阶台孔、外圆和内孔倒角。三个内圆柱面构成单向阶台孔，长度方向总长有精度要求，其余轴向尺寸均为自由公差，表面粗糙度全部为 $Ra3.2$。零件图尺寸标注完整，符合数控加工尺寸标注要求。零件材料为硬铝，切削加工性能好，无热处理和形位公差及硬度要求。通过上述分析，采取以下几点工艺措施：对有精度要求的尺寸取中差编程，其余取基本尺寸编程；采用二次装夹。

B　零件加工工艺设计

a　工件装夹

该零件的加工采用二次装夹方式。第一次装夹用三爪自定心卡盘卡爪夹持棒料毛坯外圆并找正，毛坯装夹长度距卡爪端面 50mm；第二次装夹用三爪自定心卡盘卡爪（或者用软爪）夹持已加工外圆并找正，外圆表面用铜皮包裹，工件伸出长度距卡爪端面 15mm 左右。

b　刀具选择

为完成该零件的加工，需要一把外圆车刀、一把盲孔车刀和一把切断刀。根据加工要求，选用机夹可转位式 95°外圆正偏车刀一把，安装在 1 号刀位，刀偏号为 01 号，刀具编程指令为 T0101；选用机夹可转位式 95°内孔正偏车刀一把，安装在 3 号刀位，刀偏号为 03 号，刀具编程指令为 T0303；选用 4mm 宽机夹右手外切断刀一把，切槽刀右刀尖为刀位点，安装在 4 号刀位，刀偏号为 04 号，刀具编程指令为 T0404。刀片材料均为涂层硬质合金。

c　编程原点的确定

选择零件已加工右端面中心点为编程坐标系的原点。

d　工艺路线

钻中心孔→钻孔→精车右端面→粗车外圆→精车外圆→粗车台阶孔→精车台阶孔→切断工件→工件调头二次装夹→精车左端面→倒角→取下工件加工结束。

具体步骤如下：

（1）用 ϕ3mm 中心钻钻中心孔，加注切削液；钻夹头安装在尾座套筒上，手动操作加工。

（2）用 ϕ18mm 麻花钻钻孔，钻孔深度 45mm 左右，充分加注切削液；钻头配上变径套后安装在尾座套筒上，手动操作加工。

（3）精车右端面，用 G01/G00 指令编程加工。若端面不平需手动粗车端面。

（4）粗车外圆至 ϕ48.4mm，长度尺寸车至 45mm。用 G90 指令编程粗加工。

（5）精车外圆及倒角至尺寸要求，公差取中值。用 G01/G00 指令编程加工。

（6）粗车单向阶台孔至 ϕ19.6mm、ϕ29.6mm、ϕ37.6mm，轴向尺寸车至 42mm、19.9mm 和 9.9mm，阶台长度尺寸分别留 0.1mm 精加工余量。用 G90 指令编程粗加工。

（7）轮廓精车单向阶台孔及倒角至尺寸要求，公差取中值。用 G01/G00 指令编程加工。

（8）用 4mm 宽切断刀倒角后切断工件，工件切断长度 40.5mm。用 G01/G00 指令编程加工。

（9）工件调头第二次装夹，用三爪自定心卡盘卡爪（可用软爪）夹持已加工外圆并找正，外圆表面用铜皮包裹，工件伸出长度距卡爪端面 15mm 左右。

（10）精车左端面，控制工件总长至尺寸要求，用锪孔钻倒孔口角，加注切削液。工件取下后去除毛刺并擦拭干净。手动操作加工。

C　编制数控车床加工工序卡

工序内容详见表 2-10。

表 2-10　数控车床加工工序卡

单 位 名 称		产 品 名 称		零 件 名 称		零 件 图 号	
四川机电职业技术学院		轴　套		阶台孔套		SC-BCJG-4	
工序	程序编号		夹具名称	使用设备		车　间	
1	O1301		三爪卡盘	CKA6136		数控实训中心	
序号	工艺内容	刀具号	刀具规格	主轴转速 /r·min^{-1}	进给量 /mm·r^{-1}	背吃量/mm	量　具
1	手动钻中心孔		ϕ3mm 中心钻	1000	0.15		
2	手动钻孔		ϕ18mm 麻花钻	500	0.15		
3	精车右端面	T0101	95°外圆正偏刀	1200	0.1	0.2	
4	粗车外圆	T0101	95°外圆正偏刀	900	0.2	0.8	千分尺
5	精车外圆	T0101	95°外圆正偏刀	1200	0.1	0.2	千分尺
6	粗车台阶孔	T0303	95°内孔正偏刀	800	0.2	2	内径百分表
7	精车台阶孔	T0303	95°内孔正偏刀	1200	0.1	0.2	内径百分表
8	切断、倒角	T0404	4mm 宽切槽刀	500	0.15	4	游标卡尺
9	工件二次装夹						
10	手动精车左端面	T0101	95°外圆正偏刀	1200	0.1	0.2	游标卡尺
11	手动孔口倒角		锪孔钻	400	0.1		

D　编制数控程序

使用 G90 指令编写粗加工程序，用 G00/G01 指令编写精加工程序。

数控程序	注　释
O1301；	程序名
G21 G40 G97 G99 M03 S1200；	程序初始化，主轴正转转速 12000r/min
T0101；	换外圆刀，并建立工件坐标系
G00 X55 Z0；	到精车端面起点
G01 X0 F0.1；	精车端面，切削进给量 0.1mm/r
G00 X52 Z2；	退刀至单一固定循环加工起始点
S900；	变速至粗车外圆转速 900r/min
G90 X48.4 Z-45 F0.2；	单一固定循环粗车外圆，切削进给量 0.2mm/r
S1200；	变速至精车外圆轮廓转速 1200r/min
G00 X45；	进刀
G01 Z0 F0.3	
X47.98 C1 F0.1；	倒右端角
Z-45；	精车外圆
G00 X100 Z200；	返回到换刀点
T0303；	换内孔车刀
S800；	变速至粗车内孔转速 800r/min
G00 X18 Z5；	Z 向进刀至车螺纹循环起始点
G90 X19.6 Z-42 F0.15；	固定循环粗车内孔
X23 Z-19.9；	
X27；	
X29.6；	
X34 Z-9.9；	
X37.6；	
S1200；	变速至精车转速 1200r/min
G00 X41；	进刀
G01 Z0 F0.3	
X38.03 C1 F0.1；	倒角
Z-10；	精车内孔
X30.03 C1 F0.1；	倒角
Z-20；	精车内孔
X20.03 C1 F0.1；	倒角
Z-42；	精车内孔
X19.5；	
Z2；	
G00 X100 Z200；	联动退刀至换刀点
T0404；	换切槽刀
G00 X50；	
Z-40.5；	进刀至切断处
G01 X44 F0.1；	切断

X50;	X 向退刀
W2.5;	Z 向退刀至倒角起点处
X45 W-2.5;	倒左端角
X18;	切断
G00 X100 Z200;	联动退刀至换刀点
M30;	程序结束

E 零件加工

a 编辑程序

输入编写的数控程序 O1301。

b 程序校验

用程序仿真校验功能检查程序并修改,程序校验正确后方可用于自动加工。

c 装夹毛坯

用三爪自定心卡盘装夹工件毛坯、找正;第一次装夹毛坯伸出长度距卡爪端面 55mm,第二次调头装夹工件伸出长度距卡爪端面 15mm。

d 安装刀具

95°外圆正偏刀安装在 1 号刀位;内孔车刀安装在 3 号刀位,刀杆中心线与主轴中心线要平行,刀杆伸出刀架长度在 50mm 左右;切断刀安装在四号刀位,按切断刀装刀要求安装。

e 对刀操作

分别对所用三把刀具逐一进行对刀,将每把刀具的刀偏值存入刀偏表,确认每把车刀的刀偏值正确。

f 单段自动加工

调出 O1301 号数控程序,车床调至自动加工工作方式,单段模式,将进给修调倍率开关调至 100% 位置,快进倍率调至 25% 挡,按下"程序启动"键启动数控程序,执行单段自动加工。在整个加工过程中,操作者不得离开设备,注意观察加工情况,根据实际需要适当调整进给修调倍率和快进倍率的大小。

g 工件检测

用量具按照零件图的要求逐项检测。

2.4.3.2 实训内容

A 实训项目一

a 手动操作练习

手动操作加工图 2-57 所示光套。

b 练习要求

熟悉内孔车刀的结构和特点,掌握内孔车刀的安装技巧,熟悉内孔车削的加工特点,掌握内孔加工的走刀路线。

c 加工步骤

加工步骤如下:

(1)夹持外圆找正,工件伸出距卡爪端面 10mm 左右即可。

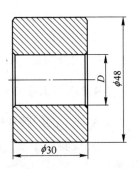

图 2-57 光套

（2）车端面（车出即可），外圆刀不用对刀。

（3）钻通孔 ϕ24mm。

（4）粗车孔径，留精车余量 0.5mm。

（5）精车内孔、倒角 1×45° 至设计尺寸要求。

d　练习方式

第一个人加工完成后，不取下工件，下一个人在此工件上接着进行内孔手动操作练习，如此循环。

B　实训项目二

（1）将图 2-46 阶台孔套的数控程序 O1301 输入数控装置，校验程序，程序校验正确后请老师确认，按零件加工的要求安装好毛坯和刀具，对好刀并确认，调整好机床操作面板，再次请老师确认，老师确认无误后，完成该零件的单段自动加工。

（2）用游标卡尺、千分尺和内径百分表按照零件图的要求逐项检测，如有不合格的项目，小组讨论，分析查找原因，教师讲评。

（3）改正错误，重新操作加工，直至零件加工合格。

C　实训项目三

（1）在老师指导下由学生完成图 2-58 轴套的编程。

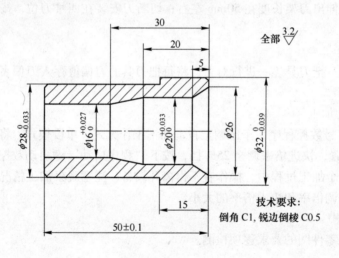

图 2-58　轴套

（2）将自编的数控程序输入数控装置，独立完成程序的校验及修改，直至正确为止。

（3）完成该零件的单段自动加工。

（4）检查质量，合格后交件待检。

2.4.3.3　容易产生的问题和注意事项

容易产生的问题和注意事项如下：

（1）校验程序锁住过机床，在对刀操作前必须重启数控装置，以建立正确的机床坐标系。

（2）车削前应检查工件装夹是否牢靠，刀具是否装夹紧固，卡盘扳手是否取下。

（3）刀尖应与主轴中心线等高；内结构只有阶台孔时，刀尖可以比主轴中心线略高。

（4）注意中滑板进、退刀方向与车外圆相反。

（5）车孔前应摇动手轮使刀具在毛坯孔内来回移动一次，以检查刀具和工件有无碰撞。

（6）车削过程中，应注意观察切削情况，如排屑不畅、发生尖叫等，应及时停止切削，修正刀具几何角度或改变切削用量。

（7）精车内孔时，应该保持切削刃锋利，否则容易产生让刀，把孔车成锥形。

（8）车小孔时，应注意排屑问题。

（9）车床未停稳，不能使用量具测量工件。

【任务小结】

套类零件内轮廓加工与轴类零件的加工基本上相同，但内孔加工质量较难控制。主要原因在于内孔加工时不易排屑，孔径较小时观察困难，测量不方便，容易发生让刀、振动和扎刀现象，刀刃易损坏。所以车孔时的切削用量要比车外圆时适当减小些，特别是车小孔或深孔时，其切削用量应更小。

内孔加工与外圆加工进刀和退刀的方向相反，车孔时内孔车刀的运动范围受限，编程前必须将刀具在毛坯孔内来回移动一次，以确认走刀路线和相关编程数据是否正确，防止加工时刀具和工件发生碰撞。

【思考与训练】

1. 什么叫钻孔？麻花钻钻孔时注意事项有哪些？

2. 什么叫扩孔？简述扩孔的应用。

3. 什么叫铰孔？铰孔的加工特点有哪些？

4. 简述内孔车刀的种类及用途，并用简图画出。

5. 如何安装内孔车刀？

6. 简述车削内孔的方法。

7. 内孔常用的测量方法有哪些？

8. 按实训要求完成图 2-57 光套的手动加工。

9. 对图 2-58 所示零件进行零件图分析、零件加工工艺设计、编制数控车床加工工序卡、编制数控程序及加工。

学习任务2.5 螺纹轴的编程加工

【学习任务】

加工如图 2-59 所示螺纹轴。单件小批量生产，毛坯材料为 φ40mm 硬铝棒，实训设备：数控装置型号为 FANUC 0i Mate-TD 的大连 CKA6136 数控车床，按图样要求，编制数控程序及加工。

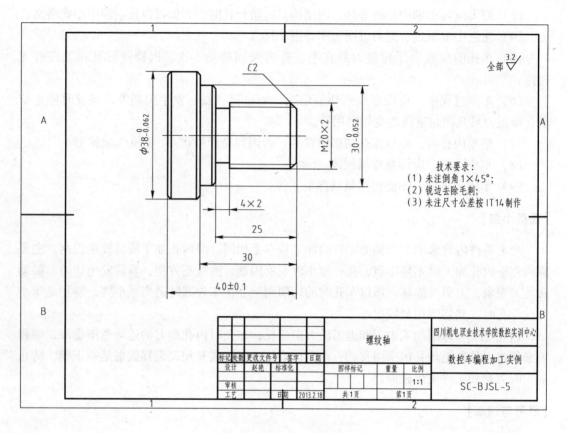

图 2-59　螺纹轴零件图

【任务描述】

1. 了解螺纹的种类和作用。
2. 了解普通螺纹要素及各部分名称和掌握普通螺纹基本尺寸计算。
3. 了解普通螺纹的公差和掌握螺纹的标注方法。
4. 掌握螺纹的车削加工工艺。
5. 掌握螺纹车刀安装的方法和技巧。
6. 掌握车削普通三角形外螺纹的方法。
7. 掌握用 G32、G92 及 G76 螺纹指令的编程方法和技巧。
8. 了解用 G34 指令加工变螺距螺纹的编程方法。
9. 掌握螺纹轴车削加工工艺和加工方法，通过练习形成技能。
10. 掌握普通三角形螺纹的测量与检验。

【知识准备】

2.5.1　螺纹基础知识

螺纹的结构简单、形式多样、传动稳定、连接可靠、调整迅速准确、装拆方便、成本低廉，在机械行业中应用广泛。数控车床可加工出高质量的螺纹，本节主要学习用数控车床车削螺纹的工艺及编程方法。

螺纹的种类很多，按形成螺旋线的基体形状可分为圆柱螺纹和圆锥螺纹；按用途不同可分为连接螺纹和传动螺纹；按牙型特征可分为三角形螺纹、矩形螺纹、梯形螺纹、锯齿形螺纹和滚珠形螺纹；按螺旋线的旋向可分为右旋螺纹和左旋螺纹；按螺旋线的线数可分为单线螺纹和多线螺纹，详见表 2-11。

表 2-11　螺纹分类和用途

分 类 方 法	螺 纹 类 型	说　明
按用途分	连接螺纹	起连接、固定作用
	传动螺纹	传递运动和动力
按牙型分	三角形螺纹	55°、60°牙型，常用于连接
	矩形螺纹	矩形牙型，常用于传动
	锯齿形螺纹	33°牙型，常用于单向传动
	梯形螺纹	30°牙型，常用于传动
	滚珠形螺纹	常用于数控机床中的传动
按螺旋线方向分	右旋螺纹，简称右螺纹或正牙螺纹	沿向右上升的螺纹（顺时针旋入的螺纹）
	左旋螺纹，简称左螺纹或反牙螺纹	沿向左上升的螺纹（逆时针旋入的螺纹）
按螺旋线根数分	单线螺纹	常用于连接或传动
	多线螺纹	常用于快速连接或传动
按形成基体分	圆柱螺纹	在圆柱表面上形成的螺纹
	圆锥螺纹	在圆锥表面上形成的螺纹

2.5.1.1　连接螺纹

连接螺纹也称为三角形螺纹，其常用于连接、固定、调节或测量等处，其又分为普通三角形螺纹、英制三角形螺纹和管螺纹。

A　普通三角形螺纹

牙型角为 60°，又分为粗牙螺纹和细牙螺纹两种，牙型代号为 M，如图 2-60(a)所示。

B　英制三角形螺纹

英制螺纹在我国应用较少，只有在维修进口设备时有所使用。英制螺纹的牙型角为 55°，如图 2-60(b)所示，公称直径是指内螺纹大径的直径，用英寸（in）表示，螺距（P）由每英寸内的牙数（n）换算出来，其计算公式如下：

$$P = 1\text{in}/n = 25.4\text{mm}/n$$

英制螺纹各基本尺寸及每英寸内的牙数，可在有关表中查出。

C　管螺纹

牙型角为 55°，常用于水管、气管、油管等防泄漏要求的场合。一般应用在管路中作管接头、旋塞、阀门等场合。根据螺纹副的密封状态和螺纹牙型角的不同可分为以下

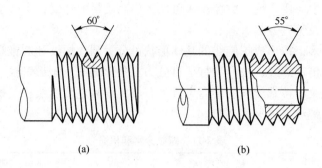

图 2-60　三角形螺纹

（a）普通三角形螺纹；（b）英制三角形螺纹

三种：

（1）非螺纹密封的管螺纹。这种螺纹又称为圆柱管螺纹，螺纹母体是圆柱形，螺纹配合本身不具备密封性，牙型角为55°，螺距 P 由每英寸内的牙数换算出。牙顶及牙底均为圆弧形，代号为 G。

（2）用螺纹密封的管螺纹。这种螺纹又称为55°圆锥管螺纹，螺纹母体是圆锥形，其锥度为1：16，螺纹配合本身具备密封性，牙型角为55°，螺距 P 由每英寸内的牙数换算出。牙顶及牙底均为圆弧形。牙型代号 R 表示圆锥外螺纹，RC 表示圆锥内螺纹，RP 表示圆柱内螺纹。

（3）60°圆锥管螺纹。这种螺纹牙型角为60°，螺纹母体是圆锥形，其锥度为1：16，螺距 P 由每英寸内的牙数换算出，其牙型代号为 NPT。

2.5.1.2　传动螺纹

主要用于传递运动和动力，分为梯形螺纹、矩形螺纹、锯齿形螺纹、模数螺纹和滚珠形螺纹。

A　梯形螺纹

牙型角为30°，牙型为等腰梯形，如图 2-61(a)所示，代号为 Tr，它是传动螺纹的主要形式，如机床丝杠等。

B　矩形螺纹

又称为方牙螺纹，属于非标螺纹，主要用于动力的传递，其特点是传动效率较其他螺纹高，但强度较低、对中准确性较差，特别是磨损后轴向和径向的间隙较大，因此应用受到了一定的限制。它的标记是由矩形公称直径 × 螺距来表示，矩形 40 ×6″等。

C　锯齿形螺纹

其牙型为锯齿形，如图 2-61(c)所示，代号为 B。

它只用于承受单向压力，由于它的传动效率及强度比梯形螺纹高，常用于螺旋压力机及水压机等单向受力机构。

D　模数螺纹

即蜗杆蜗轮螺纹，其牙型角为40°，如图 2-61(b)所示。它具有传动比大、结构紧凑、传动平稳、自锁性能好等特点，主要用于减速装置。

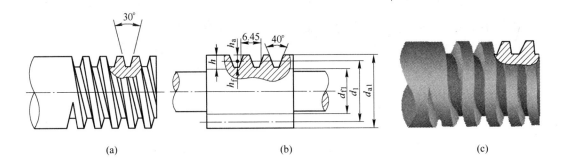

图 2-61　传动螺纹

（a）梯形螺纹；（b）模数螺纹；（c）锯齿形螺纹

E　滚珠形螺纹

常用于数控机床中的传动。

2.5.2　普通三角形螺纹概述

2.5.2.1　螺旋线与螺纹

A　螺旋线

螺旋线是沿着圆柱或圆锥表面运动的点的
轨迹，该点的轴向位移和相应的角位移成正
比。螺旋线的形成原理：直角三角形 ABC 围绕
直径为 d_2 的圆柱旋转一周斜边 AC 在表面上形
成的曲线，就是螺旋线，如图 2-62 所示。

B　螺纹

在圆柱或圆锥表面上，沿着螺旋线所形成
的具有规定牙型的连续凸起，如图 2-63 所示。

在圆柱表面上所形成的螺纹称为圆柱螺
纹，如图 2-63（a）所示。

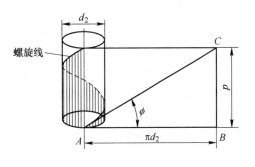

图 2-62　螺旋线的形成原理

在圆锥表面上所形成的螺纹称为圆锥螺纹，如图 2-63（b）所示。

在圆柱或圆锥表面上所形成的螺纹称为外螺纹，如图 2-63（c）所示。

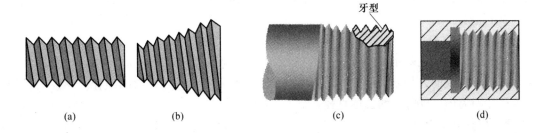

图 2-63　螺纹

（a）圆柱螺纹；（b）圆锥螺纹；（c）外螺纹；（d）内螺纹

在内圆柱或内圆锥表面上所形成的螺纹称为内螺纹，如图 2-63(d)所示。

沿一条螺旋线所形成的螺纹称为单线螺纹，如图 2-64(c)所示。

沿两条或两条及以上的螺旋线所形成螺纹，该螺旋线在轴向等距分布，称为多线螺纹，如图 2-64(d)所示。

顺时针旋转时旋入的螺纹称为右旋螺纹，如图 2-64(b)所示。

逆时针旋转时旋入的螺纹称为左旋螺纹，如图 2-64(a)所示。

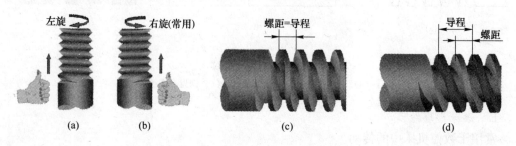

图 2-64　螺纹的旋向和线数

(a) 左旋螺纹；(b) 右旋螺纹；(c) 单线右旋；(d) 双线左旋

2.5.2.2　普通螺纹要素及各部分名称

螺纹要素由牙型、公称直径、螺距（或导程）、线数、旋向和精度等组成。螺纹的形成、尺寸和配合性能取决于螺纹要素，只有当内、外螺纹的各要素相同时，才能互相配合。

A　牙型角 α

螺纹的牙型角是指在螺纹牙型上，相邻两个牙侧面的夹角。公制普通螺纹的基本牙型角为 60°。

B　牙型半角 $\alpha/2$

指在螺纹牙型上，牙侧与螺纹轴线垂直线间的夹角。公制普通螺纹的基本牙型半角为 30°。

C　螺距 P

是相邻两牙在中径线上对应两点间的轴向距离。

D　导程 L

是在同一条螺旋线上相邻两牙在中径线上对应两点间的轴向距离。导程等于螺纹线数(n) 乘以螺距，即 $L = nP$。

E　大径 d、D

螺纹的大径指在基本牙型上，与外螺纹牙顶（内螺纹牙底）相重合的假想圆柱的直径。内、外螺纹的大径分别用 D、d 表示。外螺纹的大径又称外螺纹的顶径。螺纹大径的基本尺寸即为内、外螺纹的公称直径。

F　中径 d_2、D_2

螺纹牙型的沟槽与凸起宽度相等的地方所在的假想圆柱的直径称为中径。内、外螺纹的中径分别用 D_2、d_2 表示。

G　小径 d_1、D_1

螺纹的小径指在螺纹基本牙型上，与内螺纹牙顶（外螺纹牙底）相重合的假想圆柱的直径。其位置在螺纹原始三角形牙型根部 $2H/8$ 削平处。内、外螺纹的小径分别用 D_1、d_1 表示。内螺纹的小径又称外螺纹的顶径。

H　原始三角形高度 H

原始三角形高度为原始三角形的顶点到底边的距离。原始三角形为一等边三角形，H 与螺纹螺距的几何关系为：

$$H = P/2 \times \cot\alpha/2 = 0.866P$$

I　削平高度

外螺纹牙顶和内螺纹牙底均在 $H/8$ 处削平，外螺纹牙底和内螺纹牙顶均在 $H/4$ 处削平。

J　牙型高度 h_1

在螺纹牙型上，牙顶到牙底之间，垂直于螺纹轴线的距离。

K　外螺纹牙顶宽

$$外螺纹牙顶宽 = 内螺纹牙槽底宽 = P/8$$

L　外螺纹牙槽底宽

$$外螺纹牙槽底宽 = 内螺纹牙顶宽 = P/4$$

M　螺旋升角 ψ

在中径圆柱上，螺旋线的切线与垂直与螺纹轴线的平面间的夹角。

螺旋升角可按下式计算：

$$\tan\psi = \frac{nP}{\pi d_2} = \frac{L}{\pi d_2} \tag{2-4}$$

式中　n——螺旋线数；

　　　P——螺距，mm；

　　　d_2——中径，mm；

　　　L——导程，mm。

N　螺纹的旋合长度

螺纹的旋合长度是指两个相互旋合的螺纹，沿螺纹轴线方向相互旋合部分的长度。

2.5.2.3　普通螺纹基本尺寸计算

普通螺纹尺寸计算公式参见表2-12。

表 2-12　普通三角形螺纹的尺寸计算　　　　　　　　　（mm）

名　称		代　号	计算公式
牙型角		α	$60°$
原始三角形高度		H	$H = 0.866P$
牙　高		h_1	$h_1 = 0.5413P$
外螺纹	大　径	d	公称直径
	中　径	d_2	$d_2 = d - 0.6495P$
	小　径	d_1	$d_1 = d - 1.0825P$

名　　称		代　号	计　算　公　式
内螺纹	大　径	D	$D = d$
	中　径	D_2	$D_2 = d_2$
	小　径	D_1	$D_1 = d_1$
螺纹升角		ψ	$\tan\psi = \dfrac{nP}{\pi d_2} = \dfrac{L}{\pi d_2}$

2.5.2.4　普通螺纹的公差

国家标准 GB 197—1981 中对外螺纹规定了四种基本偏差，代号分别为 h、g、f、e。由这四种基本偏差所决定的外螺纹的公差带均在基本牙型之下。

对内螺纹规定了两种基本偏差，代号分别为 H、G。由这两种基本偏差所决定的外螺纹的公差带均在基本牙型之上。

规定诸如 h、g、f、e 这些基本偏差，主要是考虑应给螺纹配合留有最小保证间隙，以及为一些有表面镀涂要求的螺纹提供镀涂层余量，或为一些高温条件下工作的螺纹提供热膨胀余地。

2.5.2.5　螺纹的标注方法

A　单个螺纹的标注

螺纹的完整标记由螺纹特征代号、螺纹公差代号和旋合长度代号所组成。按国家规定：

（1）螺纹公称直径和螺距用数字表示。细牙普通螺纹、梯形螺纹和锯齿形螺纹必须加注螺距，其他螺纹不标注。粗牙螺纹不标注螺距。

（2）多线螺纹在公称直径后面需要标出"导程（P 螺距）"，单线螺纹不标注。

（3）右旋螺纹不用标注旋向，左旋螺纹必须标注"LH"。

（4）公差带代号应按顺序标注中径、顶径公差带代号。

（5）当螺纹精度要求较高时，除标注螺纹代号外，还应标注螺纹公差带代号和螺纹旋合长度。螺纹公差代号包括中径公差代号与顶径公差代号。公差代号由表示其大小的公差等级数字加表示其位置的字母所组成，内螺纹用大写字母，外螺纹用小写字母。当螺纹的中径和顶径公差带相同时，合写为一个。

（6）螺纹的旋合长度规定为短（用 S 表示）、中（用 N 表示）、长（用 L 表示）三种。一般情况下，不标注螺纹旋合长度，其螺纹公差带按中等旋合长度（N）确定，"N"可省略。必要时，在螺纹公差带代号之后加注旋合长度代号。特殊需要时可注明旋合长度的数值。如 M12-5g6g-S，表示短旋合长度；M16×1.5-5g6g-30，表示旋合长度为 30mm。

标准螺纹的规定代号及示例如下：

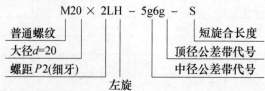

B　螺纹配合在图样上的标注

标注螺纹配合时，内、外螺纹的公差带代号用斜线分开，左边为内螺纹公差带代号，右边为外螺纹公差带代号。

示例：M20×2-6H/6g

2.5.3　螺纹加工工艺基础知识

2.5.3.1　螺纹加工简述

螺纹车削加工是在车床上控制进给运动与主轴旋转同步，加工特殊形状螺旋槽的过程。螺纹形状主要由切削刀具的形状和安装位置决定。螺纹导程由刀具进给量决定。如图 2-65 所示为普通螺纹车削加工。

数控编程螺纹加工最多的是普通螺纹，粗牙普通螺纹的螺距是标准螺距，可查相关手册获知，部分普通螺纹基本尺寸及螺距可见表 2-13。细牙普通螺纹代号用字母"M"及公称直径×螺距表示，如 M24×1.5、M27×2 等。

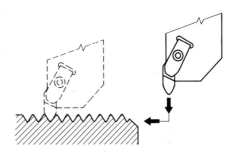

图 2-65　普通螺纹车削加工

表 2-13　普通螺纹基本尺寸及螺距（部分）　　　　　　（mm）

公称直径 D 或 d	螺距 P	中径 D_2 或 d_2	小径 D_1 或 d_1	公称直径 D 或 d	螺距 P	中径 D_2 或 d_2	小径 D_1 或 d_1
3	0.5	2.675	2.459	12	1.75	10.863	10.106
4	0.7	3.545	3.242	16	2	14.701	13.835
5	0.8	4.480	4.134	20	2.5	18.376	17.294
6	1	5.350	4.917	24	3	22.051	20.752
8	1.25	7.188	6.647	30	3.5	27.727	26.211
10	1.5	9.026	8.376	36	4	33.402	31.670

注：表内仅列出第一系列的部分普通螺纹基本尺寸及螺距。

2.5.3.2　螺纹车刀的安装

普通螺纹加工刀具刀尖角通常为 60°，螺纹车刀片的形状跟螺纹牙型一样，螺纹刀不仅用于切削，而且使螺纹成型。

机夹式螺纹车刀如图 2-66 所示，分为外螺纹车刀和内螺纹车刀两种。可转位螺纹车刀是弱支撑，刚度与强度均较差。

车削螺纹时，为了保证牙型正确，对安装螺纹车刀提出了较严格的要求。

A　刀尖高

装夹螺纹车刀时，刀尖位置一般应与车床主轴轴线等高（可根据尾座顶尖高度检查）。特别是内螺纹车刀的刀尖高必须严格保证，以免出现"扎刀"、"阻刀"、"让刀"及螺纹面不光等现象。

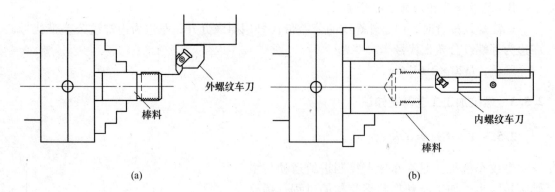

图 2-66　螺纹车削加工

（a）车削外螺纹；（b）车削内螺纹

当高速车削螺纹时，为防止振动和"扎刀"，其硬质合金车刀的刀尖应略高于车床主轴轴线 0.1 ~ 0.3mm。

B　牙型半角

装夹螺纹车刀时，要求车刀牙型对称中心线必须与工件轴线垂直，如图 2-67（c）所示，即螺纹车刀两侧刀刃相对于牙型对称中心线的牙型半角应各等于牙型角的一半。它通过牙型对称中心线与车床主轴轴线处于垂直位置的要求来安装螺纹刀，装刀时可用样板来对刀。

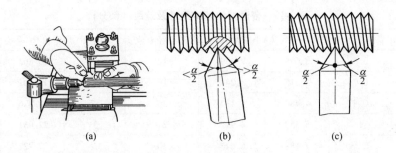

图 2-67　外螺纹刀安装

（a）用样板校对刀型与工件垂直；（b）刀具装歪；（c）刀尖齿形对称并垂直

如果外螺纹刀装歪，如图 2-67（b）所示，所车螺纹就会产生牙型歪斜等现象，而影响正常旋合。外螺纹车刀装刀时可按照图 2-67（a）所示，用样板校对牙型对称中心线与工件垂直的对刀方法安装、锁紧螺纹刀。内螺纹车刀装刀时可按照图 2-68 所示，用样板校对牙型对称中心线与工件端面平行的方法安装内螺纹刀。

C　刀头伸出长度

刀头一般不要伸出过长，约为刀杆厚度的 1 ~ 1.5 倍。内螺纹车刀的刀头加上刀杆后的径向长度应比螺纹底孔直径小 3 ~ 5mm，以免退刀时碰伤牙顶。

2.5.3.3　螺纹车削加工工艺

A　螺纹切削起始位置

螺纹加工指令在做切削进给运动过程中，有加速运

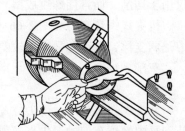

图 2-68　内螺纹刀的安装

动、恒速切削运动和减速运动三个过程。当螺纹刀开始进给时，进给速度从零加速运动至 F 给定值，当加工快要结束时，由系统进行反馈判断出即将结束加工，为达到准确的位置精度，刀具做减速运动，进给速度从 F 给定值降至零。由此可以判断出，螺纹头部和尾部的加工，会造成螺纹导程的减小，而产生较大的导程误差，导致零件报废。因此，在编程时，螺纹头部和尾部都应留出一定距离（将不完全螺纹留在非加工范围内），这两个距离分别称为升速进刀段 δ_1 和降速退刀段 δ_2。

δ_1、δ_2 可利用经验公式进行计算：

$$\delta_1 = \frac{nF}{1800} \times 3.605 \tag{2-5}$$

$$\delta_2 = \frac{nF}{1800} \tag{2-6}$$

式中　n——主轴转速，r/min；

　　　F——螺纹的导程（对于单线螺纹则为螺距），mm；

　1800——常数，是基于伺服系统时间常数得出的。

由经验公式可以看出，δ_1、δ_2 和导程有关。加工螺纹的导程 $F \leqslant 3$mm 时，可不用计算 δ 值，一般升速段 δ_1 取 5mm 左右，δ_2 取 2mm 左右，加工无退刀槽螺纹时 δ_2 取 0。但特别要注意的是 δ_1、δ_2 的距离值一定不要使刀具与工件或顶尖位置形状发生干涉，必要时可以改变加工工艺方案或更改加工图样。

在某些加工条件下，由于 Z 轴没有足够升速距离，只能降低主轴转速，从而减小加工螺纹的进给速度，以保证所加工螺纹的导程精度。

B　螺纹加工过程和退刀

每次螺纹加工走刀有 4 次基本运动，如图 2-67 所示。

运动（1）：将刀具从起始位置 X 向快速（G00 方式）移动至螺纹切削起始位置处。

运动（2）：加工螺纹——轴向螺纹加工（进给量等于导程）。

运动（3）：刀具 X 向快速（G00 方式）退刀至螺纹加工区域外的 X 向起始位置。

运动（4）：刀具 Z 向快速（G00 方式）返回至起始位置。

螺纹切削起始位置，既是螺纹加工的起点，又是最终返回点，必须定义在工件外，但又必须靠近它。X 轴方向每侧比较合适的最小间隙大约为 2.5mm，粗牙螺纹的间隙更大一些。

为了避免损坏螺纹，刀具沿 Z 轴运动到螺纹末端时，必须立即离开工件，退刀运动有两种形式：沿一根进给轴方向直线离开（通常沿 X 轴），如图 2-69（a）所示；沿 X、Z 进给轴方向斜线离开，如图 2-69（b）所示。

通常如果刀具在比较开阔的地方结束加工，例如退刀槽或凹槽，那么可以使用直线退出，车螺纹 Z 向终点位置一般选在退刀槽的中点，使用快速运动 G00 指令编写直线退出动作，如：

G32 Z-20 F2；（螺纹加工程序）

G00 X50；

如果刀具结束加工的地方并不开阔，那么最好选择斜线退出，斜线退出运动可以加工出更高质量的螺纹，也能延长螺纹刀片的使用寿命。斜线退出时，螺纹加工 G 代码和进给

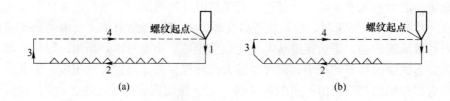

图 2-69　螺纹加工过程及退刀

（a）直线退出；（b）斜线退出

率必须有效。退出的长度通常为导程，推荐使用的角度为 45°，退出程序如下：

......

G32 Z-20 F2；	（螺纹加工程序）
U4 W2；	（斜线退出，螺纹加工状态）
G00 X50；	（快速退出）

C　螺纹切削深度和加工直径的选择

一个螺纹的车削需要多次切削加工而成，每次切削的背吃刀量取值，要考虑机床加工条件、刀具类型、被加工材料、工艺系统刚度以及螺纹的质量要求。

螺纹加工中随着切削深度的增加，刀片上的切削载荷越来越大。对螺纹、刀具或两者的损坏可以通过保持刀片上的恒定切削载荷来避免。为保持恒定切削载荷，常用逐渐减少螺纹加工深度的方法，由最后一次切削加工来保证螺纹尺寸、形状、表面质量和公差要求。常用公制螺纹切削次数与背吃刀量的取值可参考表 2-14。

表 2-14　常用公制螺纹切削次数与背吃刀量　　　　　　（mm）

公制螺纹							
螺距	1.0	1.5	2.0	2.5	3.0	3.5	4.0
牙深	0.649	0.974	1.299	1.624	1.949	2.273	2.598
背吃刀量及切削次数 第1次	0.7	0.8	0.9	1.0	1.2	1.5	1.5
第2次	0.4	0.6	0.6	0.7	0.7	0.7	0.8
第3次	0.2	0.4	0.6	0.6	0.6	0.6	0.6
第4次		0.16	0.4	0.4	0.4	0.6	0.6
第5次			0.1	0.4	0.4	0.4	0.4
第6次				0.15	0.4	0.4	0.4
第7次					0.2	0.2	0.4
第8次						0.15	0.3
第9次							0.2

每次切削深度的取值需要一些常识和经验。有关螺纹加工的一些数值可由下面列出经验计算方法得到：

$$螺纹切削深度 \approx 0.65P$$

式中　P——螺纹螺距，mm。

车三角形外螺纹时，由于受车刀挤压会使螺纹大径尺寸胀大，所以车螺纹前大径一般应车得比基本尺寸小约 $0.1P$。车削三角形内螺纹时，内孔直径会缩小，所以车削内螺纹前的孔径要比内螺纹小径略大些，可采用下列近似公式计算：

车外螺纹前外圆直径 = 公称直径 $d - 0.1P$

车削塑性金属的内螺纹底孔直径 ≈ 公称直径 $d - P$

车削脆性金属的内螺纹底孔直径 ≈ 公称直径 $d - 1.05P$

D　主轴转速及进给率

由于一个螺纹的车削需要多次切削加工而成，为实现多次切削的目的，必须保证每次刀具切削开始位置相同。当使用螺纹加工指令时，CNC 控制主轴转速与螺纹加工进给同步运行，实现每转进给。主轴转速必须使用恒定转速（r/min）编程，即准备功能 G97 必须与地址字 S 一起使用来指定主轴每分钟旋转次数，例如"G97S500"，表示主轴转速为 500r/min。如果加工导程为 3mm 的螺纹，其进给速度计算如下：

$$v_f = 500r/min \times 3mm/r = 1500mm/min$$

为保证正确加工螺纹，在螺纹切削过程中，数控装置上的主轴速度倍率功能失效，改变进给速度倍率无效。

2.5.3.4　普通三角形螺纹的测量与检验

A　大径的测量

螺纹的大径公差较大，一般用游标卡尺测量。

B　螺距的测量

（1）用螺距规测量。

（2）用钢直尺、游标卡尺测量，测量时先量出多个螺距的长度，然后把长度除以螺距的个数，就得出一个螺距的尺寸。

C　中径的测量

精度较高的螺纹，可用螺纹千分尺测量，如图 2-70 所示，或是用三针测量。

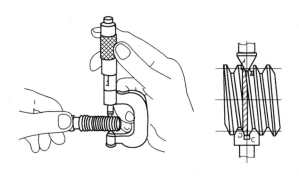

图 2-70　螺纹量规（一）

D　综合测量

用相应的螺纹量规检测螺纹，如图 2-71 所示。先对直径、螺距、牙型和表面粗糙度进行检测，然后用螺纹量规检测尺寸精度。如果通端进止端不进为合格。对于精度要求不高的螺纹，可以用螺母来检查（生产中常用）。

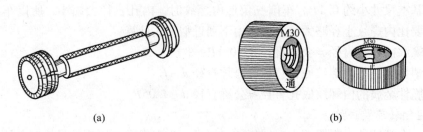

（a）　　　　　　　　　　　　　　　　　（b）

图 2-71　螺纹量规（二）

（a）螺纹塞规；（b）螺纹环规

2.5.4　螺纹切削指令的编程要点

FANUC 0i Mate-TD 数控装置提供有等螺距螺纹切削指令 G32、变螺距螺纹切削指令 G34、单一固定循环螺纹切削指令 G92 和复合循环螺纹切削指令 G76 四种螺纹指令编程方式。

G32、G92 螺纹指令用于等螺距的小螺距直进刀法加工各种螺纹；G76 螺纹指令主要用于等螺距的较大螺距斜进刀法加工各种螺纹；用宏指令编程，G92 螺纹指令可实现大螺距斜进刀法、左右切削法加工各种螺纹。由于 G92 螺纹指令编程简单，每次切削的背吃刀量可根据实际加工情况灵活调整，宏指令编程易于实现等特点，因此螺纹加工时多使用 G92 指令编程。G34 螺纹指令用于变螺距螺纹的切削加工。

数控装置不同，螺纹加工指令也有差异，实际应用中按所使用的数控机床的编程说明书要求编程。

2.5.4.1　等螺距螺纹切削指令 G32

G32 指令可加工等螺距内、外圆柱螺纹和圆锥螺纹、端面螺纹（涡形螺纹）、单线和多线螺纹。该指令只能完成车削螺纹这个工步，螺纹刀进刀、退刀、返回均需另外编程。

编程格式：

G32X（U）_Z（W）_F_Q_；

X、Z：螺纹切削的终点坐标值；X 省略时加工圆柱螺纹，Z 省略时加工端面螺纹，X、Z 均不省略时加工圆锥螺纹。

U、W：从螺纹加工起始点至螺纹切削终点的位移量。

F：螺纹导程（mm）；公制导程指令 F 范围：0.0001 ~ 500.0000（mm/r）。

Q：螺纹切削开始角度，开始角度的指令 Q 范围：0 ~ 360000（单位：0.001°）；加工单线螺纹时 Q 省略，加工多线螺纹时 Q 必须定义。

例 1：加工如图 2-72（a）所示单线圆柱螺纹，导程：4mm、$\delta_1 = 3$mm、$\delta_2 = 1.5$mm、切削深度：1mm（切削 2 次），进行编程（公制输入、直径指定）。

G00 U-62.0；

G32 W-74.5 F4.0；　　　　　　　　　　第 1 次切削 1mm

G00 U62.0；

　　W74.5；

U-64. 0；
G32 W-74. 5；   第 2 次再切削 1mm
G00 U64. 0；
　　W74. 5；

例 2：加工如图 2-72(b)所示单线圆锥螺纹，螺纹的导程：Z 方向 3.5mm、$\delta_1 = 2$mm、$\delta_2 = 1$mm，切削深度 X 方向：1mm（切削 2 次），进行编程（公制输入、直径指定）。

G00 X12. 0 Z72. 0；
G32 X41. 0 Z29. 0 F3. 5；   第 1 次切削 1mm
G00 X50. 0；
　　Z72. 0；
　　X10. 0；
G32 X39. 0 Z29. 0；   第 2 次再切削 1mm
G00 X50. 0；
　　Z72. 0；

例 3：加工双线螺纹（开始角度 0°、180°）的编程。

G00 X40. 0；
G32 W-38. 0 F4. 0 Q0；
G00 X72. 0；
　　W38. 0；
　　X40. 0；
G32 W-38. 0 F4. 0 Q180000；
G00 X72. 0；
　　W38. 0；

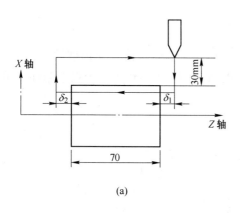

(a)

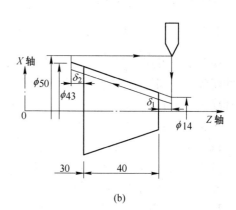

(b)

图 2-72　螺纹加工零件图

（a）圆柱螺纹；（b）圆锥螺纹

注意事项：

（1）螺纹切削中进给速度倍率无效，被固定在 100% 上。

（2）螺纹切削中，若不停止主轴就停止进给，将会导致切削量猛增，十分危险。因此，进给暂停在螺纹切削过程中无效。当在螺纹切削过程中按下"程序暂停"键，在执行螺纹切削程序段后的首次非螺纹切削的程序段后，程序停止。但是，进给暂停指示灯（SPL 指示灯）在按下进给暂停按钮（机床操作面板）的时刻点亮。并且在刀具停止的时刻熄灭（进入单程序段停止状态）。

（3）在切削螺纹时，进行恒线速控制，转速发生变化，在某些情况下难以保持正确的螺纹导程。因此，螺纹切削时必须指定 G97，使用恒转速控制。

（4）螺纹切削前的移动指令的程序段不得为倒角或拐角 R。

（5）螺纹切削的程序段中不得指定倒角或拐角 R。

（6）螺纹切削中，主轴倍率无效，被固定在 100% 上。

（7）"螺纹切削循环收回"功能对 G32 无效。

2.5.4.2　变螺距螺纹切削指令 G34

编程格式：G34 X(U)_Z(W)_F_K_；

X、Z：螺纹切削的终点坐标值。

U、W：从螺纹加工起始点至螺纹切削终点的位移量。

F：起点的长轴方向螺距。

K：主轴每旋转一周的螺距增减量；K 随基准轴的设定单位而定，指令 K 范围：$\pm 0.001 \sim \pm 500.0000$（mm/r）。

注意事项：

（1）K 以外的情形与 G32 的圆柱螺纹、圆锥螺纹切削相同。

（2）G34 中"螺纹切削循环回退"功能无效。

例 4：起点的螺距：8.0mm，螺距的增减量：0.3mm/r 的变螺距编程。

G34 Z-72.0 F8.0 K0.3；

2.5.4.3　单一固定循环螺纹切削指令 G92

G92 指令可加工等螺距内、外圆柱螺纹和圆锥螺纹、端面螺纹（涡形螺纹）、单线和多线螺纹。该指令把"进刀→车削螺纹→退刀→返回"四个工步作为一个加工循环，用一个程序段来编程。

编程格式：

圆柱螺纹　　G92 X(U)_Z(W)_F_Q_；

圆锥螺纹　　G92 X(U)_Z(W)_R_F_Q_；

X、Z：螺纹切削的终点坐标值。

U、W：从螺纹加工起始点至螺纹切削终点的位移量。

R：圆锥量，半径值指定，即螺纹切削起始点与切削终点的半径差，加工正锥 R 取负值，加工倒锥 R 取正值。

F：螺纹导程（mm）；公制导程指令 F 范围：0.0001 ~ 500.0000（mm/r）。

Q：螺纹切削开始角度的位差角；开始角度的指令 Q 范围：0 ~ 360000（0.001°单位）；加工单线螺纹时 Q 省略，加工多线螺纹时 Q 必须定义。

单一固定循环螺纹切削指令 G92 走刀路线如图 2-73 所示。

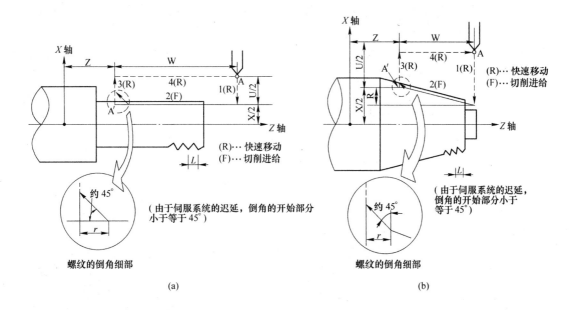

图 2-73 单一固定循环螺纹切削指令 G92 走刀路线

（a）G92 指令编程加工圆柱螺纹走刀路线；（b）G92 指令编程加工圆锥螺纹走刀路线

注意事项：

（1）有关螺纹切削的注意事项，与 G32 的螺纹切削的情形相同。

（2）螺纹的导程范围以及主轴速度的限制，与 G32 的螺纹切削相同。

（3）如果在螺纹切削中应用进给保持，刀具立即一边执行倒棱一边收回，并按照 X 轴、Z 轴的顺序返回到起点。

2.5.4.4 复合循环螺纹切削指令 G76

编程格式：

G76 P(m)(r)(a)Q(Δdmin)R(d)；

G76 X(U)_Z(W)_R(i)P(k)Q(Δd)F(L)；

m：精加工重复次数 1~99，二位数表示，1 次用 01，2 次用 02。

R：螺纹倒角值 0.1~9.9L，用二位数表示 01~99。

a：螺纹牙型角（螺纹车刀刀尖角），从 80°、60°、55°、30°、29°、0°6 类中选择，二位数表示，如 60、55、30、29。

Δd_{min}：最小切削深度，半径指定，编程单位：μm，不用小数点，如 0100 表示 100/1000，即 0.1mm。

d：最后一次精加工余量，半径指定。

X、Z：螺纹切削终点的坐标值。

U、W：从螺纹加工起始点至螺纹切削终点的位移量。

i：圆锥量，半径指定，既螺纹切削起始点与切削终点的半径差，加工正锥 R 取负值，加工倒锥 R 取正值，i=0，则可进行圆柱螺纹切削。

K：螺纹总的切削深度，半径指定，编程单位：μm，不用小数点编程，如 P0945 表示深度为 0.945mm。

Δd：第一刀切削深度，半径指定，编程单位：μm，不用小数点，如 Q0250 表示第一刀切深 0.25mm。

L：螺纹导程。

m，r，a 均通过地址 P 同时指定。

例：$m=2$，$r=1.2L$，$a=60°$时（L 为螺纹的导程），按如下方式指定。

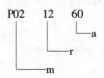

例4：加工如图 2-74 所示螺纹，用 G76 指令编程如下：

　　⋮

G00 X80.0 Z130.0;

G76 P011060 Q100 R200;

G76 X60.64 Z25.0 P3680 Q1800 F6.0;

【任务实施】

2.5.5　螺纹轴的编程加工实例

2.5.5.1　加工实例

加工如图 2-59 所示螺纹轴，单件小批量生产，毛坯材料为 $\phi40$mm 硬铝棒，实训设备：数

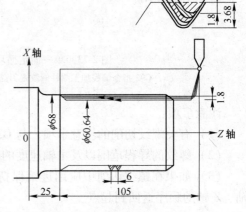

图 2-74　圆柱螺纹加工图

控装置型号为 FANUC 0i Mate-TD 的大连 CKA6136 数控车床，按图样要求，编制数控程序及加工。

A　零件图分析

需要加工的部分为三个有精度要求的外圆柱面、一个无精度要求的退刀槽、一个 M20×2 普通细牙三角形单线外螺纹和 4 个倒角。3 个外圆柱面构成单向阶台轴，长度方向总长有精度要求，尺寸精度要求较低，其余轴向尺寸均为自由公差，表面粗糙度全部为 Ra3.2。零件图尺寸标注完整，符合数控加工尺寸标注要求。零件材料为硬铝，切削加工性能好，无热处理和形位公差及硬度要求。通过上述分析，采取以下几点工艺措施：对有精度要求的尺寸取中差编程，其余取基本尺寸编程；根据毛坯来料，采用一次装夹全部加工出所有的表面，最后切断工件。

B　零件加工工艺设计

a　工件毛坯安装

该工件毛坯为棒料，用三爪自定心卡盘装夹零件毛坯、找正，毛坯装夹长度距卡爪端面 55mm。

b 刀具选择

为完成该零件的加工，需要一把外圆车刀、普通螺纹车刀和一把既能用于切断又能用于切槽的外切槽刀。根据加工要求，选用机夹可转位式 95°外圆正偏刀一把，安装在 1 号刀位，刀偏号为 01 号，刀具编程指令为 T0101；选用能加工螺距为 2mm 的机夹可转位式右切外三角形螺纹车刀一把，安装在 2 号刀位，刀偏号为 02 号，刀具编程指令为 T0202；选用 4mm 宽机夹右手外切槽刀一把，切槽刀右刀尖为刀位点，安装在 4 号刀位，刀偏号为 04 号，刀具编程指令为 T0404。刀片材料均为涂层硬质合金。

c 编程原点的确定

选择零件已加工右端面中心点为编程坐标系的原点。

d 工艺路线

精车端面→粗车外圆轮廓→精车外圆轮廓（包括倒角）→切退刀槽→车螺纹→切断工件→去毛刺。具体步骤如下：

（1）精车端面，若端面不平需要手动粗车端面。

（2）粗车单向阶台轴至 $\phi38.4mm$、$\phi30.4mm$、$\phi20.2mm$，轴向尺寸车至 45mm、24.9mm 和 29.9mm，阶台长度尺寸分别留 0.1mm 精加工余量。用 G90 指令编程粗加工。

（3）精车外圆轮廓至尺寸要求，公差取中值。用 G01/G00 指令编程加工。

（4）用 4mm 宽切槽刀切退刀槽至尺寸要求。用 G01/G00 指令编程加工。

（5）车螺纹，可用 G32、G92、G76 螺纹指令编程加工。

（6）切断工件，工件切至 $\phi3mm$ 即可，退刀停车后用手掰断。用 G01/G00 指令编程加工。

（7）工件取下后去除毛刺并擦拭干净。

C 编制数控车床加工工序卡

工序内容详见表 2-15。

表 2-15 数控车床加工工序卡

单位名称		产品名称		零件名称		零件图号	
四川机电职业技术学院		螺纹轴		螺纹轴		SC-BCJG-5	
工序	程序编号		夹具名称	使用设备		车间	
1	O1401		三爪卡盘	CKA6136		数控实训中心	
序号	工艺内容	刀具号	刀具规格	主轴转速 /r·min⁻¹	进给量 /mm·r⁻¹	背吃量/mm	量具
1	精车端面	T0101	95°外圆正偏刀	1200	0.1	0.2	
2	粗车外圆轮廓	T0101	95°外圆正偏刀	900	0.2	2	千分尺
3	精车外圆轮廓	T0101	95°外圆正偏刀	1200	0.1	0.2	千分尺
4	车退刀槽	T0404	4mm 宽切槽刀	900	0.15	4	游标卡尺
5	车螺纹	T0202	外螺纹刀	800	2		螺距规
6	倒角、切断	T0404	4mm 宽切槽刀	700	0.1	4	游标卡尺

D　编制数控程序

使用 G90 指令编写粗加工程序，用 G00/G01 指令编写精加工程序，用 G92 指令编写螺纹加工程序。

数控程序	注　释
O1401;	程序名
G21 G40 G97 G99 M03 S1200;	程序初始化，主轴正转转速 12000r/min
T0101;	换外圆刀，并建立工件坐标系
G00 X45 Z0;	到精车端面起点
G01 X0 F0.1;	精车端面，切削进给量 0.1mm/r
G00 X42 Z2;	退刀至单一固定循环加工起始点
S900;	变速至粗车外圆转速 900r/min
G90 X38.4 Z-45 F0.2;	单一固定循环粗车外圆，切削进给量 0.2mm/r
G90 X34　Z-29.9 F0.2;	
G90 X30.4 Z-29.9 F0.2;	
G90 X25　Z-24.9 F0.2;	
G90 X20.2 Z-24.90.2;	
S1200;	变速至精车外圆轮廓转速 900r/min
G00 X11.8;	进刀
G01 X19.8 Z-2 F0.1;	倒右端角
Z-25;	精车外圆
X29.98 C1;	精车阶台端面、倒角
Z-30;	精车外圆
X37.98 C1;	精车阶台端面、倒角
Z-45;	精车外圆
G00 X100 Z100;	返回到换刀点
T0404;	换切槽刀
S900;	变速至切槽转速 900r/min
G00 X32 Z10;	联动进刀
Z-26;	Z 向进刀至切退刀槽起始点
G01 X16 F0.15;	切槽至要求尺寸
X22;	X 向退刀
G00 X100 Z100;	联动退刀至换刀点
S800;	变速至车螺纹转速 800r/min
T0202;	换螺纹刀
G00 X24 Z5;	Z 向进刀至车螺纹循环起始点
G92 X18.2 Z-22 F2;	固定循环车单线螺纹，导程为 2mm
G92 X17.4 Z-22 F2;	
G92 X17.2 Z-22 F2;	
G92 X17　Z-22 F2;	
S700;	变速至切断转速 700r/min
G00 X100 Z100;	联动退刀至换刀点
T0404;	换切槽刀

G00 X40 Z-40；	联动进刀至切断处
G01 X34 F0.1；	切槽
X40；	X 向退刀
W2；	Z 向退刀至倒角起点处
X36 W-2；	倒左端角
X3；	切断
X40；	X 向退刀
G00 X100 Z100；	联动退刀至换刀点
M30；	程序结束

E　零件加工

a　编辑程序

输入编写的数控程序 O1401。

b　程序校验

用程序仿真校验功能检查程序并修改，程序校验正确后方可用于自动加工。

c　装夹毛坯

用三爪自定心卡盘装夹工件毛坯、找正，毛坯装夹长度距卡爪端面 55mm。

d　安装刀具

95°外圆正偏刀安装在 1 号刀位；螺纹刀安装在 2 号刀位，按螺纹刀装刀要求并使用螺纹样板安装；切槽刀安装在 4 号刀位，按切断刀装刀要求安装。

e　对刀操作

手动精车端面，Z 向对刀，确定出 Z 向刀偏值，将其存入刀偏表；手动试车外圆，X 向不动，Z 向退刀至安全位置，测量试车的外圆直径，确定出 X 向刀偏值，将其存入刀偏表；将刀具退至加工安全位置。

f　单段自动加工

调出 O1401 号数控程序，车床调至自动加工工作方式，单段模式，将进给修调倍率开关调至 100% 位置，快进倍率调至 25% 挡，按下"程序启动"键启动数控程序，执行单段自动加工。在整个加工过程中，操作者不得离开设备，注意观察加工情况，根据实际需要适当调整进给修调倍率和快进倍率的大小。

g　工件检测

用量具按照零件图的要求逐项检测。

2.5.5.2　实训内容

A　实训项目一

（1）将图 2-59 螺纹轴的数控程序输入数控装置，校验程序，程序校验正确后请老师确认，学生按零件加工的要求安装好工件和刀具，对好刀，调整好机床操作面板，再次请老师确认，老师确认无误后，学生完成该零件的单段自动加工。

（2）用游标卡尺、千分尺和螺距规按照零件图的要求逐项检测，如有不合格的项目，小组讨论，分析查找原因，教师讲评。

（3）改正错误，重新操作加工，直至零件加工合格。

B　实训项目二

（1）在老师指导下由学生完成图2-59所示螺纹轴的编程，要求螺纹加工使用G32指令编程。

（2）将自编的数控程序输入数控装置，独立完成程序的校验及修改，直至正确为止。

（3）完成该零件的单段自动加工。

（4）检查质量合格后切下工件交件待检。

C　实训项目三

（1）在老师指导下由学生完成图2-59所示螺纹轴的编程，要求螺纹加工使用G76指令编程。

（2）将自编的数控程序输入数控装置，独立完成程序的校验及修改，直至正确为止。

（3）完成该零件的单段自动加工。

（4）检查质量合格后切下工件交件待检。

2.5.5.3　容易产生的问题和注意事项

容易产生的问题和注意事项如下：

（1）校验程序锁住过机床，在对刀操作前必须重启数控装置，以建立正确的机床坐标系。

（2）加工之前必须确保数控程序的编程原点与加工原点完全重合。

（3）车削前应检查工件装夹是否牢靠，刀具是否装夹紧固，卡盘扳手是否取下。

（4）在螺纹加工中不使用恒定线速度控制功能。

（5）从螺纹粗加工到精加工，主轴的转速必须保持一常数。

（6）在螺纹加工轨迹中应设置足够的升速进刀段 δ_1 和降速退刀段 δ_2，以消除伺服滞后造成的螺距误差。

（7）在没有停止主轴的情况下，停止螺纹的切削将非常危险；因此螺纹切削时进给保持功能无效，如果按下进给保持按键，刀具在加工完螺纹后停止运动。

（8）车床未停稳，不能使用量具测量工件。

（9）加工同一批零件时，必须保证毛坯的装夹长度一样。如果毛坯装夹时长时短，将会发生安全事故。

（10）刀具完成安装后，必须保证刀尖与主轴中心线等高；螺纹刀刀尖角和切断刀的对称中心线必须与主轴中心线垂直，否则切断刀容易折断，加工出的螺纹倒牙。

【任务小结】

要加工出合格螺纹，必须要能看懂零件图，因此需要了解螺纹的种类、作用、螺纹的基本要素、相关计算及螺纹的标注方法；螺纹编程指令的使用并不难，但要不懂螺纹加工工艺就编不好程序；学会螺纹刀的选择和安装方法，才能顺利加工出工件；工件是否合格，必须要学会螺纹的测量和检验。

通过讲授、示范操作及上机操作练习环节，可使学生进一步增强对重点内容的认识和理解，加深对螺纹编程和加工的感性认识。多动手、勤练习，才能形成编程和操作加工的技能。

【思考与训练】

1. 简述螺纹的种类和用途。

2. 什么叫螺纹？普通螺纹要素都有哪些？

3. 普通三角形螺纹如何测量与检验？

4. 简述螺纹的标注方法。

5. 安装螺纹刀应注意什么问题？

6. 如何计算升速进刀段 δ_1 和降速退刀段 δ_2 的距离？加工螺纹的导程小于 3mm 时，一般 δ_1 和 δ_2 取多少？

7. 简述螺纹加工过程中如何进退刀？

8. 如何计算车三角形内、外螺纹前的孔径和外圆直径？

9. 车螺纹时的进给速度如何计算？

10. 如何采用 G32 指令进行双线螺纹的加工？

11. 简述变螺距螺纹切削指令 G34 的编程格式并解释各参数的用法。

12. 简述单一固定循环螺纹切削指令 G92 的编程格式并解释各参数的用法。

13. 简述复合循环螺纹指令 G76 的编程格式并解释各参数的用法。

【考核评价】

本学习情境评价内容包括：基础知识与技能评价、学习过程与方法评价、团队协作能力评价及工作态度评价；评价方式包括：学生自评、组内互评、教师评价。具体见表2-16。

表 2-16 学习情境 2 考核评价表

姓 名		学 号			班 级		时 间	
考核项目	考核内容	考核要求	评分标准	配分	学生自评比重30%	组内互评比重30%	教师评价比重40%	
基础知识与技能评价	双向阶台锥轴	编程、加工	见零件图	40				
	矩形宽槽轴	编程、加工	见零件图					
	轴 套	编程、加工	见零件图					
	螺纹轴	编程、加工	见零件图					
学习过程与方法评价	各阶段学习状况	严肃、认真、保质、保量、按时完成每个阶段的培训内容	15	30				
	学习方法	具备正确有效的学习方法	15					
团队协作能力评价	团队协作意识	具有较强的协作意识	10	20				
	团队配合状况	积极配合他人共同完成学习任务，为他人提供协助，能虚心接受他人的意见和建议，乐于贡献自己的聪明才智	10					

考核项目	考核内容	考核要求	评分标准	配分	学生自评 比重 30%	组内互评 比重 30%	教师评价 比重 40%
工作态度 评价	纪律性	严格遵守并执行学校和企业的各项规章制度，不迟到、不早退、不无故缺勤	5	10			
	责任性、主动性 与进取心	具有较强责任感，不推诿、不懈怠；主动完成各项学习任务，并能积极提出改进意见；对学习充满热情和自信，积极提升自身综合能力与素养	3				
	作风、 面貌与心态	作风正派，具备良好精神面貌和阳光心态	2				
合计				100			
教师评语						总分	
						教师签名	

学习情境 3　数控铣削加工

【学习目标】

（一）知识目标

1. 能够进行数控铣床日常维护和保养。
2. 能够掌握数控铣床安全使用常识。
3. 能说出数控铣床加工范围及特点，能够制定数控铣削加工工艺。
4. 能够进行平面类、外轮廓、台阶类、内轮廓、孔类零件的编程。
5. 能使用仿真软件校验程序，能操纵数控铣床进行简单零件加工。

（二）能力目标

培养学生的安全意识，能正确操作数控铣床并进行日常维护和保养。能根据生产条件和工艺要求，合理安排数控铣床加工工序、正确选择机床、刀具、夹具及量具。能解决生产加工中的实际工艺问题。

学习任务 3.1　数控铣削工艺及安规

【学习任务】

如图 3-1 所示，材料为 45 钢，单件生产，在前面的工序中已完成零件底面和侧面的加

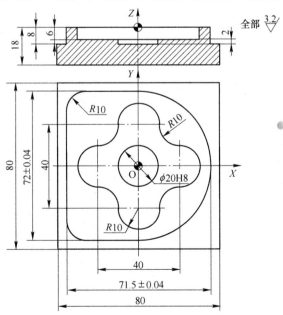

图 3-1　带型腔的凸台零件工艺分析

工（尺寸为 80mm×80mm×19mm），试对该零件的顶面和内外轮廓进行数控铣削加工工艺分析。

【任务描述】

根据图示所给零件图为任务，能完成以下目标：

1. 熟知数控铣削安全操作规程相关知识，并能正确、安全操作数控铣床。

2. 能说出数控铣床加工范围及特点。

3. 分析所接受的零件图样，明确零件加工的技术要求，会零件图的工艺分析、加工方案的确定、数控铣削加工工序的划分、工步和进给路线的确定。

4. 会装夹数控铣削工件。

5. 会正确选择铣刀的种类和铣削用量。

【知识准备】

3.1.1　数控铣床的分类

数控铣床的种类很多，常用的分类方法有以下三种方式。

3.1.1.1　按机床主轴的布置形式分类

A　立式数控铣床

立式数控铣床是数控铣床中数量最多的一种，应用范围也最为广泛。立式数控铣床的主轴轴线垂直于水平面，如图 3-2 所示。各坐标的控制方式有以下几种：

（1）工作台纵向、横向移动，主轴上下移动。

（2）工作台纵向、横向及上下向移动，主轴不动。

（3）龙门式数控铣床，如图 3-3 所示。

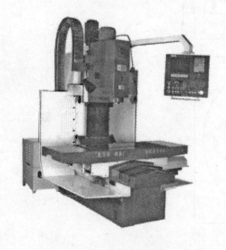

图 3-2　立式数控铣床

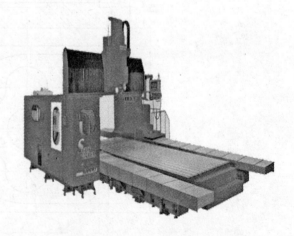

图 3-3　龙门式数控铣床

B　卧式数控铣床

卧式数控铣床和通用卧式铣床相同，其主轴轴线平行于水平面，如图 3-4 所示。为了扩大加工范围和扩充功能，卧式数控铣床通常采用增加数控转盘或万能转盘来实现四坐标和五坐标加工。这样不但工件侧面上的连续回转轮廓可以加工出来，而且可以实现一次装夹，通过转盘改变工位，进行"四面体加工"。尤其是万能数控转盘可以把工件上各种不同的角度或空间角度的加工面摆成水平加工，可以省去很多专用夹具或专用角度的成型铣刀。对于箱体类零件或需要在一次装夹中改变工位的零件来说，选择带数控转盘的卧式数控铣床进行加工是非常合适的。

由于卧式数控铣床在增加了数控转盘后很容易做到对加工零件进行"四面加工"，在许多方面胜过带数控转盘的立式数控铣床，所以目前已得到广大用户的重视。

C　立卧两用数控铣床

也称万能式数控铣床，主轴可以旋转 90°或工作台带着工件旋转 90°，如图 3-5 所示。目前，这类铣床正逐步增加。由于这类铣床的主轴方向可以更换，能达到在一台床上既可以进行立式加工，又可以进行卧式加工，使其适用范围更广，功能更全，选择加工对象的余地更大，给用户带来了很大的方便。尤其是当生产批量小、品种多，又需要立、卧两种方式加工时，用户只需要购买一台这样的铣床就可以了。

图 3-4　卧式数控铣床

图 3-5　立卧两用数控铣床

3.1.1.2　按数控系统的功能分类

按数控系统的功能分为经济型、全功能型和高速铣削数控铣床。

A　经济型数控铣床

一般采用经济型数控系统，采用步进电动机进给，位置控制采用开环控制。例如配备西门子 8025 等系统，开环控制，可以实现机床三轴联动。这种铣床成本低，功能简单，加工精度不高，适用于一般复杂零件的加工。一般有床身式和工作台升降式两种类型。

B　全功能型数控铣床

使用全功能数控系统，采用半闭环或全闭环位置控制，数控系统功能丰富，一般可以实现四坐标以上的联动，加工适用性强，应用最广泛。

C　高速铣削数控铣床

高速铣削是数控加工技术未来的一个发展方向，技术已经比较成熟，已逐渐得到广泛的应用。

这类数控铣床采用全新的机床结构、功能部件和功能强大的数控系统并配以加工性能优越的刀具系统，加工时主轴转速一般为 8000～40000r/min，铣削进给速度可达 10～30m/min，可以对大面积的曲面进行高效率，高质量的加工。但缺点是这种机床价格昂贵，使用成本较高。

3.1.1.3　按数控系统控制的坐标数（轴数）分类

A　两轴半坐标联动数控铣床

主要用于三轴以上机床的控制，其中两根轴可以联动，而另外一根轴可以作周期性进给。

B　三坐标联动数控铣床

一般分为两类：一类是 X、Y、Z 三个直线坐标轴联动；另一类是除了同时控制 X、Y、Z 中两个直线坐标外，还同时控制围绕其中某一直线坐标轴旋转的旋转坐标轴。

C　四坐标联动数控铣床

此类机床同时控制 X、Y、Z 三个直线坐标轴与某一旋转坐标轴联动。

D　五坐标联动数控铣床

除同时控制 X、Y、Z 三个直线坐标轴联动外，还同时控制围绕这些直线坐标轴旋转的 A、B、C 坐标轴中的两个坐标轴，形成同时控制五个轴联动，这时刀具可以被定在空间的任意方向。

3.1.2　数控铣削的主要加工对象

数控铣削是现代机械加工中最常用的加工方法之一，它主要包括对平面和轮廓的铣削，还可以对零件进行钻、扩、铰、锪、镗加工及攻螺纹等。数控铣床主要有立式、卧式、龙门式三类，数控铣床的加工工艺以普通铣床加工工艺为基础；数控加工中心从结构上看是带刀库的镗铣床，除铣削加工外，也可以对零件进行钻、扩、铰、锪、镗加工及攻螺纹等。因此数控铣床与数控加工中心从工艺上看类似，主要适用于以下几类零件的加工。

3.1.2.1　平面类零件

平面类零件是指加工面平行、垂直于水平面或其加工面与水平面的夹角成定角的零件。这类零件的特点是：各个加工表面是平面或展开为平面。如图 3-6 所示的三个零件都属于平面类零件，其中的曲线轮廓面 M 和正圆台面 N，展开后均为平面。

3.1.2.2　变斜角类零件

变斜角类零件是指加工面与水平面的夹角呈连续变化的零件。如图 3-7 所示的是飞机上的一种变斜角梁缘条，该零件在第②肋至第⑤肋的斜角 α 从 $3°10'$ 均匀变化为 $2°32'$；从

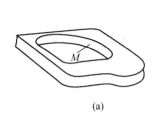 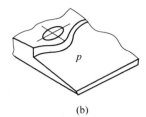 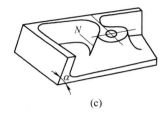

(a)　　　　　　　　　　(b)　　　　　　　　　　(c)

图 3-6　平面类零件

（a）带平面轮廓的平面零件；（b）带斜平面的平面零件；（c）带正圆台和斜筋的平面零件

第⑤肋至第⑨肋再均匀变化为 1°20′；最后到第⑫肋又均匀变化至 0°。变斜角类零件的变斜角加工面虽然不能展开为平面，但在加工中，铣刀圆周与加工面接触的瞬间为一条直线。加工变斜角类零件最好在四坐标或五坐标数控铣床上加工，条件不允许时，也可在三坐标数控铣床上进行二轴半近似加工。

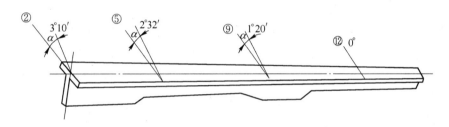

图 3-7　变斜角类零件

3.1.2.3　曲面类零件

曲面类零件是指加工面为空间曲面的零件。曲面类零件的加工面不仅不能展开为平面，而且它的加工面与铣刀始终为点接触。一般采用三坐标数控铣床，使用球头刀具加工曲面类零件，因为其他刀具加工曲面时更容易产生干涉而过切邻近表面。在三坐标数控铣床上，采用以下两种加工方法。

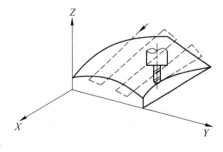

A　行切加工法

采用三坐标数控铣床进行二轴半坐标控制加工，即行切加工法。如图 3-8 所示，球头铣刀沿 XY 平面的曲线进行直线插补加工，当一段曲线加工完

图 3-8　行切加工法

后，沿 X 方向进给 ΔX 再加工相邻的另一曲线，如此依次用平面曲线来逼近整个曲面。相邻两曲线间的距离 ΔX 应根据表面粗糙度的要求及球头铣刀的半径选取。球头铣刀的球半径应尽可能选得大一些，以增加刀具刚度，提高散热性，降低表面粗糙度值。加工凹圆弧时的铣刀球头半径必须小于被加工曲面的最小曲率半径。

B　三坐标联动加工

采用三坐标数控铣床三轴联动加工，即进行空间直线插补。如图 3-9 所示的半球形，可用三坐标联动的方法加工，也可用行切加工法加工。这时数控铣床用 X、Y、Z 三坐标联动的空间直线插补，实现球面加工。

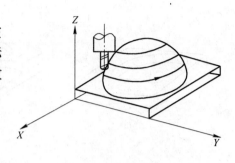

图 3-9　三坐标联动加工

3.1.2.4　箱体类零件

箱体类零件一般是指具有一个以上孔系，内部有空腔或不定型腔，在长、宽、高方向有一定比例的零件。

箱体类零件一般都需要进行多工位孔系、轮廓及平面加工，公差要求较高，特别是形位公差要求较为严格，通常要经过铣、钻、扩、铰、镗、锪、攻螺纹等加工工序，需要刀具较多，在普通机床上加工难度大，工装套数多，需多次装夹、找正，手工测量次数多，加工时必须频繁地更换刀具，费用高，加工周期长，工艺难以制定，更重要的是精度难以保证。

孔及孔系的加工大多采用定尺寸刀具，需要频繁换刀，当加工孔的数量较多时，就不如用加工中心加工方便、快捷。这类零件加工多采用数控铣床尤其是加工中心，一次装夹可完成普通机床 60% ~95% 的工序内容，零件各项精度好，质量稳定，同时节省费用，缩短制造周期。

3.1.3　数控铣削加工工艺的主要内容

3.1.3.1　零件图的工艺性分析

关于数控加工零件图的工艺性分析，主要有以下几点。

A　零件图分析

（1）零件的尺寸标注方式分析。检查零件的尺寸标注是否正确且完整，是否有矛盾，零件各几何要素的关系是否明确且充分，是否有利于编程，各项公差是否符合加工条件等。

（2）零件的形状与结构分析。检查零件的形状、结构在加工中是否会产生干涉或无法加工，是否妨碍刀具的运动。

（3）零件的精度及技术要求分析。分析零件的尺寸精度、形位公差和表面粗糙度等，确保在现有的加工条件下能达到零件的加工要求。

（4）零件的材料分析。了解零件材料的牌号、热处理要求及切削加工性能，以便合理地选择刀具和切削参数，并合理地制定出数控加工工艺和加工顺序等。

B　零件结构工艺性分析

（1）零件的内腔和外形最好采用统一的几何类型和尺寸，尤其是加工面转接处的凹圆弧半径，这样可以减少刀具规格和换刀、对刀次数，提高生产率。

（2）内槽及缘板之间转接圆角的大小决定着刀具直径的大小，所以内槽圆角和内轮廓圆弧不应太小。如图 3-10 所示，被加工零件转角圆弧半径大则其结构工艺性好，图 3-10

（a）和图 3-10（b）相比较，图 3-10（b）转角半径大，可以选择直径较大的铣刀进行加工。加工平面时，进给次数也相应地减少，从而使得表面加工质量也较好一些，所以结构工艺性也较好。通常 $R > 0.2H$ 时，可以判定零件该部位的工艺性好。

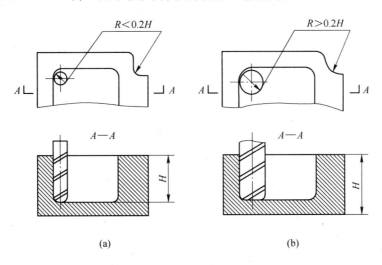

图 3-10　内槽结构工艺性

（a）工艺性不好；（b）工艺性好

（3）铣槽底平面时，槽底圆角半径 r 不要过大。如图 3-11 所示，铣削平面的最大接触面积直径 $d = D - 2r$，当 D 一定时，r 越大，铣刀端面刃与铣削平面的接触面积越小，加工平面的能力就越差，效率就越低，工艺性也就越差。应该尽量避免在此情况下使用球头刀加工工件。

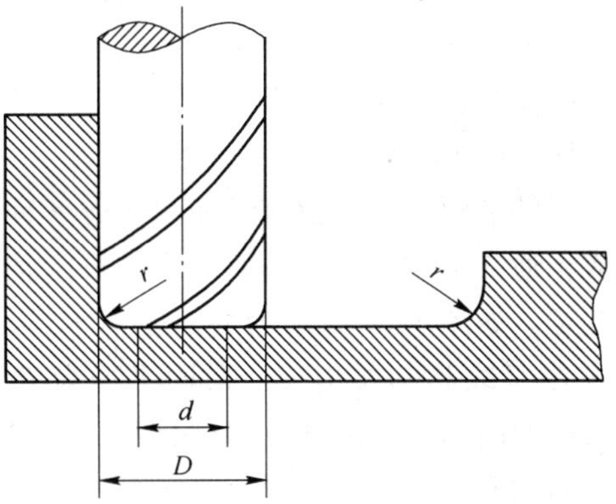

3.1.3.2　加工方案的确定及加工方法的选择

平面轮廓零件的轮廓多由直线、圆弧和曲线组成，一般在两坐标联动的数控铣床上加工；具有三维曲面轮廓的零件，多采用三坐标或三坐标以上联动的数控铣床。

图 3-11　零件槽底圆角对加工工艺的影响

数控铣削加工对象的主要加工表面的加工方案，见表 3-1。

表 3-1　加工表面的加工方案

序号	加工表面	加工方案	所使用的刀具
1	平面内、外轮廓	X、Y、Z 方向粗铣→内、外轮廓方向分层半精铣→轮廓高度方向分层半精铣→内、外轮廓精铣	整体高速钢或硬质合金立铣刀；机夹可转位硬质合金立铣刀

续表 3-1

序号	加工表面	加工方案	所使用的刀具
2	空间曲面	X、Y、Z 方向粗铣→曲面 Z 方向分层粗铣→曲面半精铣→曲面精铣	整体高速钢或硬质合金立铣刀、球头铣刀；机夹可转位硬质合金立铣刀、球头铣刀
3	孔	定尺寸刀具加工铣削	麻花钻、扩孔钻、铰刀、镗刀、整体高速钢或硬质合金立铣刀；机夹可转位硬质合金立铣刀
4	外螺纹	螺纹铣刀铣削	螺纹铣刀
5	内螺纹	攻丝螺纹铣刀铣削	丝锥螺纹铣刀

A　平面加工方法的选择

在数控铣床上进行平面加工主要采用面铣刀和立铣刀。经粗铣的平面，尺寸精度可达 IT10 ~ IT12 级，表面粗糙度 Ra 值可达 6.3 ~ 25μm；经粗铣—半精铣—精铣的平面或粗铣—精铣，尺寸精度可达 IT7 ~ IT9 级，表面粗糙度 Ra 值可达 1.6 ~ 6.3μm。需要注意的是，当零件表面粗糙度要求较高时，应采用顺铣方式，因为顺铣的工艺性优于逆铣。

B　孔的加工方法选择

在数控铣床上进行孔精度要求较低且孔径较大时，可采用立铣刀粗铣→精铣加工方案；进行有同轴度要求的小孔，须采用铣平端面—打中心孔—钻—半精镗—孔口倒角—精镗（或铰）加工方案。

C　螺纹的加工

直径在 M5mm ~ M20mm 之间的螺纹，通常采用攻螺纹的方法加工；直径在 M6mm 以下的螺纹，在数控机床上完成底孔加工后，通过其他手段来完成攻螺纹；直径在 M25mm 以上的螺纹，可采用镗刀片镗削加工或采用圆弧插补（G02 或 G03）指令来完成。

D　平面轮廓加工方法的选择

零件平面轮廓多由直线和圆弧或各种曲线构成，通常采用三坐标数控铣床进行两轴半坐标加工。如图 3-12 所示为平面轮廓零件 ABC-DEA 由直线和圆弧构成，采用半径为 R 的立铣刀沿周向加工，虚线 A'B'C'D'E'A' 为刀具中心的运动轨迹。为保证加工面光滑，刀具沿切线方向 PA' 切入，沿 A'K' 切出。

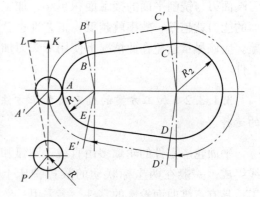

图 3-12　平面轮廓铣削

E　固定斜角平面的加工方法

固定斜角平面是指与水平面成一固定夹角的斜面。当机床主轴可以摆角，则可以摆成适当的定角，用不同的刀具来加工，如图 3-13 所示；当被加工零件尺寸不大时，可用斜垫板垫平后加工。

F　变斜角面的加工

（1）采用三坐标数控铣床两坐标联动，利用球头铣刀和鼓形铣刀，以直线或圆弧插补方式进行分层铣削加工，加工后的残留面积用钳修方法清除，如图 3-14 所示用鼓形铣刀分层铣削变斜角面。

（2）对曲率变化较小的变斜角面，如图 3-15 所示四坐标联动的数控铣床，采用立铣

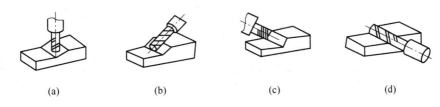

图 3-13 主轴摆角加工固定斜角平面

（a）主轴垂直端刃加工；（b）主轴摆角后侧刃加工；（c）主轴摆角后端刃加工；（d）主轴水平侧刃加工

刀（但当零件斜角过大，超过机床主轴摆角范围时，可用角度成型铣刀修正）以插补方式摆角加工。

（3）对曲率变化较大的变斜角面，用四坐标联动加工难以满足加工要求，最好采用图 3-16 所示五坐标联动数控铣床，以圆弧插补方式摆角加工。

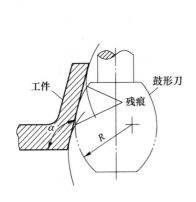

图 3-14 用鼓形铣刀分层铣削

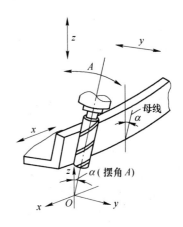

图 3-15 四坐标联动

G 曲面轮廓的加工方法

（1）对曲率变化不大和精度要求不高的曲面粗加工，常采用两轴半坐标行切法加工，如图 3-17 所示。

（2）对曲率变化较大和精度要求较高的曲面精加工，常用 x、y、z 三坐标联动插补的行切法加工，如

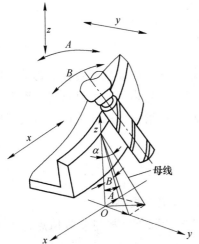

图 3-16 五坐标联动

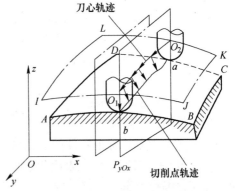

图 3-17 两轴半坐标行切法加工曲面

图 3-18 所示。

（3）对于叶轮、螺旋桨这样的零件，因其叶片形状复杂，刀具容易与相邻表面发生干涉，常用五坐标联动加工，其加工原理如图 3-19 所示。

综上所述，加工方法的选择原则为：在充分保证加工表面精度和表面粗糙度要求的前提下，尽可能提高加工效率。

在加工过程中，由于获得同一级精度及表面粗糙度的方法一般有许多，因而在实际选择时，要全面考虑零件的形状、尺寸及热处理要求。

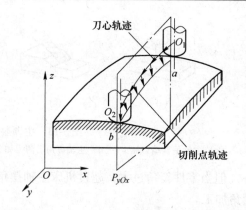

图 3-18　三轴联动行切法加工曲面的切削点轨迹

同时，还应考虑生产率和经济性的要求，以及工厂的现有生产设备等实际情况。

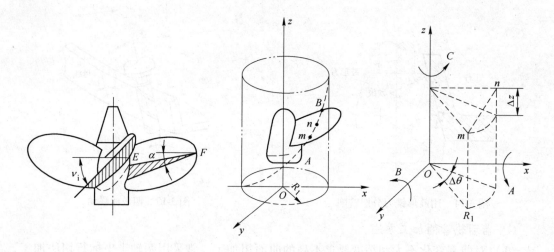

图 3-19　曲面的五坐标联动加工

3.1.3.3　数控铣削刀具路径

数控铣削加工中刀具路径的恰当与否对零件的加工精度和表面质量有直接的影响，因此，确定好刀具路径是保证铣削加工精度和表面质量的工艺措施之一。刀具路径的确定与零件轮廓形状、工件表面状况、要求的零件表面质量、机床进给机构的间隙以及刀具耐用度等有关。

A　确定铣削刀具路径的原则

确定铣削刀具路径的原则如下：

（1）刀具路径应保证零件的加工精度和表面粗糙度，且效率要高。

（2）在满足工件精度、表面粗糙度、生产率等要求的情况下，尽量使数值点计算方便，以简化编程工作。

（3）尽可能使加工路线最短，减少空行程时间和换刀次数，提高生产率。当某段刀具路径重复使用时，为简化编程，缩短程序长度，应使用子程序。

（4）尽可能减少零件的变形。

此外，确定刀具路径时还要考虑工件的形状与刚度、加工余量的大小、机床与刀具的刚度等情况，合理选择铣削方式，以提高零件的加工质量。主要包括以下几个方面：确保加工过程的安全性，避免刀具与非加工面存在干涉的情况；合理选取刀具的起刀点、切入和切出点及刀具的切入和切出方式，保证刀具在切入和切出时的平稳性；对于位置精度要求高的孔系零件的加工，应避免机床反向间隙的存在而影响孔的位置精度；对于复杂曲面零件的加工应根据零件的精度要求、实际形状、加工效率等多种因素来确定是行切还是环切，是等距切削还是等高切削的刀具路径等。

B　顺铣和逆铣的选择

在铣削过程中，切削层总面积是变化的，铣削均匀性差，铣削力的波动较大，属断续切削，会引起冲击振动。采用合适的铣削方式对提高铣刀耐用度、工件质量、生产率关系很大。

铣削方式有顺铣和逆铣两种方式，当铣刀的旋转方向和工件的进给方向相同时称为顺铣；相反时称为逆铣，如图 3-20 所示。

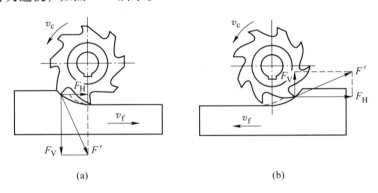

图 3-20　顺铣和逆铣铣削方式
（a）顺铣；（b）逆铣

当工件表面无硬皮，机床进给机构无间隙时，宜选用顺铣。因为采用顺铣加工后，零件已加工表面质量好，刀齿磨损小。精铣时，尤其是零件材料为铝镁合金、钛合金或耐热合金时，应尽量采用顺铣。

当工件表面有硬皮（如黑色金属锻件或铸件），机床的进给机构有间隙时，宜选用逆铣。因为逆铣时，刀齿是从已加工表面切入，不会崩刀；机床进给机构的间隙不会引起振动和"爬行"。

C　平面零件铣削路径

a　单次平面零件铣削的刀具路径

单次平面铣削选用面铣刀，刀具路径中可用面铣刀进入材料时的铣刀切入角来讨论。

面铣刀的切入角由刀具刀心位置相对于工件边缘的位置决定。刀心位置在工件内（但不跟工件中心重合），切入角为负，如图 3-21（a）所示；刀具中心在工件外，切入角为正，如图 3-21（b）所示。刀心位置与工件边缘重合时，切入角为零。

（1）如果工件只需一次铣削，应该避免刀心轨迹与工件中心线重合。刀具中心处于工

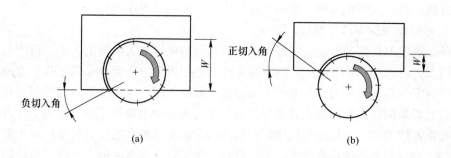

图 3-21　切削切入角（W 为切削宽度）

（a）负切入角；（b）正切入角

件中间位置时将会引起颤振，从而导致加工质量较差，因此，刀具轨迹应偏离工件中心线。

（2）当刀心轨迹与工件边缘线重合时，切削镶刀片进入工件材料时的冲击力最大，是最不利刀具加工的情况。因此应该避免刀具中心线与工件边缘线重合。

（3）如果切入角为正，刚刚切入工件时，刀片相对于工件材料的冲击速度大，引起碰撞力也较大。所以正切入角容易使刀具破损或产生缺口，所以在拟定刀心轨迹时，应避免正切入角。

（4）当使用负切入角时，已切入工件材料镶刀片承受的切削力最大，而刚切入（撞入）工件的刀片受力较小，引起碰撞力也较小，从而可延长镶刀片寿命，且引起的振动也会小一些。

因此使用负切入角是首选的方法。通常尽量应该让面铣刀中心在工件区域内，这样就可确保切入角为负，且工件只需一次切削时避免刀具中心线与工件中心线重合。比较如图 3-21 所示两个刀路，虽然都使用负切入角，但图 3-22（a）面铣刀整个宽度全部参与铣削，刀具容易磨损；图 3-22（b）所示的刀削路线是正确的。

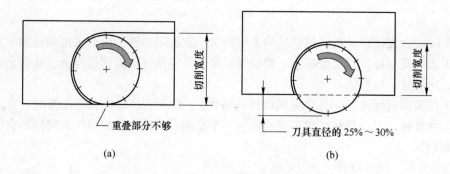

图 3-22　负切入角的两种刀路的比较

（a）切削宽度过大；（b）切削宽度适中

b　多次平面铣削的刀具路线

铣削大面积工件平面时，铣刀往往不能一次切除所有材料，因此在工件同一深度需要多次走刀。分多次铣削的刀路有多种，每一种方法在特定环境下具有各自的优点。最为常见的方法为同一深度上的单向多次铣削和双向多次铣削，如图 3-23 所示。

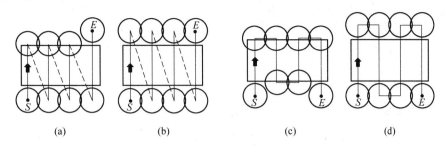

图 3-23　平面铣削的多次刀路
（a），（c）粗加工；（b），（d）精加工

如图 3-23（a）和图 3-23（b）所示，单向多次切削时，切削起点在工件的同一侧，另一侧为终点的位置，每完成一次切削后，刀具从工件上方回到切削起点的一侧，这是平面铣削中常见的方法，频繁的快速返回运动导致效率很低，但它能保证面铣刀的切削总是顺铣。

如图 3-23（c）和图 3-23（d）所示，双向多次切削也称为 Z 形切削，此种方式也很常用。它的效率比单向多次切削要高，但铣削中顺铣、逆铣交替，从而在精铣平面时影响加工质量，因此平面质量要求高的平面精铣通常并不使用这种刀路。

不管使用哪种切削方法，起点 S 和终点 E 与工件都有安全间隙，都能很好的确保刀具安全和加工质量。

D　平面零件轮廓铣削的刀具路径

a　平面零件外轮廓的进给路线

（1）铣削平面零件外轮廓时，一般采用立铣刀侧刃进行加工。刀具切入工件时，应避免沿零件外轮廓的法向切入，而应沿切削起始点的延伸线逐渐切入工件，保证零件曲线的平滑过渡。在切离工件时，也应避免在切削终点处直接抬刀，要沿着切削终点延伸线逐渐切离工件。

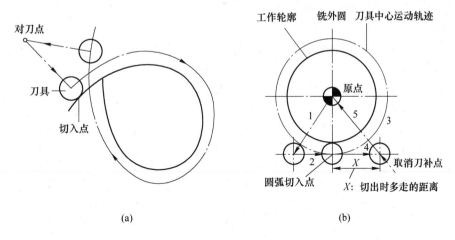

(a)　　　　　　　　　　　　　　(b)

图 3-24　刀具切入切出外轮廓的进给路线
（a）一般圆周轮廓切向切入；（b）标准圆弧轮廓切向切入

（2）当用圆弧插补方式铣削外整圆时，要安排刀具从切向进入圆周铣削加工，如图 3-24（a）所示。当整圆加工完毕后，不要在切点处直接退刀，而应让刀具沿切线方向多运动一段距离，以免取消刀补时，刀具与工件表面相碰，造成工件报废，如图 3-24（b）所示。

b　铣削内轮廓的进给路线

铣削封闭的内轮廓表面时，同铣削外轮廓一样，刀具同样不能沿轮廓曲线的法向切入和切出。此时刀具可沿一过渡圆弧切入和切出工件轮廓，如图 3-25 所示。

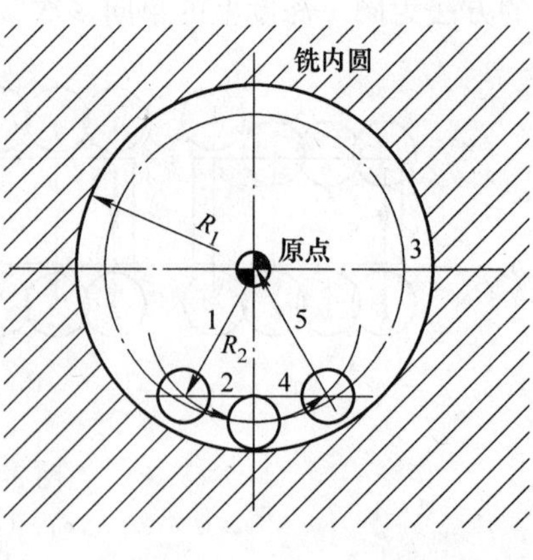

图 3-25　刀具切入切出内轮廓的进给路线

E　铣削型腔的刀具路径

所谓型腔是指以封闭曲线为边界的平底凹槽。此类工件一般用平底立铣刀加工，刀具圆角半径应符合内凹槽的图纸要求。用立铣刀铣削内表面轮廓时，切入和切出无法外延，这时铣刀只有沿工件轮廓的法线方向切入和切出，并将其切入点和切出点选在工件轮廓两个几何元素的交接点。但进给路线不一致，加工结果也不一样。

a　下刀方法的确定

在型腔铣削中，由于是把坯件中间的材料去掉，刀具不可能像铣削外轮廓一样从外面下刀切入，而要直接从坯件的实体部位下刀切入，因此在型腔铣削中下刀方式的选择很重要，通常选用以下三种方法：

（1）先用钻头点窝即钻下刀工艺孔，立铣刀通过下刀工艺孔垂向进入再用圆周铣削。

（2）使用键槽铣刀沿 Z 向直接下刀，切入工件。

（3）使用立铣刀斜插式下刀或者螺旋下刀。螺旋下刀即在两个切削层之间，刀具从上一层的高度沿螺旋线的方式渐近切入工件，直到下一层的高度，然后再开始正式铣削。

b　型腔铣削路线的确定

对于型腔加工的走刀路线常有行切、环切和综合切削三种方法，如图 3-26 所示。三种加工方法的特点是：

（1）共同点是都能将内腔中的全部面积切除，不留死角，不伤轮廓，同时尽量减少重复进给的搭接量。

（2）不同点是行切法（见图 3-26（a））的进给路线比环切法（见图 3-26（b））短，但行切

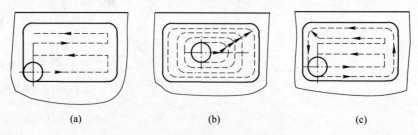

（a）　　　　　　　　　　（b）　　　　　　　　　　（c）

图 3-26　型腔铣削加工进给路线

（a）行切法；（b）环切法；（c）先行切后环切

法将在每两次进给的起点与终点间留下残留面积，而达不到表面粗糙度的要求；环切法（见图 3-26(b)）加工获得的表面粗糙度要比行切法好，但环切法需要逐次向外扩展轮廓线，刀位点的计算也稍微复杂一些。

（3）采用如图 3-26(c)所示的进给路线，即先用行切法切去中间部分余量，最后用环切法光整轮廓表面，既能满足总的进给路线较短，又能获得较好的表面粗糙度。

F　铣削曲面轮廓的刀具路径

在曲面铣削时，常用球头刀采用"行切法"进行加工。所谓行切法是指刀具与零件轮廓的切点轨迹是一行一行的，而行间的距离是按零件加工精度的要求确定的。

对于边界敞开的曲面加工，可采用两种加工路线，如下图所示发动机大叶片，当采用如图 3-27(a)所示的加工方案时，每次沿直线加工，刀位点计算简单，程序少，加工过程符合直纹面的形成，可以准确保证母线的直线度。当采用如图 3-27(b)所示的加工方案时，符合这类零件数据给出情况，便于加工后检验，叶片形状的准确度较高，但不足之处是程序段较多。由于曲面零件的边界是敞开的，没有其他表面限制，所以曲面边界可以延伸，球头刀应由边界外开始加工。

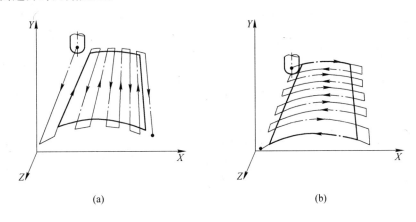

(a)　　　　　　　　　　　　　(b)

图 3-27　直纹曲面的常用进给路线

（a）平行直纹刀路；（b）垂直直纹刀路

G　孔加工刀具路径

在铣削加工中，加工孔时，一般是首先将刀具在 XY 平面内快速定位到孔中心线的位置上，然后沿 Z 向运动进行加工。所以，孔加工刀具路径的确定包括 XY 平面内和 Z 向进给路线。

a　确定 XY 平面内的进给路线

孔加工时，刀具在 XY 平面内的进给运动属于点位运动，确定进给路线时，主要考虑以下问题：

（1）定位要迅速。在保证刀具不与夹具、工件、机床碰撞的前提下空行程时间应尽可能的短。如图 3-28 所示，钻孔加工，按照习惯是先加工均布在同一圆周上的 8 个孔后，再加工另一圆周上的其余孔，但对于点位控制的数控机床来说，这样的方式并不是最短路径，如图 3-28(a)所示。而应按照图 3-28(b)所示的刀具路径方式进行孔的加工。

（2）定位要准确。在铣床上孔的加工，除了保证空行程最短之外，在镗孔时，孔系之

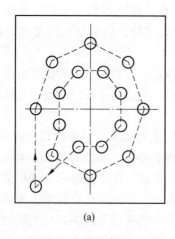 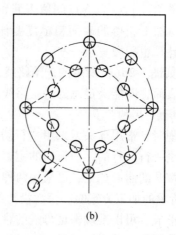

图 3-28　最短加工路线的选择

（a）同圆周式；（b）交替式

间往往还要满足较高的位置精度，因此应尽量安排各孔加工时的定位方向一致，以免测量系统的误差或传动系统的误差对定位精度的影响。如要加工如图 3-29（a）所示四个孔，采用如图 3-29（b）所示方式加工孔，Y 方向的反向间隙就会影响孔 4 与孔 3 之间的孔距精度；而采用如图 3-29（c）所示的方式进行孔的加工，可以提高孔距精度。

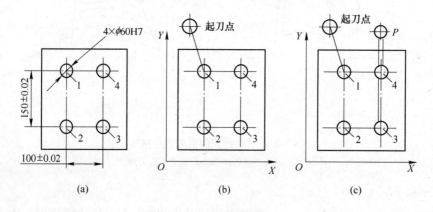

图 3-29　准确定位进给路线

（a）零件图；（b）机床精度保证形式；（c）消除间隙式

　　有时在定位迅速和定位准确之间很难同时满足的前提下，通常处理的办法是：最短路线能否满足定位准确，若能，则优先最短路线；若不能，则按优先定位准确方式的路线安排加工。

　　b　确定 Z 向（轴向）的进给路线

　　刀具在 Z 向的进给路线分为快速移动进给和工作进给路线。刀具先从初始平面快速运动到距工件加工表面一定距离的 R 平面，然后按工作进给速度进行加工。如图 3-30（a）所示为单孔加工刀具进给路线方式；图 3-30（b）所示为孔系加工，此时刀具只需回到 R 平面，而不必返回初始平面，从而提高加工效率。

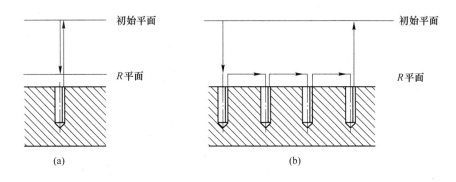

图 3-30　刀具加工孔时 Z 向进给路线

（a）单孔加工；（b）孔系加工

3.1.3.4　铣削加工夹具的选择

A　数控铣削夹具的选用原则

在数控铣削选用夹具时，通常需要考虑产品的生产批量、生产效率、质量保证及产品的经济性，选用时可参照下列原则：

（1）在研制或生产批量小时，尽量选择通用夹具、组合夹具，能使零件一次装夹中完成全部加工面的加工，并尽可能使零件的定位基准与设计基准重合，以减少定位误差。只有在组合夹具无法解决工件装夹时才考虑采用其他夹具。一般在模具加工中采用平口钳或压板为多。

（2）小批量或成批生产时可考虑采用专用夹具，但应尽量简单。

（3）在生产批量较大时可考虑采用多工位夹具或液压、气动夹具。

总之，在夹具选择时，应使夹具装夹迅速方便、定位准确，以减少辅助时间；零件安装时，应注意夹紧力的作用点和方向，尽量使切削力的方向与夹紧力方向一致。

B　选用数控铣削夹具的具体要求

（1）夹具的刚性与稳定性要好。目的是使零件在切削过程中切削平稳，保证零件的加工精度。在加工过程中尽量不采用更换夹紧点的设计，当非要更换夹紧点时，要特别注意不能因更换夹紧点而破坏夹具或工件定位精度。

（2）应保持工件在本工序中所有需要完成的待加工面充分暴露在外，夹具要做得尽量敞开，因此加工面与夹紧机构元件之间应保持一定的安全距离，同时要求夹紧机构元件尽可能低，以防止夹具与铣床主轴套筒或刀具、刀套在加工过程中发生碰撞。

（3）为保持零件安装方位与机床坐标系及编程坐标系方向的一致性，夹具应能保证在机床上实现定向安装，还要求能协调机床与零件定位面之间保持一定的坐标联系。

C　常用铣削夹具的种类

a　通用铣削夹具

通用铣削夹具有平口钳、通用螺钉压板、分度头和三爪卡盘等。

（1）机用平口钳（又称虎钳）。形状比较规则的零件铣削时常用平口钳装夹，方便灵活，适应性广。当加工一般精度要求和较小夹紧力的零件时常用机械式平口钳，靠丝杠和螺母相对运动来夹紧工件，如图 3-31(a)所示；当加工精度要求较高且需要较大的夹紧力时，可采用较高精度的液压式平口钳，如图 3-31(b)所示。8 个工件装在心轴 2 上，心轴固定在钳口 3 上，当压力油从油路 6 进入油缸后，推动活塞 4 移动，活塞拉动活动钳口向右移动夹紧工件。

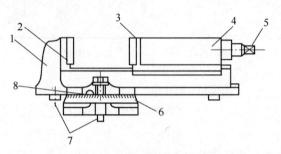

(a)机械式平口钳

1—钳体；2—固定钳口；3—活动钳口；4—活动钳身；5—丝杠方头；6—底座；7—定位键；8—钳体零线

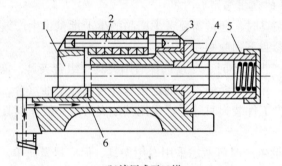

(b)液压式平口钳

1—活动钳口；2—心轴；3—钳口；4—活塞；5—弹簧；6—油路

图 3-31　机用平口钳

当油路 6 在换向阀作用下回油时，活塞和活动钳口在弹簧作用下左移松开工件。

机用平口钳在数控铣床工作台上的安装要根据加工精度要求控制钳口与 X 轴或 Y 轴的平行度，零件夹紧时要注意控制一端钳口上翘或工件变形。

（2）螺钉压板。利用压板和 T 形槽螺栓将工件固定在机床工作台上即可。装夹工件时，需根据工件装夹精度要求，用百分表等找正工件。

（3）铣床用卡盘。当需要在数控铣床上完成回转体零件的加工时，可以采用三爪卡盘装夹，对于非回转零件可采用四爪卡盘装夹，如图 3-32 所示。

铣床用卡盘的使用方法与车床卡盘类似，使用 T 形槽螺栓将卡盘固定在机床工作台上即可。

　b　专用铣削夹具

专用铣削夹具是专门为某一项或类似的几项工件设计制造的夹具，一般用在批量较大或研制需要时采用。其结构固定，仅使用于一个具体零件的具体工序，这类夹具设计应力求简化，目的是让制造时间尽可能短。图 3-33 所示表示铣削某一零件上表面时无法采用常规夹具，故用 V 形槽的压板结合做成了一个专用夹具。

(a)　　　　　　　　　　　　　　　(b)

图 3-32　铣床用卡盘

（a）三爪卡盘；（b）四爪卡盘

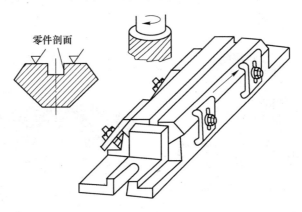

图 3-33　专用夹具铣平面

c　多工位夹具

多工位夹具可以同时装夹多个工件，减少换刀次数，以便于一边加工，一边装卸工件，有利于缩短辅助加工时间，提高生产率，较适合中小批量生产，如图 3-34 所示。

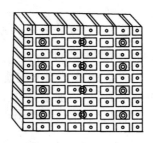 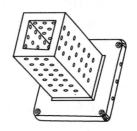

图 3-34　多工位夹具

d　液压或气动夹具

液压或气动夹具适合生产批量较大，采用其他夹具又特别费时、费力的场合，能减轻工人劳动强度和提高生产率，但此类夹具结构较复杂，造价往往很高，而且制造周期较长。

e　回转工作台

为了扩大数控机床的工艺范围，数控机床除了沿 X、Y、Z 三个轴做直线进给外，往往还有绕 Y 轴或 Z 轴的圆周进给运动的需要。数控机床的进给运动一般由回转工作台来实现，对于加工中心来说回转工作台已成为一个不可缺少的部件。

数控铣床中常用的回转工作台有分度工作台和数控回转工作台。

（1）分度工作台。分度工作台只能完成分度运动，不能实现圆周进给。分度时也可以采用手动分度。分度工作台一般只能回转规定的角度（如 45°、60°和 90°等）。

（2）数控回转工作台。其主要作用是根据数控装置发出的指令脉冲信号，完成圆周进给运动，进行各种圆弧或曲面加工，它也可以进行分度工作。

数控回转工作台可以使数控铣床增加一个或两个回转坐标，通过数控系统实现四坐标或五坐标联动，可有效地扩大工艺范围，使复杂工件的加工成为可能。

数控卧式铣床一般采用方形回转工作台，实现 A、B 或 C 坐标运动，但圆形回转工作台占据的机床运动空间也较大，如图 3-35 所示。

图 3-35　数控回转工作台

3.1.3.5　数控铣削刀具的选择

A　数控铣削刀具的基本要求

数控铣削刀具的基本要求：

（1）铣刀刚性要好，抗振及热变形小。目的是：一是为提高生产率而采用大切削用量的需要；二是为适应数控铣床加工过程中难以调整切削用量的特点。

（2）铣刀的耐用度要高，切削性能稳定、可靠。尤其是当一把铣刀加工的内容很多时，如刀具不耐用而磨损很快，就会影响工件的表面质量与加工精度，而且会增加换刀引起的对刀与调刀次数，也会使工件表面留下因对刀误差而形成的接刀台阶与痕迹，从而降低了工件的表面质量。

B　铣削刀具的选择

选取刀具时，要使刀具的尺寸与被加工工件的表面尺寸与形状相适应。加工较大的平面应选择面铣刀或端铣刀；加工平面零件周边轮廓、凹槽、较小的台阶面应选择立铣刀；加工封闭的键槽选用键槽铣刀；加工空间曲面、模具型腔或凸模成形表面等多选用模具铣刀；加工变斜角零件的变斜角面应选用鼓形铣刀；加工立体型面和变斜角轮廓外形常采用球头铣刀、鼓形刀；加工各种直的或圆弧形的凹槽、斜角面、特殊孔等应选用成形铣刀。

　　C　刀具的材料

　　a　常用刀具材料

　　常用的数控刀具材料有高速钢、硬质合金、涂层硬质合金、陶瓷、立方氮化硼、金刚石等。其中，高速钢、硬质合金和涂层硬质合金在数控铣削刀具中应用最广。

　　b　刀具材料性能比较

　　如图 3-36 所示为各刀具材料性能比较。

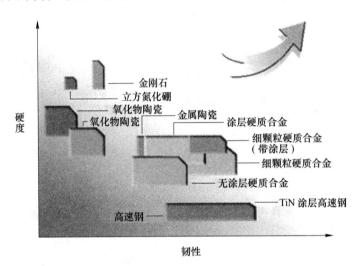

图 3-36　各刀具材料性能比较

　　D　常用铣刀的种类

　　铣床的刀具种类很多，根据刀具的加工用途，可分为轮廓类加工刀具和孔类加工刀具等几种类型。

　　a　轮廓类加工刀具

　　如图 3-37 所示为轮廓类加工刀具。

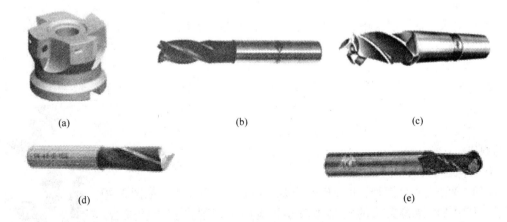

图 3-37　数控铣轮廓类加工刀具

（a）面铣刀；（b）直柄立铣刀；（c）锥柄立铣刀（d）键槽铣刀；（e）球头铣刀

b　孔类加工刀具

如图 3-38 所示为孔类加工刀具。

孔类加工刀具，主要有钻头、铰刀、镗刀等。

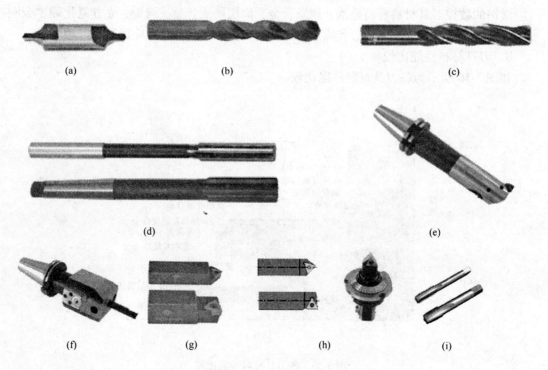

图 3-38　数控铣孔类加工刀具

（a）中心钻；（b）麻花钻；（c）扩孔钻；（d）机用铰刀；（e）镗刀；
（f）可调精镗刀；（g）粗镗刀刀头；（h）精镗刀刀头；（i）机用丝锥

E　数控铣削刀柄系统

数控铣床用刀柄系统有三个部分组成，即刀柄、拉钉、夹头（或中间模块）。

a　刀柄

数控铣床刀柄一般采用 7∶24 锥柄与主轴锥孔配合定位，刀柄及其尾部供主轴内拉紧机构用的拉钉已实现标准化。

b　拉钉

拉钉的尺寸也已标准化，ISO 或 GB 规定了 A 型和 B 型两种形式的拉钉，其中 A 型拉钉用于不带钢球的拉紧装置，而 B 型拉钉用于带钢球的拉紧装置，如图 3-39 所示。刀柄及拉钉的具体尺寸可查阅有关标准的规定。

c　弹簧夹头及中间模块

（1）弹簧夹头分两种，即 ER 弹簧夹头和 KM 弹簧夹头，如图 3-40所示。其中 ER 弹簧夹头的夹紧力较小，适用于切削力较小的场合；KM 弹簧夹头的夹紧力较大，适用于强力铣削。

（2）中间模块是刀柄和刀具之间的中间连接装置，通过中间模块

图 3-39　拉钉

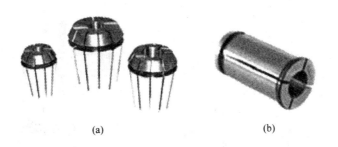

图 3-40　弹簧夹头

（a）ER 弹簧夹头；（b）KM 弹簧夹头

的使用，提高了刀柄的通用性能，如图 3-41 所示。

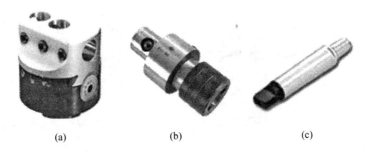

图 3-41　中间模块

（a）精镗刀中间模块；（b）攻丝锥夹套；（c）钻夹头接柄

d　对刀及对刀装置

如图 3-42 所示为对刀及对刀装置。

3.1.3.6　铣削加工切削用量的选择

如图 3-43 所示，铣削加工的切削参数包括切削速度、进给速度、背吃刀量（或侧吃刀量）。切削用量的选择标准是：在保证零件加工精度和表面粗糙度的前提下，充分发挥刀具和机床的切削性能，保证合理的刀具耐用度，最大限度的提高生产率，降低成本。

从保证刀具耐用度的角度出发，铣削切削用量的选择方法是先选择背吃刀量（或侧吃刀量），其次再确定进给速度，最后确定切削速度。

A　背吃刀量 a_p（端铣）或侧吃刀量 a_e（圆周铣）的选择

背吃刀量或侧吃刀量的选取主要由加工余量和对表面质量的要求决定。

（1）粗铣时一般一次进给应尽可能切除全部加工余量。在中等功率机床上，背吃刀量可达 8～10mm；在工件表面粗糙度值要求为 $Ra12.5～25\mu m$ 时，如果圆周铣削的加工余量小于 5mm，端铣的加工余量小于 6mm，粗铣一次进给就可以达到要求；但在余量较大，工艺系统刚性较差或机床动力不足时，应分两次进给完成。

（2）半精铣时，端铣的背吃刀量或周铣的侧吃刀量一般在 0.5～2mm 范围内选取，加工工件的表面粗糙度值可达 $Ra3.2～12.5\mu m$。

（3）精铣时，端铣的背吃刀量一般取 0.3～1mm，周铣的侧吃刀量一般取 0.2～

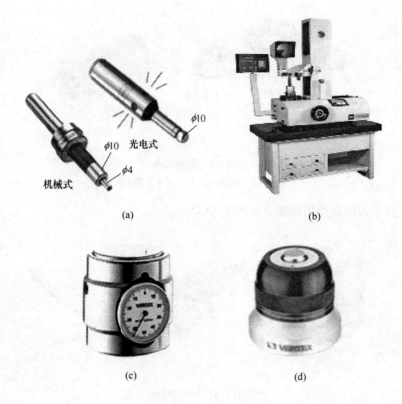

图 3-42　常用对刀仪器

（a）寻边器；（b）机外对刀仪；（c）机械式 Z 向对刀仪；（d）光电式 Z 向对刀仪

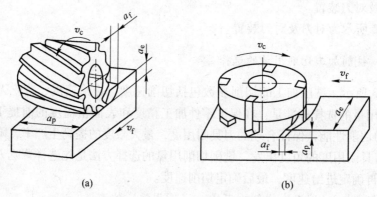

图 3-43　铣削用量

（a）圆周铣；（b）端铣

0.5mm，加工工件的表面粗糙度可达 $Ra\ 0.8 \sim 3.2\mu m$。

综上所述加工余量的选择如下：

（1）工序间加工余量的选择原则：一般采用最小加工余量原则，以便缩短加工时间，降低零件的加工费用。但是各个工序应保留充分的加工余量，特别是最后的工序。

（2）在选择加工余量时，还应考虑的情况：由于零件的形状、大小不同，切削力、内应力引起的变形也会有差异，工件大，变形增加，加工余量相应地应大一些；装夹方式、加工方法和工艺装备的刚性可能引起的零件变形，过大的加工余量会由于切削力增大引起零件的变化；零件热处理时引起变形，应适当增大加工余量。

（3）确定加工余量的方法。

1）查表法。此法主要以根据工厂的生产实践和实验研究积累的经验所制成的表格为基础，并结合实际加工情况对数据加以修正，确定加工余量。这种方法方便、迅速，在生产上应用较广泛。

2）分析计算法。如果对影响加工余量的因素比较清楚，则采用分析计算法确定加工余量比较准确。要弄清影响余量的因素，必须具备一定的测量手段，掌握必要的统计分析资料。在掌握了各种误差因素大小的条件下，才能比较准确地计算加工余量。

3）经验估算法。由一些有经验的工程技术人员或工人，根据经验确定加工余量的大小。由经验法确定的加工余量往往偏大，这主要是因为主观上怕出废品的缘故，这种方法在模具生产中广泛采用。

B　进给速度 $F(mm/min)$ 与进给量 $f(mm/r)$ 的选择

铣削加工的进给速度 F 是单位时间内工件与铣刀沿进给方向的相对位移量，单位为 mm/min；进给量是铣刀转一周，工件与铣刀沿进给方向的相对位移量，单位为 mm/r。对于多齿刀具，其进给速度 F、刀具转速 n、刀具齿数 Z、进给量 f 及每齿进给量 f_z 的关系为：

$$F = fn = f_z Zn$$

进给速度 F 与进给量 f 主要根据零件的加工精度和表面粗糙度要求以及刀具、工件的材料性质选取，可参考常用切削用量手册或见表 3-2。

表 3-2　铣刀每齿进给量参考值

工 具 材 料	$F_z/mm \cdot z^{-1}$			
	粗　　铣		精　　铣	
	高速钢铣刀	硬质合金铣刀	高速钢铣刀	硬质合金铣刀
铸　铁	0.08 ~ 0.12	0.10 ~ 0.20	0.03 ~ 0.05	0.05 ~ 0.12
钢	0.10 ~ 0.20	0.12 ~ 0.25		

C　选择切削速度 v_c。

铣削的切削速度 v_c 与刀具的耐用度、每齿进给量、侧吃刀量、背吃刀量以及铣刀齿数成反比，而与铣刀直径成正比。其原因是当 f_z、a_p、a_e 和 Z 增大时，刀刃负荷增加，而且同时工作的齿数也增多，使切削热增加，刀具磨损加快，从而限制了切削速度的提高。为提高刀具耐用度允许使用较低的切削速度，但是加大铣刀直径则可改善散热条件，可以提高切削速度。

铣削加工的切削速度 v_c 可参考表 3-3 选取，也可参考有关切削用量手册中的经验公式通过计算选取。

表 3-3　铣削加工的切削速度参考值

工 件 材 料	硬度（HBS）	$v_c/m \cdot min^{-1}$	
		高速钢铣刀	硬质合金铣刀
钢	<225	18 ~ 42	66 ~ 150
	225 ~ 325	12 ~ 36	54 ~ 120
	325 ~ 425	6 ~ 21	36 ~ 75

工 件 材 料	硬度（HBS）	$v_c/\text{m} \cdot \text{min}^{-1}$	
		高速钢铣刀	硬质合金铣刀
铸 铁	<190	21 ~ 36	66 ~ 150
	190 ~ 260	9 ~ 18	45 ~ 90
	260 ~ 320	4.5 ~ 10	21 ~ 30

D　主轴转速 n

数控铣床一般是以刀具旋转实现主运动，因此，按上述方法确定切削速度后，应把切削速度转换为主轴转速，其转换公式为：

$$n = 1000v_c/(\pi \times D)$$

式中　D——铣刀直径，mm；

　　　　v_c——切削速度，m/min。

计算出来的 n 值一般要进行圆整处理，当数控机床的主轴速度是分级变速的，要选取最接近 n 值的速度挡位。

3.1.4　数控铣床安全使用常识

3.1.4.1　数控铣床使用环境

A　提高数控铣床操作人员的综合素质

第一，数控铣床是典型的机电一体化产品，它涉及的知识面较宽，即操作者应具有机、电、液、气等更宽广的专业知识，所以数控机床的使用比普通机床的难度要大；第二，由于其电气控制系统中的 CNC 系统升级、更新换代比较快，如果不定期参加专业理论培训学习，则不能熟练掌握新的 CNC 系统应用。因此对操作人员提出的素质要求是很高的。为此，必须对数控操作人员进行培训，使其对机床原理、性能、润滑部位及其方式，进行较系统的学习，为更好的使用机床奠定基础。同时在数控机床的使用与管理方面，制定一系列切合实际、行之有效的措施。

B　要为数控铣床创造一个良好的使用环境

由于数控铣床中含有大量的电子元件最怕阳光直接照射，也怕粉尘和潮湿、振动等，这些均可使电子元件受到腐蚀变坏或造成元件间的短路，引起铣床运行不正常。为此，对数控铣床的使用环境应做到保持清洁、干燥、恒温和无振动；对于电源应保持稳压，一般只允许 ±10% 波动。

C　严格遵循正确的操作规程

无论是什么类型的数控铣床，它都有一套自己的操作规程，这既是保证操作人员人身安全的重要措施之一，也是保证设备安全、保证产品质量等的重要措施。因此，使用者必须按照操作规程正确操作，如果机床在第一次使用或长期没有时，应先使其空转几分钟；并要特别注意使用中注意开机、关机的顺序和相关注意事项。

3.1.4.2　数控铣床维护与保养

A　日常维护和保养

日常维护和保养如下：

（1）操作者在每班加工结束后，应清扫干净散落于工作台、导轨等处的切屑、油垢；在工作结束前，应将各伺服轴回归原点后停机。

（2）检查确认各润滑油箱的油量是否符合要求。检查各手动加油点、按规定加油。

（3）注意观察机器导轨与丝杠表面有无润滑油，使之保持润滑良好。

（4）检查确认液压夹具运转情况、主轴运转情况。

（5）工作中随时观察积屑情况，切削液系统工作是否正常，有积屑严重应停机清理。

（6）如果离开机器时间较长要关闭电源，以防非专业者操作。

B　每周的维护和保养

每周的维护和保养如下：

（1）每周要对机器进行全面的清理，各导轨面和滑动面及各丝杠加注润滑油。

（2）检查和调整压板及镶条松紧适宜。

（3）检查并扭紧滑块固定螺丝、走刀传动机构、手轮、工作台支架螺丝等。

（4）检查滤油器是否干净，若较脏，必须洗净。

（5）检查各电气柜过滤网，清洗黏附的尘土。

C　月与季度的维修保养

月与季度的维修保养如下：

（1）检查各润滑油管要畅通无阻、油窗明亮，并检查油箱内有无沉淀物。

（2）清扫机床内部切屑、油垢。

（3）各润滑点加油。

（4）检查所有传动部分有无松动，检查齿轮与齿条啮合的情况，必要时作以调整或更换。

（5）检查强电柜及操作平台，各紧固螺钉是否松动，用吸尘器或吹风机清理柜内灰尘。检查接线头是否松动。

（6）检查所有按钮和选择开关的性能，各接触点良好，不漏电，损坏的更换。

D　每年的维修保养

每年的维修保养如下：

（1）检查滚珠丝杠，清洗丝杠上的旧润滑脂，换新润滑脂。

（2）更换 X 轴和 Z 轴进给部分的轴承润滑脂，更换时，一定要把轴承清洗干净。

（3）清洗各类阀、过滤器，清洗油箱底，按规定换油。

（4）主轴润滑箱清洗，更换润滑油。

（5）检查电机换向器表面，去除毛刺，吹净碳粉，磨损过多碳刷及时更换。

（6）调整电动机传动带松紧。

（7）清洗离合器片，清洗冷却箱并更换冷却液，更换冷却油泵过滤器。

3.1.4.3　数控铣床安全操作规程

数控铣床安全操作规程如下：

（1）数控铣床是一种精密的设备，所以对数控铣床的操作必须做到三定（定人、定机、定岗）。

（2）操作者必须经过专业培训并且能熟练操作，非专业人员勿动。

（3）在操作前必须确认一切正常后，再装夹工件。

（4）操作者必须熟悉机床使用说明书和机床的一般性能、结构，严禁超性能使用。

（5）工作前穿戴好个人的防护用品，长发（男、女）职工戴好工作帽，头发压入帽内，切削时戴防护眼镜，严禁戴手套。

（6）开机前要检查润滑油是否充裕、冷却液是否充足，发现不足应及时补充。

（7）打开数控铣床电器柜上的电器总开关。

（8）按下数控铣床控制面板上的"ON"按钮，启动数控系统，等自检完毕后进行数控铣床的强电复位。

（9）手动返回数控铣床参考点。首先返回 +Z 方向，然后返回 +X 和 +Y 方向。

（10）手动操作时，在 X 轴、Y 轴移动前，必须使 Z 轴处于安全位置，以免撞刀。

（11）数控铣床出现报警时，要根据报警号，查找原因，及时排除警报。

（12）更换刀具时应注意操作安全。在装入刀具时应将刀柄和刀具擦拭干净。

（13）在自动运行程序前，必须认真检查程序，确保程序的正确性。在操作过程中必须集中注意力，谨慎操作。运行过程中，一旦发生问题，及时按下复位按钮或紧急停止按钮。

（14）加工完毕后，应把刀架停放在远离工件的换刀位置。

（15）实习学生在操作时，旁观的同学禁止按控制面板的任何按钮、旋钮，以免发生意外及事故。

（16）严禁任意修改、删除机床参数。

（17）生产过程中产生的废机油和切削油，要集中存放到废液标识桶中，倾倒过程中防止滴漏到桶外，严禁将废液倒入下水道污染环境。

（18）关机前，应使刀具处于安全位置，把工作台上的切屑清理干净、把机床擦拭干净。

（19）关机时，先关闭系统电源，再关闭电器总开关。

（20）做好机床清扫工作，保持清洁，认真执行交接班手续，填好交接班记录。

【任务实施】

3.1.5　数控铣削工艺编制实例

3.1.5.1　零件图工艺分析

典型平面轮廓零件如图 3-1 所示，试对其进行数控铣削加工工艺分析：

（1）审查图纸：该案例零件图尺寸标注完整、正确，符合数控加工要求，加工部位清楚明确。

（2）零件结构工艺性分析：该零件材料为 45 号钢，结构对称的实心材料，部分工序已加工好，只要求数控铣削上表面、外轮廓、型腔和 ϕ20H8 的孔，工艺性好。

（3）零件图纸技术要求分析：该零件外轮廓的尺寸分别为 72 ± 0.04 和 71.5 ± 0.04，孔的尺寸精度为 IT8，表面粗糙度全部为 $Ra3.2$，精度要求一般。

3.1.5.2　加工工艺路线设计

A　加工方法选择

根据零件的要求,上表面采用端铣刀粗铣—精铣完成;其余表面采用立铣刀粗铣—精铣完成。

B　加工顺序确定

由于该零件有内外轮廓的加工,因此,在安排加工顺序时应内外轮廓交替进行加工,并且先型腔后外轮廓,故加工顺序为铣上表面、粗铣型腔和孔、粗铣外轮廓、精铣型腔和孔、精铣外轮廓,数控加工刀具卡见表3-4。

表 3-4　数控加工刀具卡

单位名称			工序号	程序编号	产品名称	零件名称	材料	零件图号
							45	
序号	刀具号	刀具名称	刀具规格		补偿值/mm		刀补号		备注
			直径	长度	半径	长度	半径	长度	
1	T01	面铣刀	φ125	实测					硬质合金
2	T02	键槽铣刀	φ16	实测					高速钢
3	T03	立铣刀	φ16	实测					高速钢
编制		审核		批准		年　月　日		共　页	第　页

C　机床选择

用于该工序的加工内容集中在水平面内,故选用立式数控铣床。

D　确定装夹方案

由于该零件为单件生产,外形为正方形,形状规则,宽度方向的尺寸为80mm,在平口钳的夹持范围内,故采用平口钳装夹。在装夹时,工件上表面高出钳口11mm左右。

E　刀具选择

加工上表面时,由于平面的尺寸有80mm×80mm,故选用φ125mm的面铣刀,齿数为8;加工外轮廓时,由于外轮廓没有内凹的轮廓,因此,可以选用较大的立铣刀来加工;加工型腔和孔时,最小的内凹圆弧为R10,因此,选用的刀具半径应小于10mm,同时,为了能够直接下刀,粗加工型腔和孔时选用φ16mm的键槽铣刀。为了减少换刀次数,在粗精加工外轮廓和精加工型腔和孔时选用φ16mm的3齿高速钢立铣刀。

F　确定加工路线

(1) 上表面加工路线。采用一次走刀把整个平面铣削一次,走刀路线略。

(2) 型腔粗、精加工走刀路线,如图3-44所示。

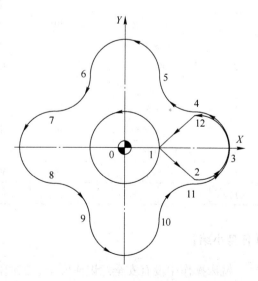

图 3-44　型腔粗、精加工走刀路线

（3）外轮廓粗、精加工走刀路线，如图 3-45 所示。

（4）孔精加工走刀路线，如图 3-46 所示。

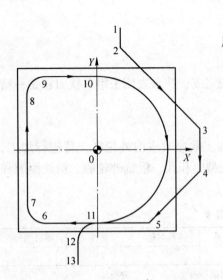

图 3-45　外轮廓粗、精加工走刀路线

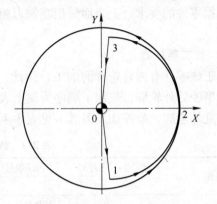

图 3-46　孔精加工走刀路线

G　选择切削参数（见表 3-4）

H　填写数控加工工艺文件

数控加工工序卡见表 3-5；数控加工工序简图如图 3-47 所示；数控加工程序单略。

表 3-5　数控加工工序卡

单位名称		产品名称	零件名称	材料	零件图号
				45	
工序号	程序编号	夹具名称	使用设备	车　间	
		机用平口钳			
工步号	工步内容	刀具号	主轴转速 /r·min⁻¹	进给速度 /mm·min⁻¹	背吃刀量 /mm	侧吃刀量 /mm	备　注
1	粗铣上表面	T01	180	140		80	
2	精铣上表面	T01	250	100		80	
3	粗铣型腔	T02	400	80			
4	粗铣 φ20H8 孔	T02	400	80			
5	粗铣外轮廓	T03	400	100			
6	精铣型腔至尺寸	T03	500	50			
7	精铣 φ20H8 孔至尺寸	T03	500	50			
8	精铣外轮廓至尺寸	T03	500	60			
编制	审核		批准		年　月　日	共　页	第　页

【任务小结】

铣床操作中没有安全意识或安全意识淡薄，安全知识缺乏和安全技能低下，多数情况下安全还停留在口头上，在设备使用中就容易发生安全事故。在实训教学中必须坚持安全

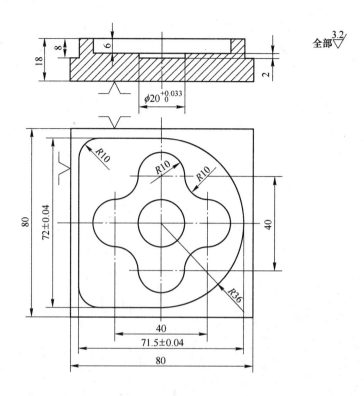

图 3-47　数控加工工序简图

第一、预防为主、综合治理的方针。

　　第一次铣床实训课，必须对学生进行安全教育，认真学习数控铣床维护与保养及数控铣床安全操作规程的相关知识，安全考试合格后方能上岗实习。

　　从实例出发，介绍了数控铣床的功能、分类、主要加工对象、数控铣床加工工艺的制订等，并介绍了典型零件的数控铣削加工工艺。重点应掌握数控铣床加工工艺的制订等内容。

　　数控铣削的工艺问题是数控加工中最复杂的，也是应用最广泛的加工方法。工艺设计应从普通加工出发，结合数控加工的特点进行学习。

【思考与训练】

　　1. 简述数控铣床的安全操作规程。

　　2. 数控铣床通用的日常维护保养要点有哪些？各有哪些工作内容？

　　3. 简述数控铣床的加工对象。

　　4. 数控铣床上安装工件毛坯的主要夹具有哪些？

　　5. 如图 3-48 所示为一连杆零件，由大小不同的两个圆组成，材料为铸铁，要求精加工其外形轮廓。试对该零件的进行数控铣削加工工艺分析。

　　6. 如图 3-49 所示为平面槽形凸轮零件，其外部轮廓尺寸已经由前道工序加工完，本工序的任务是在铣床上加工槽与孔。零件材料为 HT200，试对该零件的进行数控铣削加工工艺分析。

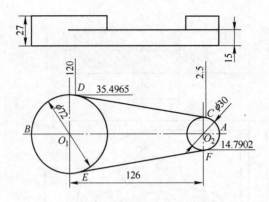

图 3-48　连杆零件图

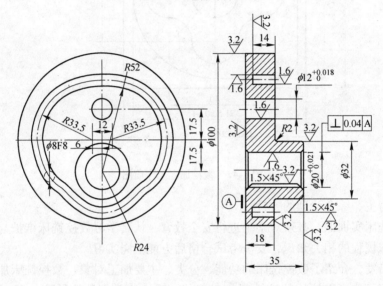

图 3-49　平面槽形凸轮零件

学习任务 3.2　平面的编程加工

【学习任务】

如图 3-50 所示零件，其材料为 45 钢。试编制加工平面的数控程序。

【任务描述】

1. 根据所给零件图能够编制平面铣削工艺。
2. 能选择平面铣削刀具并能正确对工件进行装夹。
3. 会建立坐标系及对刀。
4. 会简单使用 N、G、M、F、S、T 等程序字功能。
5. 会应用 G00、G01、G17、G18、G19、M 指令。

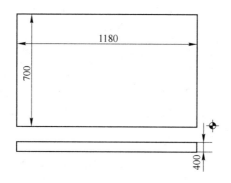

图 3-50　典型平面铣削加工

6. 会简单操作数控铣床及仿真软件进行程序的模拟。

7. 会测量平面铣削尺寸。

【知识准备】

3.2.1　FANUC 系统数控铣床编程的基本知识

3.2.1.1　程序编制的内容

数控加工是指在数控机床上进行零件加工的一种工艺方法。数控机床程序编制过程的主要内容包括：

（1）零件图的分析。

（2）数控机床的选择。

（3）工件装夹方法的确定。

（4）加工工艺的确定。

（5）刀具的选择。

（6）程序的编制。

（7）程序的调试。

从零件图的分析开始到零件加工完毕并测量。

3.2.1.2　程序编制的方法

A　手工编程

利用一般的计算工具，通过各种数学、几何方法，人工进行刀具轨迹的计算，并进行指令编制。这种方式比较简单，很容易掌握，适应性较大，但效率较慢。适用于中等复杂程度程序、计算量不大的零件编程，对机床操作人员来讲必须掌握。

B　自动编程

a　自动编程软件编程

利用通用的计算机及专用的自动编程软件，以人机对话方式确定加工对象和加工条件自动进行运算和指令生成。

专用软件多为在开放式操作系统环境下，在计算机上开发的，成本低、通用性强。

b　CAD/CAM 集成数控编程系统自动编程

它是利用 CAD/CAM 系统进行零件的设计、分析及加工编程。该种方法适用于制造业中的 CAD/CAM 集成编程数控系统，目前正被广泛应用。典型的 CAD/CAM 软件有 UGNX、Pro/E、MasteCAM、CAXA 等。该方式适应面广、效率高、程序质量好，适用于各类柔性制造系统（FMS）和集成制造系统（CIMS），但投资大，掌握起来需要一定时间。

手工编程和自动编程的比较见表 3-6。

表 3-6　手工编程和自动编程的比较

方法内容	手 工 编 程	自 动 编 程
数值计算	复杂、烦琐、人工计算工作量大	简便、快捷、计算机自动完成
出错率	容易出错，人工误差大	不易出错，计算机可靠性高
程序所占字节	小	大
制作控制介质	人工完成	计算机自动完成
所需设备	通用计算机辅助	专用 CAD/CAM 软件
对编程人员要求	必须具备较强的数学运算能力和编程能力	除具有较强的工艺、刀具等知识外，还应有较强的软件应用能力

3.2.1.3　编程规则及数据处理

A　绝对值编程和增量值编程

绝对坐标是指点的坐标值是相对于"工件原点"计算的。增量坐标又称为相对坐标，是指运动终点的坐标值是以变化的"前一点"的坐标为起点来计量的。

在编写程序时要根据零件图纸的加工精度要求及编程数据的计算方便与否来选用坐标类型。在编程时，绝对坐标与增量坐标可单独使用，也可混合使用。刀具运动轨迹如图 3-51 所示，已知刀具中心轨迹为"A→B→C"，使用绝对坐标方式与增量坐标方式时各动点的坐标分别为：

绝对值编程时：A(10,10)、B(35,50)、C(90,50)；

增量值编程时：B(25,40)、C(55,0)

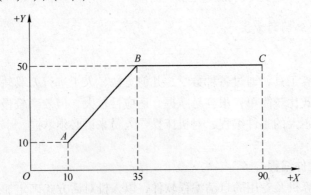

图 3-51　绝对、增量坐标

B　小数点编程

数控编程时，取决于系统的参数设置，可以使用小数点编程，每个数字都必须有小数点。也可使用脉冲数编程，数字中不写小数点。

C　续效性功能

大多数 G 指令和 M 指令都具有续效性功能，除非它们被同组中的指令取代或取消，否则一直保持有效。另外，当 X、Y、Z、F、S、T 字的内容不变时，下一个程序段会自动接受此内容，在此也可以认为其具有续效性功能。

D　数控编程的数据处理

a　基点坐标的计算

所谓基点就是指构成零件轮廓的各相邻几何要素的交点或切点，如两直线间的交点、直线与圆弧的交点或切点等。

b　节点坐标的计算

所谓节点就是在满足容差要求前提下，用若干插补线段（直线或圆弧）拟合逼近实际轮廓曲线时，相邻两插补线段的交点。

3.2.1.4　数控铣床编程的有关标准及术语

一个程序往往由许多程序段构成，程序段是构成加工程序的基本单位。程序段由一个或更多的词构成并以程序段结束符（EOB，ISO 代码为 LF，EIA 代码为 CR，屏幕上显示为"；"）作为结尾。

另外，一个程序段的开头可以有一个可选的顺序号 N×××× 用来标识该程序段，一般来说，顺序号有两个作用：一是运行程序时便于监控程序的运行情况，因为在任何时候，程序号和顺序号总是显示在 CRT 的右上角；二是在分段跳转时，必须使用顺序号来标识调用或跳转位置。必须注意，程序段执行的顺序只和它们在程序存储器中所处的位置有关，而与它们的顺序号无关，也就是说，如果顺序号为 N55 的程序段出现在顺序号为 N50 的程序段前面，也一样先执行顺序号为 N55 的程序段。如果某一程序段的第一个字符为"/"，则表示该程序段为条件程序段，即可选跳段开关在上位时，不执行该程序段，而可选跳段开关在下位时，该程序段才能被执行。

（1）程序的组成：一个完整的数控加工程序由程序名、程序体和程序结束三部分组成，如图 3-52 所示。

1）程序名：程序名是一个程序必需的标识符。

组成：由地址符后带若干位数字组成，后面所带的数字一般为 1～4 位。地址符常见的有："%"、"O"、"P"等，视具体数控系统而定。

例：国产华中Ⅰ型系统"%"，日本 FANUC 系统"O"。如：%0001，O0002。

2）程序体：它表示数控加工要完成的全部动作，是整个程序的核心。

组成：它由许多程序段组成，每个程序段由一个或多个指令构成。

3）程序结束：它是以程序结束指令 M02、M30 或 M99，结束整个程序的运行。

（2）程序段的格式。程序段中指令的排列顺序和书写规则，不同的数控系统往往有不同的程序段格式。一般是指在同一程序段中关于字母、数字、符号等各个信息代码的排列顺序和含义的规定表示方法。

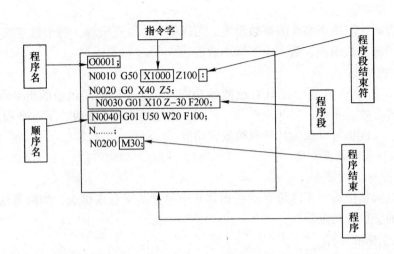

图 3-52　程序的结构

　　目前广泛采用地址符可变程序段格式（字地址程序段格式）。大多用于数控车、铣、加工中心等机床。程序段格式见表 3-7。

表 3-7　程序段格式

功　能	地　址	取 值 范 围	含　义
顺序号	N	1～9999	顺序号
准备功能	G	00～99	指定数控功能
尺寸定义	X, Y, Z	±99999.999mm	坐标位置值
	R		圆弧半径，圆角半径
	I, J, K	±9999.9999mm	圆心坐标位置值
进给速率	F	1～100,000mm/min	进给速率
主轴转速	S	1～4000r/min	主轴转速值
选　刀	T	0～99	刀具号
辅助功能	M	0～99	辅助功能 M 代码号
刀具偏置号	H, D	1～200	指定刀具偏置号
暂停时间	P, X	0～99999.999s	暂停时间（ms）
指定子程序号	P	1～9999	调用子程序用
重复次数	P, L	1～999	调用子程序用
参　数	P, Q	P 为 0～99999.999 Q 为 ±99999.999mm	固定循环参数

字地址格式有以下特点：

（1）程序段中的程序字的前后顺序并没有严格的排列顺序，但为了习惯性的编辑和修改，最好按上面的顺序来书写。

（2）有些功能字属模态指令，即具有续效性。所以前面程序段已指定的某些 G 功能、M 功能或 X、Y、Z、F、S、T 字的内容不变时，可以省略。

3.2.1.5　数控铣床的坐标轴与运动方向

标准坐标系采用右手直角笛卡尔定则，如图 3-53 所示。基本坐标轴 X、Y、Z 的关系及其正方向用右手直角定则判定。拇指指向为 X 轴，食指指向为 Y 轴，中指指向为 Z 轴，围绕 X、Y、Z 各轴的旋转运动及其正方向 +A、+B、+C 分别用右手螺旋定则判定，拇指为 X、Y、Z 的正向，四指弯曲的方向为对应的 A、B、C 的正向。

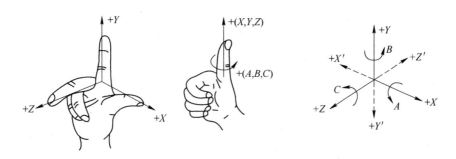

图 3-53　右手直角笛卡尔坐标系

ISO 标准规定：

（1）不论机床的具体结构，一律看作是刀具相对静止的工件运动。

（2）机床的直线坐标轴 X、Y、Z 的判定顺序是：先 Z 轴，再 X 轴，最后按右手定则判定 Y 轴。

（3）增大工件与刀具之间距离的方向为坐标轴正方向。

坐标轴判定的方法和步骤：

（1）Z 轴。规定平行于机床主轴轴线的坐标轴为 Z。对于有多个主轴或没有主轴的机床规定垂直于工件装夹面的轴为 Z 轴；对于能摆动的主轴，若在摆动范围内仅有一个坐标轴平行主轴轴线，则该轴即为 Z 轴。规定主轴箱向上的运动为 Z 轴正方向，主轴箱向下的运动为 Z 轴负方向。

（2）X 轴。对于刀具旋转的立式机床，规定水平方向为 X 轴方向，且当从刀具（主轴）向立柱看时，X 轴正向在右边；对于刀具旋转的卧式机床，规定水平方向仍为 X 轴方向，且从刀具（主轴）尾端向工件看时，右手所在方向为 X 轴正方向。

（3）Y 轴。Y 轴垂直于 X、Z 坐标轴。Y 轴的正方向根据 X 和 Z 坐标轴的正方向按照右手直角笛卡尔定则。

（4）旋转运动 A、B 和 C。A、B 和 C 表示其轴线分别平行于 X、Y 和 Z 坐标的旋转运动。A、B 和 C 的正方向可按右手螺旋定则确定。

（5）附加坐标轴的定义。如果在 X、Y、Z 坐标以外，还有平行于它们的坐标，则分别指定为 U、V、W。

3.2.1.6　数控铣床坐标系的原点与参考点

A　机床坐标系与机床原点、机床参考点

a　机床坐标系

机床坐标系是机床上固有的坐标系，是用来确定工件坐标系的基本坐标系，是确定刀具（刀架）或工件（工作台）位置的参考系，并建立在机床原点上。相对位置不变的机床坐标系的建立，是靠每次 NC 通电后的返回参考点的操作来完成的。参考点是机床上的一个固定的点，它的位置是由各轴的参考点开关和撞块位置以及各轴伺服电机的零点位置来确定。

数控装置通电时并不知道机床零点，每个坐标轴的机械行程是由最大和最小限位开关来限定的。

b　机床原点

数控机床都有一个基准位置，称为机床原点，是机床制造商设置在机床上的一个物理位置，其作用是使机床与控制系统同步，建立测量机床运动坐标的起始点。

c　机床参考点

也是机床上的一个固定点，不同于机床原点。机床参考点对机床原点的坐标是已知值，即可根据机床参考点在机床坐标系中的坐标值间接确定机床原点的位置。

回零操作后表明机床坐标系建立。

机床参考点可以与机床零点重合也可以不重合，通过参数指定机床参考点到机床零点的距离。

机床回到了参考点位置也就知道了该坐标轴的零点位置，找到所有坐标轴的参考点CNC 就建立起了机床坐标系。

B　工件坐标系与工件坐标系原点

a　工件坐标系

编程人员在编程时设定的坐标系，也称为编程坐标系。正常情况下编程人员开始编程时，并不知道被加工零件此时处在机床上的哪个位置，所编制的零件程序通常是以工件上的某个点作为零件程序的坐标系原点来编写加工程序，当被加工零件被装夹在机床工作台上以后再将 NC 所使用的坐标系的原点偏移到与编程使用的原点重合的位置进行加工。所以坐标系原点偏移功能对于数控机床来说是非常重要的。

b　工件坐标系原点

工件坐标系原点也称为工件原点或编程原点，由编程人员根据编程计算方便性、机床调整方便性、对刀方便性、在毛坯上位置确定的方便性等具体情况定义在工件上的几何基准点，一般为零件图上最重要的设计基准点。

工件原点选择：

（1）与设计基准一致。

（2）尽量选在尺寸精度高，粗糙度低的工件表面。

（3）最好在工件的对称中心上。

（4）要便于测量和检测。

C　对刀点

对刀点，即程序的起点，是数控加工时刀具相对工件运动的起点。对刀点不仅是程序的起点，往往也是程序的终点。为了加工方便，一般选取工件编程原点为对刀点。通常，采用绝对坐标系来检验对刀点距机床原点坐标值来检验对刀的精度。对刀点准确与否直接影响加工精度，找正方法的选择根据零件几何形状和零件加工精度要求来确定。一般有些企业为了提高找正精度或减少找正时间，常采用光学或电子式寻边器来进行找正。

在数控编程时对刀点选择应考虑以下几点：

（1）对刀点在数控机床上容易找正。

（2）加工过程中便于检查。

（3）引起的加工误差最小。

（4）尽量使零件的设计基准或定位基准重合。应便于对刀点的坐标值的计算。

（5）使程序编程简单。

（6）尽量使加工过程中进刀或退刀的路线最短，并便于换刀。

数控铣床上编程原点、机床原点和对刀点的关系如图 3-54 所示。

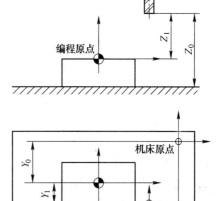

图 3-54 数控铣床的编程原点、机床原点和对刀点

3.2.1.7 工件坐标系的设置

A 选用机床坐标系（G53）

格式：（G90）G53X_Y_Z_；

该指令使刀具以快速进给速度运动到机床坐标系中 X、Y、Z 指定的坐标值位置，一般地，该指令在 G90 模态下执行。G53 指令是一条非模态的指令，也就是说它只在当前程序段中起作用。机床坐标系零点与机床参考点之间的距离由参数设定，无特殊说明，各轴参考点与机床坐标系零点重合。

B 使用预置的工件坐标系（G54 ～ G59）

在机床中，可以预置六个工件坐标系，通过在 CRT-MDI 面板上的操作，设置每一个工件坐标系原点相对于机床坐标系原点的偏移量，然后使用 G54 ～ G59 指令来选用它们，G54 ～ G59 都是模态指令，分别对应不同预置工件坐标系。

若在工作台上同时加工多个相同零件或一个较复杂的零件时，可以设定不同的程序零点，简化编程。见图 3-55，可建立 G54 ～ G59 共 6 个加工坐标系。其中：G54——加工坐标系 1，G55——加工坐标系 2，G56——加工坐标系 3，G57——加工坐标系 4，G58——加工坐标系 5，G59——加工坐标系 6。

不难看出，G54 ～ G59 指令的作用就是将 NC 所使用的坐标系的原点移动到机床坐标系中坐标值为预置值的点。在机床的数控编程中，插补指令和其他与坐标值有关的指令中的地址除非有特指外，都是指在当前坐标系中（指令被执行时所使用的坐标系）的坐标位置。大多数情况下，当前坐标系是 G54 ～ G59 中之一（G54 为上电时的初始模态），直接使用机床坐标系的情况不多。

使用 G54 ～ G59 建立工件坐标系时，指令可单独指定，也可与其他指令同段指定，如果该程序段中有移动指令（G00、G01）就会在社顶的坐标系中运动；G54 ～ G59 建立工件

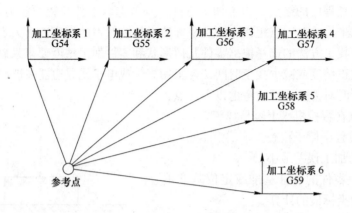

图 3-55　工件零点偏置

坐标系在机床重新开机后并不消失,并与刀具的起始位置无关。

　　C　可编程工件坐标系(G92)

　　功能:G92 指令是规定工件坐标系坐标原点(程序零点)的指令,并不驱使机床刀具或工作台运动。通过设定刀具起点相对于工件原点的相对位置来建立坐标系,需单独程序段。

　　格式:G92　X_Y_Z_;

　　说明:坐标值 X、Y、Z—指刀具起点相对于工件原点的坐标。在使用 G92 之前必须保证刀具处于对刀点,执行该程序段只建立工件坐标系,并不产生坐标轴移动;G92 建立的工件坐标系在机床重开机时消失。

　　建立如图 3-56 所示工件的坐标系,使用 G92 设定坐标系的程序为 G92　X30.0　Y30.0　Z20.0。

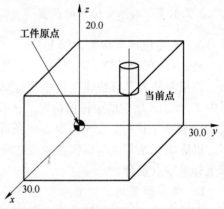

图 3-56　G92 设定工件坐标系

3.2.1.8　程序字说明

　　程序字是组成程序最基本的单元,它是由地址字符和相关数字符组成的。地址符的含义见表 3-8。

表 3-8　数控机床地址字符含义

地址字母	功　能	意　义
A	坐标字	绕 X 轴旋转角度尺寸
B	坐标字	绕 Y 轴旋转角度尺寸
C	坐标字	绕 Z 轴旋转角度尺寸
D	补偿号	刀具半径补偿指令
E		第二进给功能
F	进给速度	进给速度的指令

地址字母	功能	意义
G	准备功能	指令动作方式
H	补偿号	补偿号的指定
I	坐标字	圆弧中心 X 轴向坐标
J	坐标字	圆弧中心 Y 轴向坐标
K	坐标字	圆弧中心 Z 轴向坐标
L	重复次数	固定循环及子程序的重复次数
M	辅助功能	机床开/关指令
N	顺序号	顺序段序号
O	程序号	程序号、子程序程序号的指定
P		暂停或程序中某功能的开始使用的程序号
Q		固定循环终止段号或固定循环中的定距
R	坐标字	固定循环中的定距离或圆弧半径的指定
S	主轴功能	主轴转速指令
T	刀具功能	刀具编号指令
U	坐标字	与 X 轴平行的附加轴的增量坐标值或暂停时间
V	坐标字	与 Y 轴平行的附加轴的增量坐标值
W	坐标字	与 Z 轴平行的附加轴的增量坐标值
X	坐标字	X 轴的绝对坐标值或暂停时间
Y	坐标字	Y 轴的绝对坐标值
Z	坐标字	Z 轴的绝对坐标值

可编程功能：通过编程并运行这些程序而使数控机床能够实现的功能称之为可编程功能。一般可编程功能分为两类：一类用来实现刀具轨迹控制，即各进给轴的运动，如直线、圆弧插补、进给控制、坐标系原点偏置及变换、尺寸单位设定、刀具偏置及补偿等，这一类功能被称为准备功能，以字母 G 以及两位数字组成，也被称为 G 代码。另一类功能被称为辅助功能，用来完成程序的执行控制、主轴控制、刀具控制、辅助设备控制等功能。在这些辅助功能中，Txx 用于选刀，Sxxxx 用于控制主轴转速。其他功能由以字母 M 与两位数字组成的 M 代码来实现。

A　准备功能 G 代码

功能：规定机床运动线型、坐标系、坐标平面、刀具补偿、暂停等操作。

组成：G 后带二位数字组成，共有 100 种（G00～G99）。有模态（续效）指令与非模态指令之分。

例：G01，G02，G42，G90，G04，G17，G54 等。

常规数控铣床使用的所有准备功能见表 3-9。

表 3-9　准备功能 G 代码

G 代码	分　组	功　能
* G00	01	定位（快速移动）
* G01	01	直线插补（进给速度）
G02	01	顺时针圆弧插补
G03	01	逆时针圆弧插补
G04	00	暂停，精确停止
G09	00	精确停止
* G17	02	选择 XY 平面
G18	02	选择 ZX 平面
G19	02	选择 YZ 平面
G27	00	返回并检查参考点
G28	00	返回参考点
G29	00	从参考点返回
G30	00	返回第二参考点
* G40	07	取消刀具半径补偿
G41	07	左侧刀具半径补偿
G42	07	右侧刀具半径补偿
G43	08	刀具长度补偿 +
G44	08	刀具长度补偿 −
* G49	08	取消刀具长度补偿
G52	00	设置局部坐标系
G53	00	选择机床坐标系
* G54	14	选用 1 号工件坐标系
G55	14	选用 2 号工件坐标系
G56	14	选用 3 号工件坐标系
G57	14	选用 4 号工件坐标系
G58	14	选用 5 号工件坐标系
G59	14	选用 6 号工件坐标系
G60	00	单一方向定位
G61	15	精确停止方式
* G64	15	切削方式
G65	00	宏程序调用
G66	12	模态宏程序调用
* G67	12	模态宏程序调用取消
G73	09	深孔钻削固定循环
G74	09	反螺纹攻丝固定循环
G76	09	精镗固定循环
* G80	09	取消固定循环
G81	09	钻削固定循环
G82	09	钻削固定循环
G83	09	深孔钻削固定循环
G84	09	攻丝固定循环

G 代码	分　组	功　能
G85	09	镗削固定循环
G86	09	镗削固定循环
G87	09	反镗固定循环
G88	09	镗削固定循环
G89	09	镗削固定循环
* G90	03	绝对值指令方式
* G91	03	增量值指令方式
G92	00	工件零点设定
* G98	10	固定循环返回初始点
G99	10	固定循环返回 R 点

从表 3-9 中可以看到，G 代码被分为了不同的组，这是由于大多数的 G 代码是模态的，所谓模态 G 代码，是指这些 G 代码不只在当前的程序段中起作用，而且在以后的程序段中一直起作用，直到程序中出现另一个同组的 G 代码为止，同组的模态 G 代码控制同一个目标但起不同的作用，它们之间是不相容的。00 组的 G 代码是非模态的，这些 G 代码只在它们所在的程序段中起作用。标有 * 号的 G 代码是上电时的初始状态。对于 G01 和 G00、G90 和 G91 上电时的初始状态由参数决定。如果程序中出现了未列在上表中的 G 代码，CNC 会显示报警。同一程序段中可以有几个 G 代码出现，但当两个或两个以上的同组 G 代码出现时，最后出现的一个（同组的）G 代码有效。在固定循环模态下，任何一个 01 组的 G 代码都将使固定循环模态自动取消，成为 G80 模态。

B　辅助功能 M 代码

功能：在机床中，M 代码分为两类：一类由 NC 直接执行，用来控制程序的执行；另一类由 PMC 来执行，控制主轴、ATC 装置、冷却系统。M 代码表见表 3-12。

组成：M 后带二位数字组成，共有 100 种（M00~M99）。有模态（续效）指令与非模态指令之分。

例：M02，M30，M07，M98 等。

可供用户使用的 M 代码见表 3-10。

表 3-10　辅助功能 M 代码

M 代码	功　能	M 代码	功　能
M00	程序停止	M09	冷却关
M01	条件程序停止	M18	主轴定向解除
M02	程序结束	M19	主轴定向
M03	主轴正转	M29	刚性攻丝
M04	主轴反转	M30	程序结束并返回程序头
M05	主轴停止	M98	调用子程序
M06	刀具交换	M99	子程序结束返回/重复执行
M08	冷却开		

一般地，一个程序段中，M 代码最多可以有一个。

用于程序控制的 M 代码有 M00、M01、M02、M30、M98、M99，其功能分别讲解如下：

（1）暂停指令 M00。NC 执行到 M00 时，中断程序的执行，按循环起动按钮可以继续执行程序。

（2）条件程序停止指令 M01。NC 执行到 M01 时，若 M01 有效开关置为上位，则 M01 与 M00 指令有同样效果，如果 M01 有效开关置下位，则 M01 指令不起任何作用。

（3）程序结束指令 M02。遇到 M02 指令时，NC 认为该程序已经结束，停止程序的运行并发出一个复位信号。

（4）程序结束并返回程序头指令 M30。在程序中，M30 除了起到与 M02 同样的作用外，还使程序返回程序头。

（5）子程序指令 M98、M98 调用子程序；M99 子程序结束，返回主程序。

C　F、S、T 功能代码

（1）F：进给速度，单位：mm/min，mm/r。数控机床的进给一般可以分为两类：快速定位进给和切削进给。快速定位进给在指令 G00、手动快速移动以及固定循环时的快速进给和点位之间的运动时出现。快速定位进给的速度是由机床参数给定的，并可由快速倍率开关加上 100%、50%、25% 及 F0 的倍率。快速定位进给时，参与进给的各轴之间的运动是互不相关的，分别以自己给定的速度运动，一般来说，刀具的轨迹是一条折线。切削进给出现在 G01、G02/03 以及固定循环中的加工进给的情况下，切削进给的速度由地址 F 给定。在加工程序中，F 是一个模态的值，即在给定一个新的 F 值之前，原来编程的 F 值一直有效。切削进给的速度是一个有方向的量，它的方向是刀具运动的方向，模（即速度的大小）为 F 的值。参与进给的各轴之间是插补的关系，它们的运动的合成即是切削进给运动。切削进给的速度还可以由操作面板上的进给倍率开关来控制，实际的切削进给速度应该为 F 的给定值与倍率开关给定倍率的乘积。

（2）S：主轴转速，单位：r/min。一般机床主轴转速范围是 20 ~ 6000r/min（转每分）。主轴的转速指令由 S 代码给出，S 代码是模态的，即转速值给定后始终有效，直到另一个 S 代码改变模态值。主轴的旋转指令则由 M03 或 M04 实现。

（3）T、D 指令：指定刀具号和刀具长度、半径存放寄存器号指令。组成：T、D 后跟两位数字，如 T01、D02 等。其中数字分别表示存放在库中的刀具号和刀具长度、半径补偿寄存器号。机床刀具库使用任意选刀方式，即由两位的 T 代码 T×× 指定刀具号而不必管这把刀在哪一个刀套中，地址 T 的取值范围可以是 1 ~ 99 之间的任意整数，在 M06 之前必须有一个 T 码，如果 T 指令和 M06 出现在同一程序段中，则 T 码也要写在 M06 之前。

D　尺寸指令

指定的刀具沿坐标轴移动方向和目标位置的指令 X、Y、Z、U、V、W 指令指定沿直线坐标轴移动方向和目标位置指令。

组成：后带符号的数字组成。如 X58.0、Y-100.0、Z50.0 等，其中数字表示沿由字母指定的坐标轴运动的目标位置值，符号表示运动的方向。

单位：mm、μm（公制）或 inch（英制）。视用户选定的编程单位而定。

A、B、C 指令：指定沿回转坐标轴移动方向和目标位置指令。

组成：后带符号的数字组成。如 A10、C-30 等，其中数字表示沿由字母指定的坐标轴运动的目标位置值，符号表示运动的方向。

单位：度（°）、弧度。视用户选定的编程单位而定。

E I、J、K、R 指令

圆弧插补圆心位置和半径指定指令。

组成：后带符号的数字组成。如 I30.0、J20.0、R15.0 等，其中带符号数字表示圆心位置和半径值。

单位：mm、μm(米制)或 in(英制)。视用户选定的编程单位而定。

3.2.2 数控铣削常用程序模式

数控铣床工作的过程就是把用各类指令和坐标写成的程序编译成机床能够识别的代码，使其能够按照编程人员所设计的移动轨迹来运行，实现工件的加工。程序指令有两大基本任务，一类是控制刀具移动轨迹，另一类则是设置参数，包括工件坐标系的设定、刀补、坐标的单位设置、坐标的绝对和增量表方式以及切削用量等。

程序在执行上述两类任务的时候，一般都按开始部分、切削部分和结束部分来进行。

3.2.2.1 开始部分

开始部分主要是对程序的各类设置，主要包括：坐标系的设定、长度补偿和半径补偿（视加工情况而定）主轴转速和进给量。另可设置可不设置的有：加工平面（开机默认 XY 平面）、绝对和增量坐标（开机默认绝对值编程）、进给量单位（开机默认 mm/min）、公制英制（开机默认公制单位）。一般称作程序初始化状态设定，包括：G90 G80 G40 G17 G49 G21。其中：G90—绝对值方式；G80—取消固定循环；G40—取消刀具半径补偿；G17—选择 XY 平面；G49—取消刀具长度补偿；G21—公制单位输入选择。

3.2.2.2 切削部分

切削部分主要是根据编程人员编制的刀具路线进行走刀，切削加工各类形状和部位。如直线插补、圆弧插补以及加工各类孔加工循环。

3.2.2.3 结束部分

结束部分的主要任务有撤销所建的刀补（如半径补偿、长度补偿和孔加工循环的取消）、主轴停、冷却液停、退刀、程序结束等动作。

几种典型工步程序的结构见表 3-11 ~ 表 3-14。

表 3-11 铣轮廓

程 序 符 号	程 序 说 明
O××× ×	程序名
G54 G90 G00 X_Y_; S_M03; G43/G44 Z120 H_; G01 Z_F800 M08; G01 G41/G42 X_Y_D_F_;	开始部分(前五程序段)：建立工件坐标系，设定绝对、增量坐标，建立刀具长度补偿，建立刀具半径补偿，设定主轴转速与进给量，主轴启动，冷却液开，刀具平移，下刀，切入

程 序 符 号	程 序 说 明
G01/G02(G03)X_Y_(R)； …… ……	切削部分：刀具根据被加工零件轮廓进行走刀，并执行刀补
G01 G40 X_Y_； Z120 F800 M09； G00 G49 Z200 M05； M30；	结束部分(后五程序段)：撤销刀具半径补偿，撤销长度补偿，主轴停，冷却液关，刀具切出工件，中速抬刀，快速抬刀，程序结束

表 3-12　铣型腔

程 序 符 号	程 序 说 明
O××××	程序名
G54 G90 G00 X_Y_； S_M03； G43/G44 Z120 H_； G01 Z_F800 M08；	开始部分(前四程序段)：建立工件坐标系，设定绝对、增量坐标，建立刀具长度补偿，设定主轴转速与进给量，主轴启动，冷却液开，刀具平移，下刀
G01/G02(G03)X_Y_(R)F_； …… ……	切削部分：刀具根据被加工零件轮廓进行走刀
Z120 F800 M09； G00 G49 Z200 M05； M30；	结束部分(后四程序段)：撤销长度补偿，主轴停，冷却液关，中速抬刀，快速抬刀，程序结束

表 3-13　钻孔

程 序 符 号	程 序 说 明
O××××	程序名
G54 G90 G00 X_Y_； S_M03； G43/G44 Z120 H_；	开始部分(前三程序段)：建立工件坐标系，设定绝对、增量坐标，建立刀具长度补偿，设定主轴转速与进给量，主轴启动，冷却液开，刀具平移，下刀
G81 X_Y_Z_R_F_； …… ……	切削部分：刀具根据被加工孔类型进行固定循环
G80 G49 Z200； M05； M09 M30；	结束部分(后四程序段)：撤销长度补偿，主轴停，冷却液关，快速抬刀，程序结束

表 3-14　铣曲面

程 序 符 号	程 序 说 明
O××××	程序名
G54 G90 G00 X_Y_； S_M03； G43/G44 Z120 H_； G01 Z_F800 M08；	开始部分(前四程序段)：建立工件坐标系，设定绝对、增量坐标，建立刀具长度补偿，设定主轴转速与进给量，主轴启动，冷却液开，刀具平移，下刀

续表 3-14

程序符号	程序说明
G01/G02(G03)X_Y_(R)F_; …… ……	切削部分:刀具根据被加工零件轮廓进行走刀
Z120 F800 M09; G00 G49 Z200 M05; M30;	结束部分(后四程序段):撤销长度补偿,主轴停,冷却液关,快速抬刀,程序结束

3.2.3 数控铣床平面加工常用指令

3.2.3.1 快速定位 (G00) 和直线加工 (G01)

A 快速定位 (G00/G0)

格式:G00 X_Y_Z_;

功能:只能快速定位,不能切削加工,可以同时指令一轴、两轴或三轴,如图 3-57 所示。

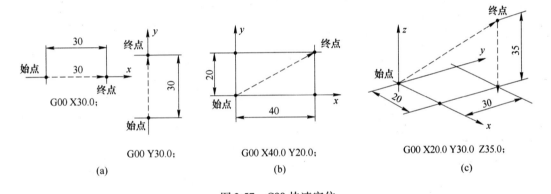

图 3-57 G00 快速定位

(a) 同时 1 轴运动;(b) 同时 2 轴运动;(c) 同时 3 轴运动

说明:

(1) X、Y、Z 指令坐标:在 G90 时为目标点在工件坐标系中的坐标;在 G91 时为目标点相对于当前点的位移量。

(2) 不指定参数 X、Y、Z,刀具不移动,系统只改变当前刀具移动方式的模态为 G00。

(3) 进给速度 F 对 G00 指令无效,快速移动的速度由系统内部参数确定。

(4) G00 一般用于加工前的快速定位或加工后的快速退刀,通常用虚线表示刀具轨迹。

注意在执行 G00 指令时,例如 G90 G00 X160.0 Y110.0,由于各轴以各自速度移动,不能保证各轴同时到达终点,因而联动直线轴的合成轨迹不一定是直线,如图 3-58 所示。所以操作者必须格外小心,以免刀具与

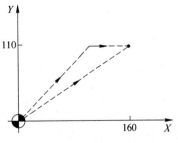

图 3-58 快速点定位刀具轨迹

工件发生碰撞。常见的做法是将 Z 轴移动到安全高度，再放心地执行 G00 指令。

B　直线插补指令（G01/G1）

格式：G01　X＿　Y＿　Z＿　F＿；

功能：可以同时指令一轴、两轴或三轴直线进给。

例：在立式数控铣床上按图 3-59 所示的走刀路线铣削工件上表面，已知主轴转速 300r/min，进给量为 120mm/min，试编制加工程序。

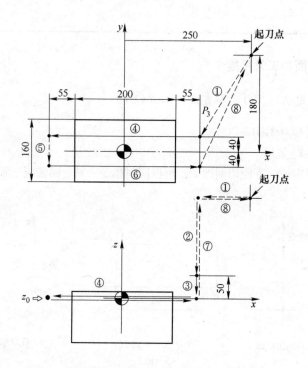

图 3-59　铣削工件上表面走刀路线

O3001；

G90 G54 G00 X155.0 Y40.0 S300；

G00 Z50.0 M03；

Z0；

G01 X-155.0 F120；

G00 Y-40.0；

G01 X155.0；

G00 Z300.0 M05；

X250.0 Y180.0；

M30；

说明：

（1）X、Y、Z 指令坐标：在 G90 时为终点在工件坐标系中的坐标；在 G91 时为终点相对于当前点的位移量。

（2）F 指定的进给速度，直到新的 F 值被指定之前一直有效，因此无需对每个程序段

都指定 *F*。其单位为 mm/min。

（3）当 G01 后不指定定位坐标时刀具不移动，系统只改变当前刀具移动方式的模态为 G01。

（4）G01 可在切削加工时使用，通常用实线表示刀具轨迹。

例：图 3-60 所示刀具从 *A* 点开始沿直线移动到 *B* 点，可分别用绝对值方式（G90）和相对值方式（G91）编程。

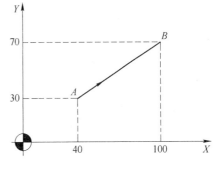

　　G90 G01 X100.0 Y70.0 F200；　　　　A→B
　　或 G91 G01 X60.0 Y40.0 F200；

图 3-60　直线插补

3.2.3.2　坐标平面选择 G17，G18，G19

格式：G17—XY 平面（开机默认）

　　　　G18—ZX 平面

　　　　G19—YZ 平面

该指令选择一个平面，在此平面中进行圆弧插补和刀具半径补偿。G17 选择 *XY* 平面，G18 选择 *ZX* 平面，G19 选择 *YZ* 平面。移动指令与平面选择无关。例如在规定了 G17　Z_ 时，*Z* 轴照样会移动。G17、G18、G19 为模态功能，可相互注销，G17 为默认状态。在计算刀具长度补偿和刀具半径补偿时必须首先确定一个平面，即确定一个两坐标轴的坐标平面，在此平面中可以进行刀具半径补偿。

3.2.3.3　暂停（G04）

格式：G04P_;或 G04X_;

作用：在两个程序段之间产生一段时间的暂停。

地址 P 或 X 给定暂停的时间，以毫秒或秒为单位，范围是 0.001～9999.999。如果没有 P 或 X，G04 在程序中的作用与 G09 相同。

3.2.3.4　关于参考点的指令（G27、G28、G29 及 G30）

A　参考点返回检查（G27）

格式：G27　IP_;

该命令使被指令轴以快速定位进给速度运动到 IP 指令的位置，然后检查该点是否为参考点，如果是，则发出该轴参考点返回的完成信号（点亮该轴的参考点到达指示灯）；如果不是，则发出一个报警，并中断程序运行。

在刀具偏置的模态下，刀具偏置对 G27 指令同样有效，所以一般来说执行 G27 指令以前应该取消刀具偏置（半径偏置和长度偏置）。在机床闭锁开关置上位时，NC 不执行 G27 指令。

B　自动返回参考点（G28）

格式：G28IP_;

该指令使指令轴以快速定位进给速度经由 IP 指定的中间点返回机床参考点，中间点的指定既可以是绝对值方式的也可以是增量值方式的，这取决于当前的模态。一般地，该指令用于整个加工程序结束后使工件移出加工区，以便卸下加工完毕的零件和装夹待加工的零件。

为了安全起见，在执行该命令以前应该取消刀具半径补偿和长度补偿。

执行手动返回参考点以前执行 G28 指令时，各轴从中间点开始的运动与手动返回参考点的运动一样，从中间点开始的运动方向为正向。

G28 指令中的坐标值将被 NC 作为中间点存储，另一方面，如果一个轴没有被包含在G28 指令中，NC 存储的该轴的中间点坐标值将使用以前的 G28 指令中所给定的值。

例如：

N1　　X20.0　　Y54.0;

N2　　G28　　X-40.0　　Y-25.0;　　　　　中间点坐标值(-40.0,-25.0)

N3　　G28　　Z31.0;　　　　　　　　　　中间点坐标值(-40.0,-25.0,31.0)

该中间点的坐标值主要由 G28 指令使用。

C　　从参考点自动返回（G29）

格式:G29 IP_;

该命令使被指令轴以快速定位进给速度从参考点经由中间点运动到指令位置，中间点的位置由以前的 G28 或 G30 指令确定。一般地，该指令用在 G28 或 G30 之后，被指令轴位于参考点或第二参考点的时候。

在增量值方式模态下，指令值为中间点到终点（指令位置）的距离。

D　　返回第二参考点（G30）

格式:G30　　IP_;

该指令的使用和执行都和 G28 非常相似，唯一不同的就是 G28 使指令轴返回机床参考点，而 G30 使指令轴返回第二参考点。G30 指令后，和 G28 指令相似，可以使用 G29 指令使指令轴从第二参考点自动返回。

第二参考点也是机床上的固定点，它和机床参考点之间的距离由参数给定，第二参考点指令一般在机床中主要用于刀具交换，因为机床的 Z 轴换刀点为 Z 轴的第二参考点，也就是说，刀具交换之前必须先执行 G30 指令。用户的零件加工程序中，在自动换刀之前必须编写 G30，否则执行 M06 指令时会产生报警。被指令轴返回第二参考点完成后，该轴的参考点指示灯将闪烁，以指示返回第二参考点的完成。机床 X 轴和 Y 轴的第二参考点出厂时的设定值与机床参考点重合。

【任务实施】

3.2.4　数控铣床面板介绍及操作

3.2.4.1　认识数控铣床操作面板

操作面板由 NC 系统生产厂商 FANUC 公司提供，其中 CRT 是阴极射线管显示器的英文缩写（Cathode Radiation Tube），而 MDI 是手动数据输入的英文缩写（Manual Date Input）。

A　CRT/MDI 操作面板

FANUC 0i-MC 系统数控铣床操作面板如图 3-61 所示。它是由 CRT 显示器和 MDI 输入面板两部分组成的。各按钮功能见表 3-15。

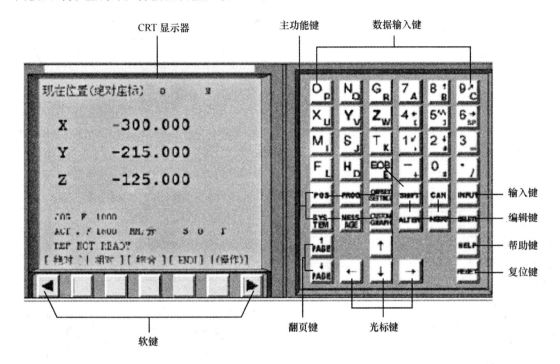

图 3-61　FANUC 0i-MC 系统数控铣床 CRT/MDI 操作面板

表 3-15　MDI 面板上键的详细说明

键的英文标识	名　称	详　细　说　明
POS	位置显示功能键	在屏幕（CRT）上显示刀具现在位置，可以用机床坐标系、工件坐标系、增量坐标及刀具运动中距指定位置的剩下的移动量等四种不同的方式表示
PRGRM	程序功能键	在编辑方式下，编辑和显示在内存中的程序，可进行程序的编辑、检索、及通信；在 MDI 方式，可输入和显示 MDI 数据，执行 MDI 输入的程序；在自动方式可显示运行的程序和指令值进行监控
MENU/OFSET	偏置量设定功能键	刀具偏置量设置和宏程序变量的设置与显示；工件坐标系设定页面；刀具磨损补偿值设定页面等
DGNOS/PARAM	自诊断和参数功能键	设定和显示运行参数表，这些参数供维修使用，一般禁止改动；显示自诊断数据
OPR/ALARM	报警号显示功能键	该功能键主要用于出现的警告信息的显示。每一条显示的警告信息都按错误编号进行分类，可按该编号去查找其具体的错误原因和消除的方法
AUX/GRAPH	图形显示功能键	模拟的显示及显示图形有关参数设定
RESET	复位键	用于解除报警，CNC 复位

续表 3-15

键的英文标识		名　称	详　细　说　明
START		程序启动或数据的输出	按下此键，CNC 开始输出内存中的参数或程序到外部设备
INPUT		输入键	除程序编辑方式以外，当按下面板上字母或数字键以后，必须按下此键才能输入到 CNC 内；通信时按下此键，启动输入设备，开始输入
CUROR ↓ ↑		光标移动键	按下此键时，光标按所示方向移动
PAGE ↓ ↑		页面变换键	按下此键时，用于在屏幕上选择不同的页面（依据箭头方向，前一页、后一页）
程序编辑键	DELET	删除键	编辑时用于删除在程序中光标指示位置字符或程序
	ALTER	修改键	编辑时在程序中光标指示位置修改字符
	INSERT	插入键	编辑时在程序中光标指示位置插入字符
	EOB	段结束符	按此键则一个程序段结束
	CAN	取消键	按下此键，删除上一个输入的字符或字母
数据键（15 个）		地址/数字键	输入数字和字母
软　键			软键功能是叮变的，在不同的方式下软键功能依据 CRT 画面最下方显示的软键功能提示

B　机床操作面板

机床操作面板如图 3-62 所示，该面板位于 CRT 显示器的下方，主要用于控制机床的运动状态，由模式选择按钮、运行控制开关等多个部分组成，各主要按钮的功能介绍如下。

a　方式选择开关（MODE SELECT）

用于选择机床操作方式。在操作机床时必须选择与之对应的工作方式，否则机床不能工作。一般的系统把机床的操作分为九种方式：即编辑（EDIT）、自动（AUTO）、手动数据输入（MDI）、手轮（HANDLE）、手动连续进给（JOG）、快速（RAPID）、回零（ZERO）、纸带（TAPE）、示教（TEACH. H）。

b　进给速率修调（FEEDRATE OVERRIDE）

也称为进给速率倍率。它有两种用途：自动运行方式时，程序中用 F 给定进给速度，用此开关可以从 0% ~150% 的百分率修调在程序中给定的进给速度；手动方式时，用此开关选择手动进给速度。

c　主轴速率修调（SPINDLE SPEED OVERRIDE）

也称为主轴进给速率倍率。在自动或手动时，从 50% ~120% 修调主轴转速。

d　手轮轴选择（AXIS SELECT）

在手轮工作方式下，每次只能操纵一个轴运动，用此开关选择用手轮移动的轴。

e　手脉倍率开关（HANDLE MULTIPLIER）

用于手轮方式，选择发生脉冲数的倍率，即手轮每转一格，发生的脉冲数，一个脉冲当量为 0.001mm。例如选 "×100" 挡，手轮转一格发生 100 个脉冲，刀具移动 "100 ×

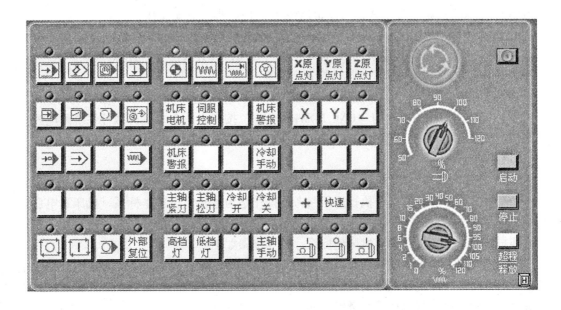

图 3-62　FANUC 0i-MC 数控铣床标准机床操作面板

0.001mm"的距离。

　　f　手摇脉冲发生器（MANUAL PULSE GENERATOR）

　　当工作方式为手脉或示教方式时，转动手脉可以正方向或负方向进给各轴。

　　g　面板上的指示灯

　　（1）机床（MACHINE）。

　　电源灯（POWER）：当电源开关合上后，该灯亮。

　　准备好灯（READY）：当机床复位按钮按下后，机床无故障时灯亮。

　　（2）报警（ALARM）。

　　主轴灯（SPINDLE）：主轴报警指示。

　　控制器（CNC）：控制器（CNC）报警指示。

　　润滑灯（LUBE）：润滑泵液面低报警指示。

　　（3）回零（HOME）：分别指示各轴回零结束，灯亮表示该轴刀具已回参考点（回零）。

3.2.4.2　数控铣床基本操作

　　当加工程序编制完成之后，就可操作机床对工件进行加工。下面介绍数控铣床的一些基本操作方法。

　　A　电源的接通与断开

　　a　接通电源

　　（1）在机床电源接通之前，检查电源的柜内空气开关是否全部接通，将电源框门关好后，方能打开机床主电源开关。

　　（2）在操作面板上按 CNC POWER ON 按钮，接通数控系统的电源。

　　（3）按下机床 RESET 按钮使铣床复位。

（4）当 CRT 屏幕上显示 X、Y、Z 的坐标位置时，即可开始工作。

b　断开电源

（1）当自动工作循环结束，自动循环按钮 "CYCLE START" 的指示灯熄灭。

（2）检查机床运动部件是否都已停止运动。

（3）如果有外部的输入、输出设备连接到机床上，请先关掉外部输入、输出设备的电源。

（4）持续按操作面板上的 "CNC POWER OFF" 按钮大约 5s，断开数控系统的电源。

（5）最后切断电源柜上的机床电源开关。

B　手动操作

a　手动返回参考点操作

参考点又称为机械零点。执行返回参考点操作是为了建立机床坐标系。机床通电后刀具的位置是随机的，CRT 显示的坐标值也是随机的，必须进行手动返回参考点操作，系统才能捕捉到刀具的位置，建立机床坐标系。操作步骤如下：

（1）将方式选择开关（MODE）置于回零（ZERO）位置。在 ZERO 方式下分别按下各轴进给方向钮，可使各轴分别移动到参考点位置。为防止碰撞，应先操作 Z 轴，使其先回参考点，然后操作其他轴回参考点。

（2）按一下 +Z 钮，则 Z 轴会向正方向移动。此时 Z 轴回零指示灯闪烁，直到 Z 轴移动到参考点时才停止闪烁，Z 轴回零指示灯亮，表明 Z 轴回到参数点，这时 Z 轴机械坐标值为 0。

（3）Y、X 轴动作方式与 Z 轴相同。注意：在进行回参考点之前，请在 HANDLE、JOG 方式或 RAPID 方式下，将各轴位置移动离开各轴原点 100mm 以上。

b　手动连续进给操作

用按动按钮的方法使 X、Y、Z 之中任一坐标轴按调定速度进给或快速进给。操作步骤如下：

（1）转动方式选择开关（MODE）置于手动（JOG）位置。

（2）调进给速率修调开关，选择进给速率。通过旋钮，进给速率可以在 $0 \sim 1260$mm/min 内选定，进给误差范围为 ±3%。

（3）按进给方向钮则开始移动，松开则停止。例如按 "$-X$" 钮，则 X 轴以调定的进给速度向 $-X$ 方向移动，松开按钮，停止进给。Y、Z 轴操作方式与 X 轴相同。

（4）快速进给操作。如果 MODE 选择在快速（RAPID）位置：按下进给方向钮，刀具以快速进给速度移动。可以通过快速速率修调开关改变快速进给速度的大小，从开关的标注上可看出，它是按百分率调整快速进给速度（在 $0\% \sim 100\%$ 范围内）。

c　手摇脉冲发生器（HANDLE）进给操作

手摇脉冲发生器又称为手轮，摇动手轮，使 X、Y、Z 任一坐标轴移动，其操作方法如下：

（1）旋转 MODE 旋钮置于 "手轮"（HANDLE）位置，在这个方式下，可以用手摇脉冲发生器使各轴移动。

（2）选择移动轴。使用手摇轮时每次只能单轴操作，移动轴选择旋钮用来选择手摇脉冲发生器操作轴。

（3）选择移动增量。通过倍率选择，手摇轮旋转一格，轴向移动位移可为 0.001mm/0.01mm/0.1mm。

（4）摇动手摇脉冲发生器。手摇轮顺时针（CW）旋转，所移动轴向该轴的 " + " 坐标方向移动，手摇轮逆时针（CCW）旋转，则移动轴向"−"坐标方向移动。

d　主轴转动手动操作

方法如下：

（1）将方式选择开关置于在手动操作模式（含 HANDLE、RAPID、JOG、ZERO）。

（2）可由下列三个按键控制主轴运转。

主轴正转按钮：CW，正转时按键内的灯会亮。

主轴反转按钮：CCW，反转时按键内的灯会亮。

主轴停止按键：STOP，手动模式时按此钮，主轴停止转动，任何时候只要主轴没有转动，这个按键内的灯就会亮，表示主轴在停止状态。

C　自动运行

自动加工可根据加工程序的大小，分两种运行模式进行。当加工程序的容量不超过数控系统的内存容量，可以将加工程序全部输入数控系统的内存中，实现自动加工。当加工程序的容量大于数控系统的内存，此时可采用计算机和数控系统联机的方式自动加工（即DNC 运行）。

a　单机自动加工

（1）存储器运行。在自动方式下按下述步骤操作：

1）把加工程序输入到内存。

2）选择要执行的程序。

3）方式选择开关置于"自动"（AUTO）位置。

4）按循环启动钮，开始按程序自动加工，此时钮内的灯亮。

（2）MDI 运行。MDI（Manual Data Input）即手动数据输入。该功能允许手动输入一个命令或几个程序段（最多 10 个程序段），按循环启动钮，则立刻运行。使用该功能可改变当前指令模态，也可实现指令动作。例如：

输入"G56"可将当前坐标系变为 G56 指定的工件坐标系。

输入"M03"可启动主轴正传。

输入"G00X200. Y100."可使 X、Y 轴快速进给。

MDI 方式下的程序输入要将方式选择扭置于 MDI 位置。按 PRGRM 键，则 MDI 画面显示如图 3-63 所示。

MDI 程序制作应注意以下几点：

1）程序号码 O0000 自动输入。

2）程序编辑方式同 EDIT 编辑方式。

3）程序最后一单段是 M02 或 M30，该指令可自动复位（RESET）暂存的资料，避免影响后续操作和发生程序执行错误。

4）编辑好的程序，想全部消除可输入地址 O 再按 DELETE 或 RESET 键。

运行 MDI 程序是将光标置于程序起头（也可由中途操作），按循环启动钮 CYCLE START 则可开始执行程序。执行到程序结束指令 M02/M30 或 %，则所制作的程序自动消失（即暂存复位）。

b　联机自动加工（DNC 运行）

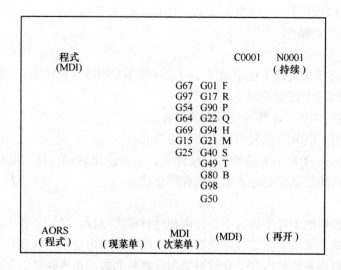

图 3-63　MDI 显示页面

操作步骤：

（1）选用一台计算机，安装专用程序传输软件，根据数控系统对数控程序传输的具体要求，设置传输参数。

（2）通过 RS-232 串行端口将计算机和数控系统连接起来。

（3）将数控系统设置成 DNC 操作方式。

（4）按下数控系统操作面板上的 INPUT 键，准备接收程序。

（5）在计算机上选择要传输的加工程序，按下传输命令。

（6）按下数控铣床循环启动键，联机自动加工开始。

D　刀具偏置的设定

刀具偏置的设定包括刀具长度偏置量与刀具半径偏置量的设定。操作步骤如下：

（1）按功能键 MENU/OFSET。

（2）按软键盘"OFSET"，进入刀具偏置设定画面，如图 3-64 所示。

（3）移动光标到要输入或修改的偏置号。

（4）键入偏置量。

（5）按输入键盘 INPUT。

E　程序的输入、检索和编辑

a　程序的输入

将编制好的加工程序输入到数控系统中去，以实现机床对工件的自动加工。程序的输入方法有两种：一种通过 MDI 键盘输入（多为手工编程）；另一种是通过微机 RS232 接口由微机传送到机床数控系统的存储器中（多为自动编程）。

（1）MDI 键盘输入步骤如下：

1）把方式旋钮开关放到编辑方式上。

2）按 PRGRM 程序键。

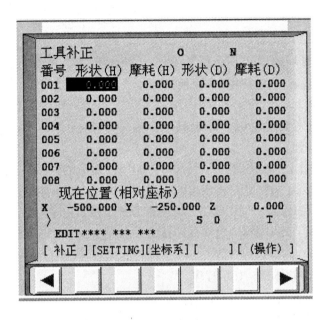

图 3-64　刀具偏置量设定页面

3）输入地址 O。

4）输入程序号，按 INSERT 键。

5）依次输入各程序段，每输入一个程序段后，按 EOB 键，再按 INSERT 键，直到全部程序段输入完毕。

（2）微机传送程序输入步骤如下：

1）选择 DNC 方式。

2）按程序键，显示程序画面。

3）按下数控系统操作面板上的 INPUT 键，准备接收程序。

4）在计算机上选择要传输的加工程序，按下传输命令。

b　程序与程序段序号的检索

（1）程序的检索。当存储器存入多个程序时，按 PRGRM 程序键时，总是显示指针指向的一个程序，即使断电，该程序指针也不会丢失。如果要对所需程序进行编辑或执行，可以通过检索的方法调出，此操作称为程序检索。检索的方法有以下三种：

1）检索法。

① 选择编辑或自动方式。

② 按 PRGRM 程序键，显示程序。

③ 按地址 O 和要检索的程序号。

④ 按 CURSOR↓。

⑤ 检索结束时，在 CRT 画面显示检索的程序并在画面的有上部显示已检索的程序号。

2）扫描法。

① 选择编辑或自动方式。

② 按 PRGRM 程序键，显示程序。

③ 按地址 O。

④ 按 CURSOR↓ 键 EDIT 方式时，反复按 O，CURSOR↓ 键，可逐一显示存入的程序。

3）外部程序号检索（机床软操作面板）。

① 选择自动方式。

② 把选择的程序号设定在 01～15 上。

③ 按循环启动按钮。

通过①～③的操作，检索与程序号（0001～0015）对应的程序，并开始自动执行该程序。与方法①、②不同，方法③是检索出的程序直接执行，而不能进行编辑。

（2）程序段序号的检索。程序段序号的检索通常是检索程序内的某一段序号，一般用于从这个序号开始执行或者编辑。检索存储器中存入程序段序号的步骤：

1）选择编辑或自动方式。

2）按 PRGRM 程序软体键，显示程序。

3）选择要检索程序段序号的所在程序。

4）按地址键 N 和要检索的程序段序号。

5）按 CURSOR↓ 键。

6）检索结束时，在 CRT 画面的右上部，显示出已检索的顺序号。

c　程序的编辑。

（1）程序的删除。删除单个程序的步骤：

1）选择编辑方式。

2）按 PRGRM 程序键，显示程序。

3）按地址 O 和需要删除的程序号。

4）按 DELET 键，则对应程序号的存储器中的程序被删除。

删除全部程序的步骤：

1）选择编辑方式。

2）按 PRGRM 程序键，显示程序。

3）按地址 O，输入—9999。

4）按 DELET 键，则删除全部程序。

（2）字的插入、修改、删除和程序段的删除。存入存储器中程序的内容可以改变，操作步骤如下：

1）检索字。

① 选择编辑方式。

② 按 PRGRM 程序键，显示程序。

③ 选择要编辑的程序（操作方式见"程序检索"）。

④ 检索要修改的字。

检索字有扫描法和地址检索法两种方法。

扫描法：按 CURSOR↓ 或 CURSOR↑ 键，使光标顺方向或反方向移动；或者按 PAGE↓ 或

PAGE↑，画面翻页，光标移到开头的字，直到将光标移动到要选择的字的地址下面。

地址检索法：按地址 N 和程序段号再按 CURSOR↓ 或 CURSOR↑ 键，则光标由现在位置开始，顺方向或反方向检索指定的地址。

2）字的插入。

① 扫描或检索到要插入的前一个字。

② 键入要插入的字。

③ 按 INSERT 键。

3）字的修改。

① 扫描或检索要变更的字。

② 键入要修改的字。

③ 按 ALTER 键，则新键入的字代替了当前光标所指的字。

4）字的删除。

① 扫描或检索到要删除的字。

② 按 DELET 键，则当前光标所指的字被删除。

5）程序段的删除。

① 键入地址 N 和程序段序号。

② 按 DELET 键，则从现在显示的字开始，删除到指定程序段序号的程序段。

d　程序的输出

CNC 中的存储器的程序可通过微机 RS232 接口传送到微机里。操作步骤如下：

（1）选择编辑方式。

（2）按 PRGRM 程序键，显示程序。

（3）运行微机内的传送程序使之处于输入等待状态。

（4）键入地址 O 和程序号。

（5）按 START 键，把指定的程序输出到微机存储器里。

F　安全操作

安全操作包括急停、超程等各类报警处理。

a　报警

数控系统对其软、硬件及故障具有自诊断能力，该功能用于监视整个加工过程是否正常，并及时报警。报警形式常见有机床自锁（驱动电源切断）；屏幕显示出错信息；报警灯亮。

b　急停处理

当加工过程出现异常情况时，按机床操作面板上的"急停"钮，机床的各运动部件在移动中紧急停止，数控系统复位。排除故障后要恢复机床工作，必须进行手动返回参考点操作。如果在换刀动作中按了急停钮，必须用 MDI 方式把换刀机构调整好。

如果机床在运行时按下"进给保持"钮，也可以使机床停止，同时数控系统自动保存各种现场信息，因此再按"循环启动"钮，系统将从断点处继续执行程序，无需进行返回参考点操作。

c　超程处理

在手动、自动加工过程中，若机床移动部件（如刀具主轴、工作台）超出其行程极限（软件控制限位或机械限位）时，则为超程。超程时系统报警：机床锁住、超程报警灯亮、屏幕上方报警行内出现超程报警内容（如：X 向超过行程极限）。

软件控制限位超程处理按下列步骤：

（1）旋转 MODE 置于 HANDLE 位置。

（2）用手摇轮使超程轴反向移动至适当位置。

（3）按 RESET 键，使数控系统复位。

（4）超程轴原点复位，恢复坐标系统。

3.2.4.3　实训内容

A　认识宇龙数控仿真系统

a　宇龙数控加工仿真系统界面

如图 3-65 所示，为上海宇龙数控加工仿真系统界面。

图 3-65　数控加工仿真系统登录界面

b　机床台面菜单

用户登录后的界面，如图 3-66 所示。图示为 FANUC 0i 铣床系统仿真界面，由四大部分构成，分别为：系统菜单或图标、LCD/MDI 面板、机床操作面板和仿真加工工作区。

B　宇龙数控仿真系统面板练习

（1）登陆仿真系统。

（2）选择机床类型。

（3）工件的使用。

1）定义毛坯；

2）放置零件；

3）调整零件位置。

（4）使用夹具。

（5）选择刀具。

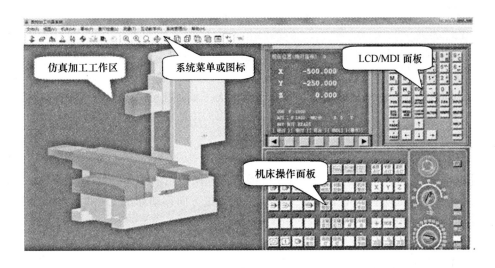

图 3-66　宇龙数控加工仿真系统 3.8 版 FANUC 0i 铣床仿真加工系统界面

（6）视图变换的选择。

（7）控制面板切换。

（8）"选项"对话框。

C　宇龙数控仿真系统操作练习

（1）机床准备：

1）激活机床；

2）机床回参考点。

（2）对刀：

1）X 轴、Y 轴对刀；

2）Z 轴对刀。

（3）参数设置操作：

1）G54 ~ G59 坐标系偏移的参数设置；

2）设置铣床刀具补偿参数。

（4）数控程序处理：

1）导入数控程序；

2）检查运行轨迹。

（5）自动加工零件。

（6）工件测量。

3.2.5　平面的编程加工实例

3.2.5.1　加工实例

如图 3-50 所示零件，其材料为 45 钢。

A　零件图分析

零件图尺寸标注完整、清楚，各面加工有一定的精度和粗糙度要求。

B　零件加工工艺设计

a　工件装夹

该工件毛坯为规则长方体，单件加工，选用平口钳装夹。

b　刀具选择

平面用面铣刀（也叫端铣刀）铣削，该模板的平面加工选用可转位硬质合金面铣刀，刀具直径为 ϕ120mm，刀具镶有 8 片八角形刀片，使用该刀具可以获得较高的切削效率和表面加工质量。

c　编程原点的确定

根据本零件特点，可以不设定工件坐标原点，利用增量值编程，采用画"弓"字形进行加工即可。刀具试切右下角上表面，碰到后向 X 正方向移动移出工件区域，从该位置开始做程序加工，如图 3-66 中✦位置。

d　工艺路线

（1）粗、精加工上表面。

（2）粗、精加工下表面，控制厚度尺寸。

（3）粗、精加工左（右）侧面。

（4）粗、精加工右（左）侧面，控制长度尺寸。

（5）粗、精加工前（后）面侧面。

（6）粗、精加工后（前）面侧面，控制宽度尺寸。

C　编制加工工艺

安排的加工工步、加工内容、刀具类型、切削参数见表 3-16（此处只做上表面工艺，其余各面类似）。

表 3-16　加工工艺卡

加工步骤		刀具与切削参数				
序　号	工步内容	刀具规格	主轴转速	进给速度	刀具补偿	
		类　型	/r · min^{-1}	/mm · min^{-1}	长　度	半　径
1	粗铣坯料工件的上表面	ϕ120 端铣刀	500	100		
2	精铣坯料工件的上表面		800	50		

D　编制数控程序

各面加工方法与程序基本相同，故在此只编写上表面的数控精加工程序。

编写加工程序

O3002；	程序名
G54 G90 G21 G17	建立工件坐标系,程序初始化
S800 M03；	主轴正转,800r/min
G91 G01 Z-0.5 F50；	增量值编程,在加工起始点处向下进刀0.5mm
X-1300.0；	以下走刀路径为"弓"字形进行加工平面
Y100.0；	
X1300.0；	
Y100.0；	
X-1300.0；	
Y100.0；	

X1300.0；
Y100.0；
X-1300.0；
Y100.0；
X1300.0；
Y100.0；
X-1300.0；
Y100.0；
X-1300.0；
G00 Z100.0；　　　　　　　　　　　抬刀到安全平面
M05；　　　　　　　　　　　　　　主轴停
M30；　　　　　　　　　　　　　　程序结束

E　零件加工

a　编辑程序

输入编写的数控程序。

b　程序校验

用程序仿真校验功能检查程序并修改，程序校验正确后方可用于自动加工（若数控机床数量有限，可采用在实训机房电脑上安装数控仿真软件，例如上海宇龙仿真系统）。

c　装夹毛坯

将平口钳装夹在铣床工作台上，用百分表校正。工件装夹在平口钳上，底部用等高垫铁垫起，并伸出钳口 5～10mm。

d　安装刀具

通过弹簧夹头把铣刀装夹到铣刀刀柄中，再把铣刀柄装入铣床主轴。

e　对刀操作

X、Y 方向对刀：X、Y 方向采用试切法对刀，将机床坐标系原点偏置到工件坐标系原点上，通过对刀操作得到 X、Y 偏置值输入到 G54 中，G54 中坐标输入 0。

Z 方向对刀：装入铣刀，在手动模式下移动刀具让刀具刚好接触工件上表面，进行面板操作，将数据输入到 G54 下，输入值为 0。

f　单段自动加工

调出 O3002 号数控程序，铣床调至自动加工工作方式，单段模式，将进给修调倍率开关调至 100% 位置，快进倍率调至 25% 挡，按下"程序启动"键启动数控程序，执行单段自动加工。在整个加工过程中，操作者不得离开设备，注意观察加工情况，根据实际需要适当调整进给修调倍率和快进倍率的大小。

g　工件检测

用游标卡尺等量具按照零件图的要求逐项检测。

3.2.5.2　实训内容

A　实训项目一

a　手动操作练习

手动操作加工如图 3-66 所示工件。

b　练习要求

熟悉面铣刀的结构和特点，熟悉铣面的加工特点，掌握铣面切削用量的选择。

c　加工步骤

装夹找正如下：

（1）粗、精加工上表面。

（2）粗、精加工下表面至尺寸要求。

（3）粗、精加工左（右）侧面。

（4）粗、精加工右（左）侧面至尺寸要求。

（5）粗、精加工前（后）面侧面。

（6）粗、精加工后（前）面侧面至尺寸要求。

d　练习方式

每位同学手动加工两件。练习完成后不取下工件，下一个同学在此工件上接着进行铣面手动操作练习，但应注意工件伸出钳口安全高度。

B　实训项目二

（1）将图 3-66 所示平面的数控程序输入数控装置，校验程序，程序校验正确后请老师确认，学生按零件加工的要求安装好工件和刀具，对好刀，调整好机床操作面板，再次请老师确认，老师确认无误后，学生完成该零件的单段加工。

（2）用游标卡尺按照零件图的要求逐项检测，如有不合格的项目，小组讨论，分析查找原因，教师讲评。

（3）改正错误，重新操作加工，直至零件加工合格。

C　实训项目三

（1）由学生独立完成图 3-66 所示的零件编程，输入数控装置，在教师的指导下校验并修改程序直至正确为止。

（2）完成该零件的加工。

（3）检查质量合格后取下工件，清理机床，交件待检。

3.2.5.3　容易产生的问题和注意事项

容易产生的问题和注意事项：

（1）校验程序锁住过机床，在对刀操作前必须重启数控装置，以建立正确的机床坐标系。

（2）加工之前必须确保加工程序的编程原点与加工原点完全重合。

（3）铣削前应检查工件装夹是否牢靠，刀具是否装夹紧固。

（4）自动加工时，操作者不能离开机床。

（5）手动操作移动刀具时，应注意调节进给速度修调开关，选择一个合适的进给速度。当刀具远离工件时可选择一个较快的速度；当刀具快要移动到工件附近时，降低快进速度，以防刀具速度过快撞到工件上，发生安全事故。

（6）铣床未停稳，不能使用量具测量工件。

（7）为了避免出现接刀痕迹，每两刀之间要有一定量的重叠。

（8）在工件外侧边可以用 G00 指令下刀，以缩短时间，但必须注意下刀过程中不能碰到工件或者机床夹具，否则将发生撞刀。

【任务小结】

本任务主要介绍了数控铣削编程的基本知识和平面加工的相关知识以及机床操作相关知识和仿真软件基本知识。基本知识主要包括：程序编制的内容和方法、编程规则及数据处理、数控编程的有关标准及术语、数控机床的坐标系相关知识、程序字说明、数控铣床平面加工常用指令，并从整体上介绍了数控铣削常用程序模式，让读者对数控铣床的编程有一个整体框架的认识。机床操作相关知识和仿真软件基本知识在于细心和熟练的过程。

数控铣削的基本知识是数控编程的基础，必须牢记指令的格式和掌握指令。各指令的编程要点可利用数控仿真软件进行编程练习，而工艺能力必须在反复加工实践中才可得以提高。

通过讲授、示范操作及上机操作练习环节，使学生逐步熟练掌握数控铣床的操作加工。多动手、勤练习，才能形成编程和操作加工的技能。平面加工是数控铣最为简单的加工内容之一。

【思考与训练】

1. 试述数控铣床坐标系建立原则及数控铣床坐标系是如何确定的。
2. 说明模态和非模态之区别。
3. 简要说明 G90、G91 指令有何区别？
4. 简述直线插补指令 G01 的编程格式并解释各参数的用法。
5. 简述对刀操作的步骤。
6. 简述程序仿真校验的步骤。
7. 简述单段自动加工的步骤。
8. 编写如图 3-67 所示平面铣削的数控程序并进行仿真校验及数控加工。

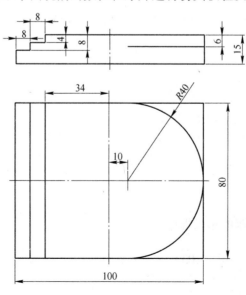

图 3-67　平面铣削加工

学习任务 3.3　外轮廓、台阶铣削的编程加工

【学习任务】

加工如图 3-68 所示工件，单件小批量生产，毛坯材料为 45 钢，按图样要求，编制数控程序。

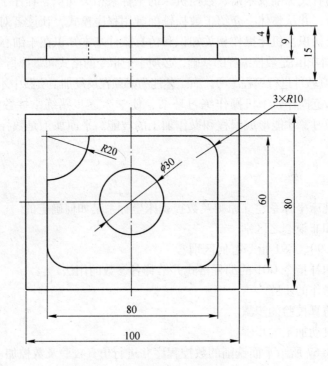

图 3-68　典型外轮廓、台阶铣削加工

【任务描述】

1. 会编制外轮廓、台阶铣削工艺。
2. 会选择外轮廓、台阶铣削刀具及工件装夹。
3. 能正确使用圆弧插补、刀具半径、长度补偿指令进行数控铣零件的编程。
4. 会正确使用量具测量外轮廓、台阶铣削尺寸。

【知识准备】

3.3.1　外轮廓、台阶铣削的基本指令

3.3.1.1　圆弧插补（G02/G03）

A　圆弧插补指令

格式：

$$\begin{Bmatrix} G17 \\ G18 \\ G19 \end{Bmatrix} \begin{Bmatrix} G02 \\ G03 \end{Bmatrix} \begin{Bmatrix} X\_\ Y\_ \\ X\_\ Z\_ \\ Y\_\ Z\_ \end{Bmatrix} \begin{Bmatrix} I\_\ J\_ \\ I\_\ K\_ \\ J\_\ K\_ \\ R\_ \end{Bmatrix} F\_$$

常用格式:G17 G02/G03　X_Y_R_F_;

其中用 G17 代码进行 XY 平面的指定,省略时就被默认为是 G17,但当在 ZX(G18)和 YZ(G19)平面上编程时,平面指定代码不能省略。

说明:

(1)顺时针圆弧插补(G02)与逆时针圆弧插补(G03)的判断方法:从圆弧所在平面的正法线方向观察,如 XY 平面内,从 +Z 轴向 −Z 观察,顺时针转为顺圆;反之为逆圆,如图 3-69 所示。

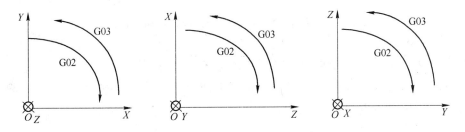

图 3-69　不同平面的 G02/G03 选择

(2)对于 R 值,当圆弧所对应的圆心角(α):$0° < \alpha \leqslant 180°$时,R 取正值;$180° < \alpha < 360°$时,R 取负值。

(3)I、J、K 可理解为圆弧始点指向圆心的矢量分别在 X、Y、Z 轴上的投影,I、J、K 根据方向带有符号,I、J、K 为零时可以省略,如图 3-70 所示。

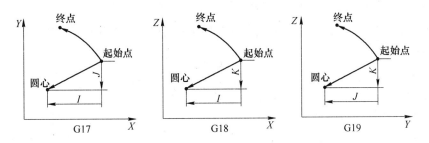

图 3-70　I、J、K 的确定

(4)整圆编程时不可以使用 R 方式,只能用 I、J、K 方式。

(5)在同一程序段中,如 I、J、K 与 R 同时出现时,R 有效。

B　各圆弧编程举例

(1)如图 3-71 所示刀具从起始点开始沿直线移动到 1、2、3 点,可分别用绝对值方式(G90)和相对值方式(G91)编程,说明 G02、G03 的编程方法。

绝对值编程：

G90 G01 X160. 0 Y40. 0 F200；　　　　　点 1

G03 X100. 0 Y100. 0 R60. 0 F100；

（G03 X100. 0 Y100. 0 I-60. 0 J0 F100）　　点 2

G02 X80. 0 Y60. 0 R50. 0；

（G02 X80. 0 Y60. 0 I-50. 0 J0）　　　　　点 3

相对值编程：

G91 G01 X0 Y40. 0 F200；　　　　　点 1

G03 X-60. 0 Y60. 0 R60. 0 F100；

（G03 X-60. 0 Y60. 0 I-60. 0 J0 F100）　　点 2

G02 X-20. 0 Y-40. 0 R50. 0；

（G02 X-20. 0 Y-40. 0 I-50. 0 J0）　　　　点 3

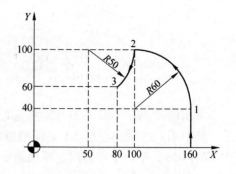

图 3-71　G02、G03 编程举例

（2）如图 3-72 所示，刀具从起始点开始沿圆弧段①和圆弧段②进行圆弧插补。

1）使用 R，利用绝对坐标编程和相对坐标编程。

2）使用 I，J，利用绝对坐标编程和相对坐标编程，说明 G02、G03 的编程方法。

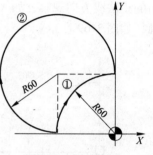

图 3-72　圆弧编程

圆弧段①：G90 G02 X0 Y60. 0 R60. 0 F100；　　　　　（G90，R）

　　　　　G90 G02 X0 Y60. 0 I60. 0 J0 F100；　　　　（G90，I、J）

　　　　　G91 G02 X60. 0 Y60. 0 R60. 0 F100；　　　　（G91，R）

　　　　　G91 G02 X60. 0 Y60. 0 I60. 0 J0 F100；　　　（G91，I、J）

圆弧段②：G90 G02 X0 Y60. 0 R-60. 0 F100；　　　　　（G90，R）

　　　　　G90 G02 X0 Y60. 0 I0 J60. 0 F100；　　　　（G90，I、J）

　　　　　G91 G02 X60. 0 Y60. 0 R-60. 0 F100；　　　（G91，R）

　　　　　G91 G02 X60. 0 Y60. 0 I0 J60. 0 F100；　　　（G91，I、J）

（3）完成如图 3-73 所示加工路径的程序编制（刀具现位于 A 点上方只进行轨迹运动）。

程序编制如下：

G90 G54 G00 X0 Y25. 0 F100；

G02 X25. 0 Y0 I0 J-25. 0；　　　　A-B

G02 X0 Y-25. 0 I-25. 0 J0；　　　　B-C

G02 X-25. 0 Y0 I0 J25. 0；　　　　C-D

G02 X0 Y25. 0 I25. 0 J0；　　　　D-A

或：

G90 C54 G00 X0 Y25. 0 F100；

G02 X0 Y25. 0 I0 J-25. 0；　　　　A-A 整圆

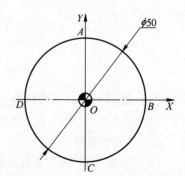

3. 3. 1. 2　刀具半径补偿功能 G41/G42、G40

A　刀具半径补偿的概念

刀具半径补偿，就是根据工件轮廓 A 和刀具偏置量计

图 3-73　整圆编程

算出刀具的中心轨迹 B，这样编程者就以根据工件轮廓 A 或图纸上给定的尺寸进行编程，而刀具沿轮廓 B 运动，加工出所需的轮廓 A。

刀具半径补偿指令（G41/G42、G40）。

指令格式：

G00/G01　G41/G42　X_Y_D_F_;建立刀具补偿

G00/G01　G40　X_Y_;取消刀具补偿

注：（1）G41 刀具半径左补偿指令：沿着进给方向看，刀具在工件左侧。

（2）G42 刀具半径右补偿指令：沿着进给方向看，刀具在工件右侧，如图 3-74 所示。

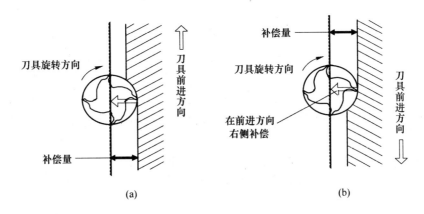

图 3-74　刀具补偿方向

(a) 左刀补；(b) 右刀补

B　刀具半径补偿指令用途

（1）编程时可不考虑刀具半径，按刀具中心轨迹编程。

（2）简化粗加工程序的编制。

编程注意事项：

（1）G40 必须和 G41 或 G42 成对使用。

（2）刀补的建立与取消必须应用 G00、G01 移动刀具。

（3）G00 的方式下建立和取消刀补时，应先建立刀补再下刀，先提刀再取消刀补。

（4）建立刀补时，必须有连续两段的平面位移指令，以计算建立（或取消）刀补的起点和终点坐标，即数控系统要连续读入两段平面位移指令，才能正确计算出进入刀补状态时刀具中心的偏置位置，否则将无法正确建立刀补状态。不要出现连续两个程序段没有在 XY 平面内移动刀具的情况。

C　刀具半径补偿的工作过程

a　刀补的建立

刀具从起点接近工件时，刀具中心从与编程轨迹重合过渡到与编程轨迹偏移一个偏置量的过程。该过程不应进行零件加工。

b　刀补的执行

刀具的中心轨迹与编程轨迹始终偏移一个刀具偏置量的距离。

c　刀补的取消

刀具撤离工件，使刀具中心轨迹的终点与编程轨迹的终点重合。它是刀补建立的逆过程，同样该过程不应进行零件的加工。

3.3.1.3　刀具长度补偿 G43/G44、G49

格式：

$$\left.\begin{matrix} G43 \\ G44 \end{matrix}\right\} \quad Z\_\_ \quad H\_\_ \ ;$$

注：（1）其中 Z 为补偿轴的终点坐标，H 为长度补偿偏置号。

（2）假定的理想刀具长度与实际使用的刀具长度之差作为偏置设定在偏置存储器中，该指令不改变程序就可实现对 Z 轴运动指令的终点位置进行正向或负向补偿。

（3）用 G43（正向偏置），G44（负向偏置）指令偏置的方向。H 指令设定在偏置存储器中的偏置量。

（4）无论是绝对指令还是增量指令，由 H 代码指定的已存入偏置存储器中的偏置值在 G43 时加，在 G44 时则是从轴的运动指令的终点坐标值中减去。计算后的坐标值成为终点。

（5）偏置号可用 H00-H99 来指定。偏置值与偏置号对应，可通过 MDI/CRT 先设置在偏置存储器中。对应偏置号 00 即 H00 的偏置值通常为 0，因此对应于 H00 的偏置量不设定。

（6）要取消刀具长度补偿时用指令 G49 或 H00。

（7）G43、G44、G49 都是模态代码，可相互注销。

3.3.1.4　刀补的其他应用

采用刀具半径补偿功能，可利用同一个加工程序对零件轮廓进行粗、精加工。当按零件轮廓编程以后，在零件进行粗加工时，可以把偏置量设为 $R+\nabla$（R 为铣刀半径，∇ 为精加工余量），加工完后，将得到比零件轮廓大一个 ∇ 的工件，在精加工零件时，把偏置量设为 R，这样零件加工完后，将得到零件的实际轮廓。刀具磨损后或采用直径不同的刀具对同一轮廓进行加工也可用此方法处理。

【任务实施】

3.3.2　外轮廓、台阶铣削的编程加工实例

3.3.2.1　加工实例

加工如图 3-68 工件，材料为 45 钢。

A　零件图分析

如图 3-68 所示零件，其材料为 45 钢。工件毛坯现状为规则长方体，加工要求为三级台阶，第一级为规则底座，加工路线安排容易；第二级有 $3 \times R10$ 的外倒圆和一处 $R20$ 的内圆弧；最后一级为一处 $\phi30mm$ 的圆柱凸台。各台阶加工有一定的精度和粗糙度要求。

B　零件加工工艺设计

a　工件装夹

该工件毛坯为规则长方体，单件小批量生产，利用平口钳装夹。

b　刀具选择

此处刀具的选择主要考虑过切问题，即刀具尺寸要比内凹圆弧 R20 小。

粗加工时，选用 ϕ20mm 的立铣刀，刀具号为 T02，刀具半径补偿号为 D02，补偿值为 10.2mm（0.2mm 是精加工余量）。

精加工时，选用 ϕ12mm 的立铣刀，刀具号为 T03，刀具半径补偿号为 D03，补偿值为 6mm。

c　编程原点的确定

该工件基本为对称图形，故编程原点建立在工件上表面的对称中心处。

d　工艺路线

遵循先粗后精的原则，考虑背吃刀量的因素，故此工件先从上到下的加工路线。

C　编制加工工艺

安排的加工工步、加工内容、刀具类型、切削参数见表 3-17。

表 3-17　加工工艺卡

加 工 步 骤		刀具与切削参数				
序　号	工 步 内 容	刀具规格	主轴转速	进给速度	刀具补偿	
		类　型	/r · min⁻¹	/mm · min⁻¹	长度	半径
1	精铣坯料工件的上表面	ϕ120 端铣刀	1000	50	H01	
2	粗铣圆柱台、二级台阶外轮廓	ϕ20 立铣刀	500	100	H02	D02
3	精铣圆柱台、二级台阶外轮廓	ϕ12 立铣刀	1000	50	H03	D03
4	粗铣外轮廓	ϕ20 立铣刀	500	100	H02	D02
5	精铣外轮廓	ϕ12 立铣刀	1000	50	H03	D03

D　编制数控程序

参考程序：

a　圆柱台加工程序

```
O3003;
G90 G94 G40 G17 G21;
G91 G28 Z0;
G90 G54 M3 S350;
G00 X62.0 Y0;
Z5.0;
G01 Z-4.0 F50;
G41 G01 X47.0 Y0 D02 F50;
G02 I-47.0 J0;
G40 G01 X62.0 Y0;
```

G41 G01 X31.0 Y0 D02；
G02 I-31.0 J0；
G40 G01 X62.0 Y0；
G41 G01 X15.0 Y0 D02；
G02 I-15.0 J0；
G40 G01 X62.0 Y0；
G00 Z20.0；
G91 G28 Z0；
M30；

　b　外轮廓加工程序

O3004；
G90 G94 G40 G17 G21；
G91 G28 Z0；
G90 G54 M03 S350；
G00 X-62.0 Y52.0 M08；
Z5.0；
G01 Z-9.0 F52；
G41 G01 X-40.0 Y30.0 D02 F50；
G01 X-20.0 Y30.0；
X30.0；
G02 X40.0 Y20.0 R10.0；
G01 Y-20.0；
G02 X30.0 Y-30.0 R10.0；
G01 X-30.0；
G02 X-40.0 Y-20.0 R10.0；
G01 Y10.0；
G03 X-20.0 Y30.0 R20.0；
G40 G01 X-62.0 Y52.0；
G00 Z20.0 M09；
G91 G28 Z0；
M30；

　E　零件加工

（1）编辑程序：输入编写的数控程序。

（2）程序校验：用程序仿真校验功能检查程序并修改，程序校验正确后方可用于自动加工（也可使用仿真软件）。

（3）装夹毛坯：将平口钳装夹在铣床工作台上，用百分表校正。工件装夹在平口钳上，底部用等高垫铁垫起，此处要将工件加工部位呈现在平口钳之外，故要伸出钳口 10mm。

（4）安装刀具：通过弹簧夹头把铣刀装夹到铣刀刀柄中，再先后把铣刀柄装入铣床主轴。

（5）对刀操作。

X、Y 方向对刀：X、Y 方向采用试切法对刀，将机床坐标系原点偏置到工件坐标系原点上，通过对刀操作得到 X、Y 偏置值输入到 G54 中，G54 中坐标输入 0。

Z 方向对刀：装入铣刀，在手动模式下移动刀具让刀具刚好接触工件上表面，进行面板操作，将数据输入到 G54 下，输入值为 0。

（6）单段自动加工：分别调出 O3003、O3004 号数控程序，铣床调至自动加工工作方式，单段模式，将进给修调倍率开关调至 100％位置，快进倍率调至 25％挡，按下"程序启动"键启动数控程序，执行单段自动加工。在整个加工过程中，操作者不得离开设备，注意观察加工情况，根据实际需要适当调整进给修调倍率和快进倍率的大小。

（7）工件检测：用游标卡尺等量具按照零件图的要求逐项检测。

3.3.2.2　实训内容

A　实训项目一

（1）手动操作练习。手动操作加工图 3-68 所示工件。

（2）练习要求：熟悉立铣刀的结构和特点，熟悉台阶的加工特点，掌握铣削台阶切削用量的选择。

（3）加工步骤如下：

1）装夹找正。

2）粗加工圆柱台、二级台阶外轮廓。

3）精加工圆柱台、二级台阶外轮廓至尺寸要求。

（4）练习方式：每位同学手动加工两件。

B　实训项目二

（1）将图 3-68 台阶的数控程序输入数控装置，校验程序，程序校验正确后请老师确认，学生按零件加工的要求安装好工件和刀具，对好刀，调整好机床操作面板，再次请老师确认，老师确认无误后，学生完成该零件的单段加工。

（2）用游标卡尺按照零件图的要求逐项检测，如有不合格的项目，小组讨论，分析查找原因，教师讲评。

（3）改正错误，重新操作加工，直至零件加工合格。

C　实训项目三

（1）由学生独立完成图 3-68 零件的编程，输入数控装置，在教师的指导下校验并修改程序直至正确为止。

（2）完成该零件的加工。

（3）检查质量合格后取下工件，清理机床，交件待检。

3.3.2.3　容易产生的问题和注意事项

容易产生的问题和注意事项如下：

（1）工件装夹在平口钳上应校平上表面，一般采用木质或者塑胶的锤子，否则工件在深度上的尺寸不易控制。

（2）编程时采用刀具半径补偿指令，加工前应设置好机床中半径补偿值，否则刀具走刀路径将会出错。

（3）首件试切在于调整程序及刀具补偿，加工时应该及时测量工件尺寸和调整数控机床中刀具半径、长度补偿等参数。首件加工合格后，就不要再在进行半径和长度的补偿调整了，除非刀具有磨损，且较严重。

（4）尽量避免铣削过程中的中途停顿，否则会易出现因切削力突然变化而引起的弹性变形而留下刀具痕迹。

（5）铣削平面外轮廓时尽量采用顺铣方式，以提高表面质量。

（6）平面外轮廓粗加工时，一般采用由外向内逐渐接近工件轮廓的铣削方式，并可采取修改刀具半径补偿的方法实现。

【任务小结】

本任务主要介绍了数控铣床外轮廓、台阶铣削的基本指令，主要包括圆弧插补指令、刀具半径补偿功能、刀具长度补偿功能等内容。

本任务所涉及到的相关知识点是数控铣常用的编程指令，要熟练掌握并且必须在实践加工中去体会各指令的具体用法。

【思考与训练】

1. 使用 G02/G03 指令时，如何判断顺时针、逆时针方向？

2. 试用 R 和 I、K 指令分别编写程序。

3. 什么是刀具半径补偿？使用刀具半径补偿指令应注意哪些问题？

4. 已知零件的外围轮廓的零件图如图 3-75 所示，刀具端头已下降到 $Z = -10\,mm$ 处，精铣其轮廓。采用直径 $\phi30\,mm$ 的立式铣刀，刀具补偿号为 D01，工艺路线采用左刀补，用绝对坐标编程，设 O 点为编程原点。进刀时从起始点直线切入到轮廓第一点，退刀时从轮廓最后一点法线切出到刀具的终止点。请根据进行封闭轮廓加工编程。

5. 编写图 3-76 ~ 图 3-78 所示零件铣削的数控程序并进行仿真校验及数控加工。

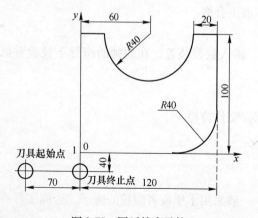

图 3-75　圆弧轮廓零件

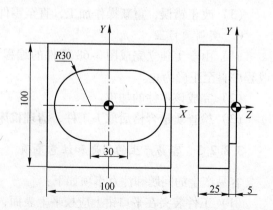

图 3-76　圆弧凸台零件

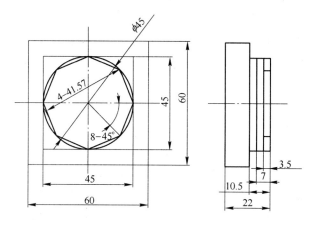

图 3-77　八方圆弧凸台零件

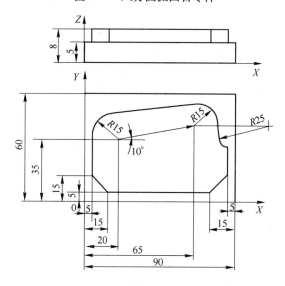

图 3-78　圆弧斜边凸台零件

学习任务 3.4　内轮廓铣削的编程加工

【学习任务】

如图 3-79 所示，为型腔加工任务图，要求按图加工出型腔。

【任务描述】

1. 会编制内轮廓铣削工艺。
2. 会选择内轮廓铣削刀具及工件装夹。
3. 会使用子程序等进行内轮廓程序编制。
4. 会使用量具测量内轮廓铣削尺寸。

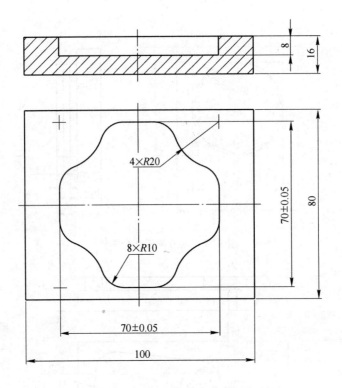

图 3-79　内轮廓零件加工任务图

【知识准备】

3.4.1　数控铣削编程简化

加工程序分主程序和子程序，一般地，NC 执行主程序的指令，但当执行到一条子程序调用指令时，NC 转向执行子程序，子程序执行完了又可以返回到主程序，继续执行后面的程序段。

在一个加工程序的若干位置上，如果包含有一连串在写法上完全相同或相似的内容，为了简化程序可以把这些重复的程序段单独抽出，并按一定的格式编成固定程序，然后像主程序一样将它们存储到程序存储区中，这样的固定程序被称为子程序。

3.4.1.1　子程序的调用指令

子程序的调用指令的具体格式各系统各不相同。FAUNC 系统的子程序调用指令格式为：

M98×××× L××××

其中，M98 为调用子程序指令字。地址 P 后面的 4 位数字为子程序号。地址 L 后面的数字为重复调用的次数，系统允许重复调用次数为 9999 次。如果只调用一次，此项可省略不写。如 M98P2（调用子程序 0002 一次）；M98P50002（调用子程序 0002 五次）。

3.4.1.2　子程序的应用

（1）零件上有若干处具有相同的轮廓形状。在这种情况下，只编写一个轮廓形状的子程序，然后用一个主程序来调用该子程序。

（2）加工中反复出现具有相同轨迹的走刀路线。被加工的零件从外形看并无相同的轮廓，但需要刀具在某一区域分层或分行反复走刀，走刀轨迹总是出现某一特定的形状，采用子程序就比较方便。此时，通常以增量方式编程并注意刀补的用法。

（3）程序中的内容具有相对独立性。当一个主程序调用一个子程序时，该子程序可以调用另一个子程序，这样的情况，称之为子程序的两重嵌套。一般机床可以允许最多达四重的子程序嵌套。在调用子程序指令中，可以指令重复执行所调用的子程序，可以指令重复最多达 999 次。子程序的嵌套使用如图 3-80 所示。

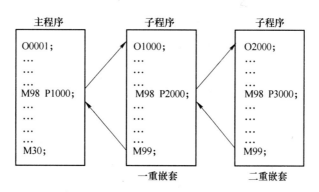

图 3-80　子程序的嵌套

3.4.1.3　子程序的格式

OXXXX；

······；

M99；

其中，"XXXX"为子程序占用的程序号；M99 表示子程序结束，并返回主程序 M98P_的下一程序段继续运行主程序，如图 3-79 所示。

M99 也可以在主程序中使用。如果在主程序中插入"/M99"程序段，则执行该指令后，将返回主程序起点。如果在主程序中插入"/M99P_"程序段，则执行完该程序段后，将返回程序中地址 P 指定的程序段。加"/"原因是可以方便地跳过这些程序段不执行（这必须是机床上"OPT SKIP"跳步开关为"ON"时）。

使用子程序应注意以下几点：

（1）注意主、子程序间的模式代码的变换，如某些 G 代码，M 和 F 代码。例如：G91、G90 模式的变化，如图 3-81 所示。

（2）处在半径补偿模式中的程序段不应调用子程序。

（3）子程序中一般用 G91 模式来进行重复加工；若是用 G90 模式，则主程序可以用改变坐标系的方法实现不同位置的加工。

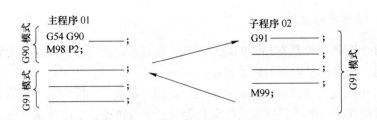

图 3-81　G91、G90 模式的变化

【任务实施】

3.4.2　内轮廓铣削的编程加工实例

3.4.2.1　加工实例

如图 3-79 所示，为型腔加工任务图，要求按图加工出型腔。

A　零件图分析

如图 3-79 所示零件，其材料为 45 钢。工件毛坯形状为规则长方体，内轮廓型腔为等深凹槽，内壁为直线、外凸及内凹圆弧。外凸圆弧为 $4 \times R20$，内凹圆弧为 $8 \times R10$。型腔长和宽有公差要求。

B　零件加工工艺设计

a　工件装夹

该工件毛坯为规则长方体，单件加工，加工型腔，故也可用压板或平口钳，在此选择其中任何一种装夹即可。

b　刀具选择

此处刀具的选择主要考虑过切问题，即刀具尺寸要比内凹圆弧 $R10$ 小。

c　编程原点的确定

该工件基本为对称图形，故编程原点建立在工件上表面的对称中心处。

d　工艺路线

遵循内轮廓下刀方式，从内向外，逐步接近工件尺寸的加工方式。

C　编制加工工艺

安排的加工工步、加工内容、刀具类型、切削参数见表 3-18。

表 3-18　加工工艺卡

加 工 步 骤		刀具与切削参数				
序　号	工 步 内 容	刀具规格	主轴转速	进给速度	刀具补偿	
		类　型	/r·min⁻¹	/mm·min⁻¹	长度	半径
1	精铣坯料工件的上表面	φ120 端铣刀	1000	50	H01	
2	粗铣型腔内轮廓	φ12 立铣刀	500	100	H02	D02
3	精铣型腔内轮廓	φ12 立铣刀	1000	50	H03	D03

D　编制数控程序

参考程序如下：

a　型腔内轮廓粗加工程序

O30005；（主程序）

G90 G40 G21 G94 G17；

G91 G28 Z0；

G90 G54 M3 S500；

G00 X0 Y0；

Z5.0 M08；

G01 Z0 F100；

M98 P3006 L02；

G00 Z20.0 M09；

G91 G28 Z0；

M30；

O3006；（子程序）

G91 G01 Z-4.0 F50；

G90 G01 X7.0 Y0 F50；

G03 I-7.0 J0；

G01 X19.0 Y0；

G03 I-19.0 J0；

G01 X0 Y0 F100；

M99；

b　型腔内轮廓精加工程序

O3007；（主程序）

G90 G40 G21 G94 G17；

G91 G28 Z0；

G90 G54 M3 S500；

G00 X5.0 Y0；

Z5.0 M08；

G01 Z0 F100；

M98 P3008 L02；

G00 Z20.0 M09；

G91 G28 Z0；

M30；

O3008；（子程序）

G91 G01 Z-4.0F50；

G90 G41 G01 X20.0 Y-15.0 D01 F50；

G03 X35.0 Y0 R15.0；

G01 Y6.7157；

G03 X28.3333 Y16.1438 R10.0；

```
G02 X16. 1438 Y28. 3333 R20. 0；
G03 X6. 7157 Y35. 0 R10. 0；
G01 X-6. 7157；
G03 X-16. 1438 Y28. 3333 R10. 0；
GO2 X-28. 3333 Y16. 1438 R20. 0；
G03 X-35. 0 Y6. 7157 R10. 0；
G01 Y-6. 7157；
G03 X-28. 3333 Y-16. 1438 R10. 0；
G02 X-16. 1438 Y-28. 3333 R20. 0；
G03 X-6. 7157 Y-35. 0 R10. 0；
G01 X6. 7157；
G03 X16. 1438 Y-28. 3333 R10. 0；
G02 X28. 3333 Y-16. 1438 R20. 0；
G03 X35. 0 Y-6. 7157 R10. 0；
G01 Y0；
G03 X20. 0 Y15. 0 R15. 0；
G40 G01 X5. 0 Y0；
M99；
```

E　零件加工

（1）编辑程序：输入编写的数控程序。

（2）程序校验：用程序仿真校验功能检查程序并修改，程序校验正确后方可用于自动加工（也可使用仿真软件）。

（3）装夹毛坯：将平口钳装夹在铣床工作台上，用百分表校正。工件装夹在平口钳上，底部用等高垫铁垫平。

（4）安装刀具：通过弹簧夹头把铣刀装夹到铣刀刀柄中，再先后把铣刀柄装入铣床主轴。

（5）对刀操作。X、Y 方向对刀：X、Y 方向采用试切法对刀，将机床坐标系原点偏置到工件坐标系原点上，通过对刀操作得到 X、Y 偏置值输入到 G54 中，G54 中坐标输入 0。Z 方向对刀：装入铣刀，在手动模式下移动刀具让刀具刚好接触工件上表面，进行面板操作，将数据输入到 G54 下，输入值为 0。

（6）单段自动加工：调出工件数控程序，铣床调至自动加工工作方式，单段模式，将进给修调倍率开关调至 100% 位置，快进倍率调至 25% 挡，按下"程序启动"键启动数控程序，执行单段自动加工。在整个加工过程中，操作者不得离开设备，注意观察加工情况，根据实际需要适当调整进给修调倍率和快进倍率的大小。

（7）工件检测：用量具按照零件图的要求逐项检测。

3.4.2.2　实训内容

A　实训项目一

（1）手动操作练习：手动操作加工图 3-79 所示工件。

（2）练习要求：熟悉内轮廓的加工特点，掌握铣削内轮廓切削用量的选择。

（3）加工步骤如下：

1）装夹找正；

2）粗内轮廓至尺寸要求；

3）精加工内轮廓至尺寸要求。

（4）练习方式：每位同学手动加工两件。

B 实训项目二

（1）将图 3-79 所示内轮廓的数控程序输入数控装置，校验程序，程序校验正确后请老师确认，按零件加工的要求学生安装好工件和刀具，对好刀，调整好机床操作面板，再次请老师确认，老师确认无误后，学生完成该零件的单段加工。

（2）用量具按照零件图的要求逐项检测，如有不合格的项目，小组讨论，分析查找原因，教师讲评。

（3）改正错误，重新操作加工，直至零件加工合格。

C 实训项目三

（1）由学生独立完成图 3-79 零件的编程，输入数控装置，在教师的指导下校验并修改程序直至正确为止。

（2）完成该零件的加工。

（3）检查质量合格后取下工件，清理机床，交件待检。

3.4.2.3 容易产生的问题和注意事项

容易产生的问题和注意事项如下：

（1）可以在对刀前用面铣刀加工好工件上表面，或者在工件装夹时在平口钳上校平上表面，否则内轮廓深度尺寸不易控制。

（2）内轮廓无法加工预制孔，精加工时用键槽铣刀代替或用立铣刀采取螺旋方式下刀。

（3）铣刀半径必须小于至多等于零件内轮廓内凹圆弧处的最小半径的大小，否则会出现过切。机床中半径参数设置时也不能大于内轮廓圆弧半径，否则会发生报警。

（4）加工内轮廓尽量采用顺铣的方式进刀以提高表面质量。

（5）平面内轮廓尽可能采用行切、环切相结合的走刀方式，并从内往外加工。

（6）机床中半径补偿参数与外轮廓时刚好相反，参数设置越小，内轮廓越大。

【任务小结】

数控编程的简化能使编程变得简单易懂，能缩小程序的存储空间，但关键是要能准确判断出应用简化编程的场合和格式。注意编程及刀具补偿在简化编程时的合理运用。

【思考与训练】

1. 分析内轮廓加工工艺的合理安排。

2. 切入切出方式的选择。

3. 按要求加工图 3-82 十字芯槽零件。

4. 用直径 $\phi16$ 键槽刀，精加工如图 3-83 所示零件的内外轮廓。

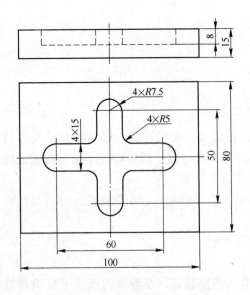

图 3-82　十字芯槽零件

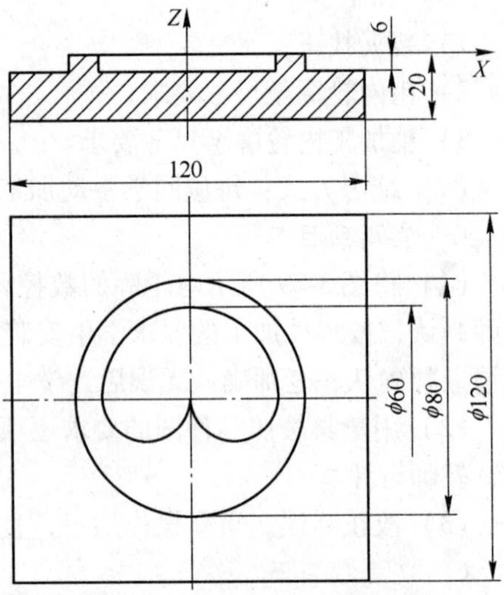

图 3-83　对称圆弧芯槽零件

5. 毛坯为 70mm × 70mm × 18mm 板材，工件材料为 45 钢，六面已粗加工过，要求数控铣出如图 3-84 所示的槽。

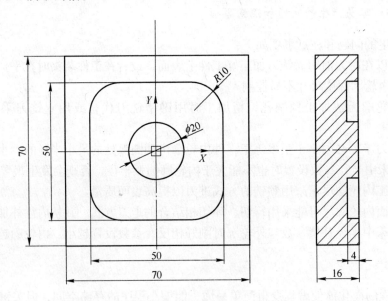

图 3-84　岛屿芯槽零件

【考核评价】

本学习情境评价内容包括：基础知识与技能评价、学习过程与方法评价、团队协作能力评价及工作态度评价；评价方式包括：学生自评、组内互评、教师评价。具体见表 3-19。

表 3-19 学习情境 3 考核评价表

姓　名		学　号		班　级		时　间	
考核项目	考核内容	考核要求	评分标准	配分	学生自评 比重 30%	组内互评 比重 30%	教师评价 比重 40%
基础知识 与技能 评价	安全生产知识 与技能	掌握安全文明生产知识，具备 安全文明操作技能	10	40			
	平面的编程加工	掌握平面零件加工的工艺分 析，程序编制和数控加工	10				
	外轮廓、台阶 铣削的编程加工	掌握外轮廓、台阶类零件加工 工艺分析，程序编制和数控加工	10				
	内轮廓铣削的 编程加工	掌握内轮廓零件加工的工艺分 析，程序编制和数控加工	10				
学习过程 与方法 评价	各阶段学习状况	严肃、认真、保质、保量、按 时完成每个阶段的内容	15	30			
	学习方法	具备正确有效的学习方法	15				
团队协作 能力评价	团队协作意识	具有较强的协作意识	10	20			
	团队配合状况	积极配合他人共同完成学习任 务，为他人提供协助，能虚心接 受他人的意见和建议，乐于贡献 自己的聪明才智	10				
工作态度 评价	纪律性	严格遵守并执行学校和企业的 各项规章制度，不迟到、不早 退、不无故缺勤	5	10			
	责任性、主动性 与进取心	具有较强责任感，不推诿、不 懈怠；主动完成各项学习任务， 并能积极提出改进意见；对学习 充满热情和自信，积极提升自身 综合能力与素养	3				
	作风、 面貌与心态	作风正派，具备良好精神面貌 和阳光心态	2				
合计				100			
教师评语						总分	
						教师签名	

学习情境 4　复杂零件车削加工

【学习目标】

（一）知识目标

1. 学习圆弧插补指令和轮廓加工复合形固定循环指令的应用。
2. 学习恒线速功能、刀具半径补偿功能和子程序功能。
3. 能够进行中等复杂程度轴类零件的编程。
4. 能够熟练操纵数控车床进行中等复杂程度轴类零件加工。

（二）能力目标

能根据生产条件和工艺要求，进行零件图分析、零件加工工艺设计、编制数控车床加工工序卡，正确选择刀具、夹具及量具，合理编制数控程序，能够熟练操纵数控车床进行零件加工和对零件进行质量检测。能解决生产加工中的实际问题。

综合数控车削任务 4.1

【学习任务】

加工如图 4-1 所示圆弧螺纹槽轴零件。单件小批量生产，毛坯材料为 $\phi40mm$ 硬铝棒，实训设备：数控装置型号为 FANUC 0i Mate-TD 的大连 CKA6136 数控车床，按图样要求，编制数控程序及加工。

【任务描述】

1. 掌握顺、逆时针圆弧插补指令 G02/G03 的编程格式和方法。
2. 掌握圆弧插补指令 I、K 值的大小和正、负的确定方法。
3. 掌握圆弧顺、逆方向的判别方法。
4. 掌握复合形固定循环指令 G70 ~ G73 的编程格式和方法。
5. 掌握复合形固定循环使用的注意事项。
6. 掌握轮廓尺寸呈单调变化特点的轴类零件工艺分析和工艺路线确定方法。
7. 掌握使用复合形固定循环对轮廓尺寸呈单调变化特点的轴类零件的编程方法和技巧。
8. 掌握中等复杂轴类零件的加工方法并形成技能。
9. 掌握中等复杂轴类零件的检测方法。

【知识准备】

4.1.1　圆弧插补指令的应用

圆弧插补指令可以在已被指定的平面上使刀具沿一圆弧移动。它是轮廓切削进给指令，

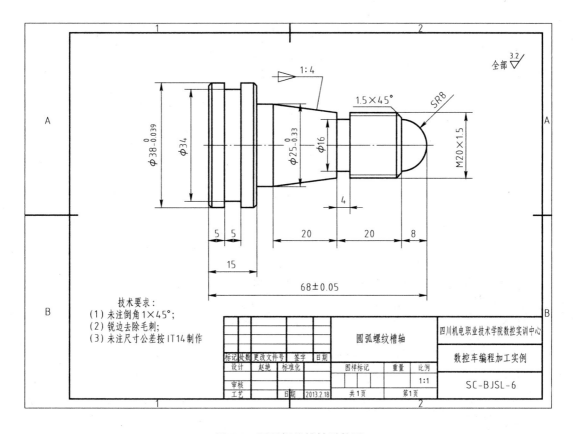

图 4-1　圆弧螺纹槽轴零件图

指令的进给速度为沿圆弧方向的移动速度。数控车的圆弧插补指令，是在 ZX 平面内进行插补，所以，不必指令插补平面，只需指明移动方向，即顺时针方向还是逆时针方向。

4.1.1.1　顺时针圆弧插补指令 G02

编程格式：

G02　X(U)_Z(W)_I_K_F_；

G02　X(U)_Z(W)_R_F_；

X、Z：圆弧终点坐标值；

U、W：从圆弧起始点至切削终点的位移量；

I、K：从圆弧起始点到圆心的矢量，半径值指定；

R：圆弧半径值；

G02 指令用于编程加工按指定进给速度的顺时针圆弧方向插补运动。使刀具从当前位置以 F 设置的进给速率沿圆心顺时针圆弧运动至目标位置。目标位置由 X(U)，Z(W) 设置，无论其值是否为零，均应输入；圆心位置由 I、K 或 R 设置。I、K 分别为从圆弧起始点到圆心的矢量在 X、Z 轴的矢量分量，R 为圆弧半径值。

如图 4-2 所示，刀具处于 A 点处，该点坐标值为 $X = 120$，$Z = 10$。将刀具以 100mm/min 的进给速率沿圆心顺时针移动到点 B 处，该点坐标值为 $X = 60$，$Z = 100$。A 点相对圆

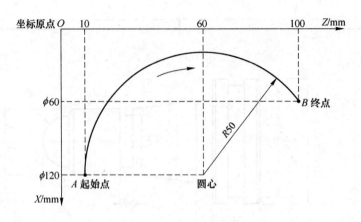

图 4-2　顺时针圆弧插补

心坐标的矢量分量为 $I=0$，$K=50$，则：

绝对坐标编程：G98 G02 X60 Z100 I0 K50 F100；

相对坐标编程：G98 G02 U-60 W90 I0 K50 F100；

混合坐标半径编程：G98 G02 U-60 Z100 R50 F100；

4.1.1.2　逆时针圆弧插补指令 G03

编程格式：

G03　X(U)_Z(W)_I_K_F_；

G03　X(U)_Z(W)_R_F_；

X、Z：圆弧终点坐标值；

U、W：从圆弧起始点至切削终点的位移量；

I、K：从圆弧起始点到圆心的矢量，半径值指定；

R：圆弧半径值；

G03 指令用于编程加工按指定进给速度的逆时针圆弧方向插补运动。其坐标设置及运动方式与 G02 指令相同。

如图 4-3 所示，假设刀具从 A 点沿圆心以与上图相同的速率逆时针移动至 B 点处，则：

绝对坐标编程：G98 G03 X120 Z10 I60 K-40 F100；

增量坐标编程：G98 G03 U60 W-90 I60 K-40 F100；

混合坐标半径编程：G98 G03 X120 W-90 R50 F100；

4.1.1.3　I、K 值的大小和正、负的确定方法

从圆弧起点向圆心画一个矢量，这个矢量在 X 轴的投影和方向就是 I 的数值和方向，这个矢量在 Z 轴上的投影和方向就是 K 的数值和方向，当 I、K 的方向与 X、Z 轴的坐标正方向一致时，I、K 值为正，反之则为负。

4.1.1.4　圆弧顺、逆方向的判别方法

从垂直于圆弧平面（ZX 平面）的坐标轴（Y 轴）正方向向该圆弧平面看去，加工该

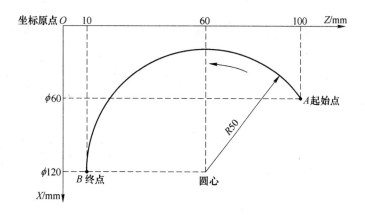

图 4-3　逆时针圆弧插补

圆弧的走刀运动方向是顺时针方向则为 G02；反之，则为 G03。

4.1.2　轮廓加工复合形固定循环的应用

轮廓加工复合形固定循环是为了简化编程而准备的几种固定循环（G70～G73），只需给出零件精加工的形状数据，便可自动完成要求的粗加工的多次走刀路径。

4.1.2.1　外径、内径粗加工复合形固定循环指令 G71

G71 指令用于棒料毛坯的轮廓编程粗加工。如图 4-4 所示，由程序给定 A→A'→B 间的精车形状，每次粗车 Δd，留精车余量 $\Delta u/$ 2、Δw，在执行完沿着 Z 轴方向的最后切削后，沿着精车形状进行粗加工切削，等粗加工切削结束后，执行由 Q 指定的程序段的下一个程序段。

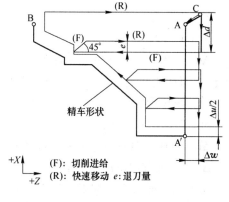

图 4-4　外圆粗车循环切削走刀路线

编程格式：

G71U(Δd)R(e)；

G71P(ns)Q(nf)U(Δu)W(Δw)F(f)S(s)T(t)；

N(ns)；
·
·　　从顺序号 ns 到 nf 的程序段指定 A→A'→B 的精车形状的移动指令
·
N(nf)；

Δd：X 向每次粗车的切削深度，半径值指定；

e：每次粗车退刀量，半径值指定；

ns：精车形状程序段组的第一个程序段顺序号；

nf：精车形状程序段组的最后一个程序段顺序号；

Δu：X 轴方向精加工余量，直径值指定；

Δw：Z轴方向精加工余量；

f，s、t：循环粗车加工中指定的F功能、S功能或T功能。在ns～nf间的程序段中指定的F功能、S功能或者T功能在循环粗车加工中将被忽略。

4.1.2.2　端面粗加工复合形固定循环指令G72

G72指令用于圆柱毛坯端面方向的粗车。如图4-5所示，由程序给定A→A'→B间的精车形状，每次粗车Δd，留精车余量Δu/2、Δw，在执行完沿着X轴方向的最后切削后，沿着精车形状进行粗加工切削，等粗加工切削结束后，执行由Q指定的程序段的下一个程序段。

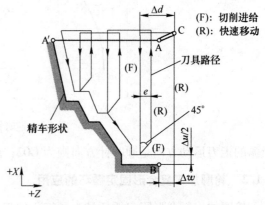

图4-5　端面粗车循环切削走刀路线

编程格式：

G72W(Δd)R(e)；

G71P(ns)Q(nf)U(Δu)W(Δw)F(f)S(s)T(t)；

$$N(ns)；$$
$$\cdot$$
$$\cdot$$
$$\cdot$$
$$N(nf)；$$

从顺序号ns到nf的程序段指定A→A'→B的精车形状的移动指令

Δd：Z向每次粗车的切削深度；

e：每次粗车退刀量，半径值指定；

ns：精车形状程序段组的第一个程序段顺序号；

nf：精车形状程序段组的最后一个程序段顺序号；

Δu：X轴方向精加工余量，直径值指定；

Δw：Z轴方向精加工余量；

f，s、t：循环粗车加工中指定的F功能、S功能或T功能。在ns～nf间的程序段中指定的F功能、S功能或者T功能在循环粗车加工中将被忽略。

4.1.2.3　闭环切削循环指令G73

G73指令主要用于工件毛坯已经具备了简单的零件轮廓的编程加工，如铸件、锻件等工件毛坯。这时粗加工使用G73循环指令可以省时，提高工效。

如图4-6所示，由程序给定A→A'→B间的精车形状，按编程指定的粗车次数进行粗车，留精车余量Δu/2、Δw。等粗加工切削结束后，执行由Q指定的程序段的下一个程序段。

编程格式：

G73W(Δk)U(Δi)R(d)；

G73P(ns)Q(nf)U(Δu)W(Δw)F(f)S(s)T(t)；

N(ns)；

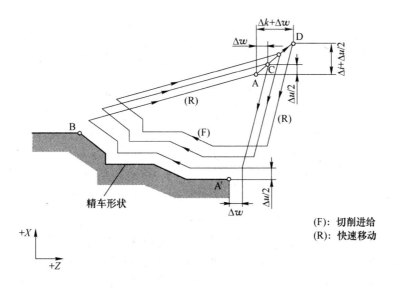

图 4-6　闭环切削循环走刀路线

N（ns）;
·
·
·
N（nf）;
}　从顺序号 ns 到 nf 的程序段指定 A→A'→B 的精车形状的移动指令

Δi：X 轴方向总退刀量，半径值指定;

Δk：Z 轴方向总退刀量;

d：粗车次数;

ns：精车形状程序段组的第一个程序段顺序号;

nf：精车形状程序段组的最后一个程序段顺序号;

Δu：X 轴方向精加工余量，直径值指定;

Δw：Z 轴方向精加工余量;

f、s、t：循环粗车加工中指定的 F 功能、S 功能或 T 功能。在 ns～nf 间的程序段中指定的 F 功能、S 功能或者 T 功能在循环粗车加工中将被忽略。

4.1.2.4　精加工循环指令 G70

执行 G71、G72、G73 粗加工循环指令以后的精加工循环。执行 G70 指令后，运行从顺序号 ns 到 nf 的精车形状程序，进行精加工。在顺序号 ns～nf 之间的程序段所指令的 F、S、T、M、第 2 辅助功能有效，在 G71、G72 或 G73 程序段中指定的 F、S、T、M、第 2 辅助功能在精加工中将被忽略。循环结束后，刀具以快速移动方式返回到起点，执行 G70 程序段的下一个程序段。

编程格式:

G70P（ns）Q（nf）;

ns：精车形状程序段组的第一个程序段顺序号;

nf：精车形状程序段组的最后一个程序段顺序号。

4.1.2.5　复合形固定循环（G70～G73）使用的注意事项

注意事项如下：

（1）必须在每个程序段中正确指定 P、Q、X、Z、U、W、R 等所需参数。

（2）精车形状的程序段，在由 G71、G72、G73 的地址 P 指定顺序号的程序段中，必须指定 01 组的 G 代码 G00 或 G01。如果没有指定，将发生报警（PS0065）。

（3）在由 G70、G71、G72、G73 的 P 和 Q 指定的顺序号程序段中，不能指定暂停（G04）指令。

（4）圆弧指令（G02、G03）在圆弧的起点和终点不得有半径差。如有半径差，则将无法正确识别精车形状，某些情况下会导致过切。

（5）图纸尺寸直接输入指令、倒角、拐角 R 指令必须具备多个程序段的指令。该多个程序段中途的程序段，不得为由 Q 指定的顺序号的最后的程序段。

（6）当执行 G70、G71、G72、G73 时，在一个程序中不能由地址 P 和 Q 来指定多个相同的顺序号。

（7）使用刀尖半径补偿时，由复合形固定循环指令（G70、G71、G72、G73）在前面的程序段中执行刀尖半径补偿指令（G41、G42），取消指令（G40）在精车形状程序段（由 P 指定的程序段起到由 Q 指定的程序段）的外边指令。

（8）在指定了 G70、G71、G72、G73 的程序段中，不可指定用户宏程序的宏程序调用（简单调用、模态调用、子程序调用）。

【任务实施】

4.1.3　凸圆弧中等复杂轴类零件的编程加工实例

4.1.3.1　加工实例

加工图 4-1 所示圆弧螺纹槽轴零件，单件小批量生产，毛坯材料为 $\phi40$mm 硬铝棒，实训设备：数控装置型号为 FANUC 0i Mate-TD 的大连 CKA6136 数控车床，按图样要求，编制数控程序及加工。

　　A　零件图分析

该零件的结构由半圆球、普通三角形外螺纹、外圆锥、阶台外圆、退刀槽和矩形槽所组成。外圆轮廓从加工起点 A 至加工终点 B 尺寸呈单调变化，如图 4-7 所示，可使用 G71 指令 I 型编程格式编程粗加工。长度方向总长有精度要求，其余轴向尺寸均为自由公差，表面粗糙度全部为 $Ra3.2$。零件图尺寸标注完整，符合数控加工尺寸标注要求。零件材料为硬铝，切削加工性能好，无热处理和形位公差及硬度要求。通过上述分析，采取以下几点工艺措施：对有精度要求的尺寸取中差编程，其余取基本尺寸编程，采用二次装夹完成全部加工。

　　B　零件加工工艺设计

　　a　工件毛坯装夹

该零件的加工采用二次装夹方式。第一次装夹用三爪自定心卡盘卡爪夹持棒料毛坯外

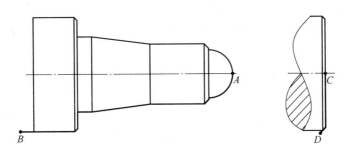

图 4-7　轮廓加工走刀路线设计

圆并找正，毛坯装夹长度距卡爪端面 80mm；第二次装夹用三爪自定心卡盘卡爪（或者用软爪）夹持已加工外圆 $\phi25$ 处并找正，外圆表面用铜皮包裹。

b　刀具选择

为完成该零件的加工，需要一把外圆车刀、普通螺纹车刀和一把既能用于切断又能用于切槽的外切槽刀。根据加工要求，选用机夹可转位式 95°外圆正偏刀一把，安装在 1 号刀位，刀偏号为 01 号，刀具编程指令为 T0101；选用能加工螺距为 1.5mm 的机夹可转位式右切外三角形螺纹车刀一把，安装在 2 号刀位，刀偏号为 02 号，刀具编程指令为 T0202；选用 4mm 宽机夹右手外切槽刀一把，切槽刀右刀尖为刀位点，安装在 4 号刀位，刀偏号为 04 号，刀具编程指令为 T0404。刀片材料均为涂层硬质合金。

c　编程原点的确定

工序 1 选择零件已加工右端面中心点 A 为编程坐标系的原点；工序 2 选择零件已加工左端面中心点 C 为编程坐标系的原点，如图 4-7 所示。

d　工艺路线

粗车外圆轮廓→精车外圆轮廓→切退刀槽→车削螺纹→粗切矩形槽→精切矩形槽→切断工件→工件调头二次装夹→精车左端面轮廓→取下工件加工结束。

具体步骤如下：

（1）粗车外圆轮廓，加工轮廓如图 4-7 所示，用 G71 指令 I 型格式编程粗加工。

（2）精车外圆轮廓至尺寸要求，公差取中值，用 G70 指令编程精加工。

（3）用 4mm 宽切槽刀切退刀槽至尺寸要求，用 G01/G00 指令编程加工。

（4）车螺纹，用 G92 螺纹指令编程加工。

（5）粗切矩形槽，两槽壁分别留 0.1mm 精加工余量，槽底单边留 0.1mm 精加工余量，用 G75 指令编程加工。

（6）精切矩形槽至尺寸要求，用 G01/G00 指令编程加工。

（7）用 4mm 宽切槽刀切断工件，工件切断长度 68.5mm，切至 $\phi3mm$ 即可，退刀停车后手掰断工件，用 G01/G00 指令编程加工。

（8）工件调头第二次装夹，用三爪自定心卡盘卡爪（可用软爪）夹持已加工外圆 $\phi25$ 处，阶台端面靠紧卡爪端面，找正后夹紧，外圆表面用铜皮包裹，工件伸出长度距卡爪端面 15.5mm，外圆刀对刀操作，确定刀偏值并存入 5 号刀偏号。

（9）左端面若加工余量较大，需先用手动粗车端面，留 0.1mm 精车余量，编程精车左端面轮廓，控制工件总长至尺寸要求。

（10）工件取下后去除毛刺并擦拭干净。

C　编制数控车床加工工序卡

工序内容详见表 4-1 和表 4-2。

表 4-1　数控车床加工工序卡一

单 位 名 称	产 品 名 称		零 件 名 称		零 件 图 号
四川机电职业技术学院	中等复杂轴		圆弧螺纹槽轴		SC-BCJG-6
工序	程序编号	夹具名称		使用设备	车　间
1	O1501	三爪卡盘		CKA6136	数控实训中心
序号	工艺内容	刀号	刀具规格	主轴转速 /r·min^{-1}	进给量 /mm·r^{-1}	背吃量/mm	量 具
1	粗车外圆轮廓	T0101	95°外圆正偏刀	1000	0.2	2	千分尺
2	精车外圆轮廓	T0101	95°外圆正偏刀	1400	0.1	0.2	千分尺
3	切退刀槽	T0404	4mm 切断刀	800	0.15	4	游标卡尺
4	车螺纹	T0202	外螺纹刀	1000	1.5		螺距规
5	粗车矩形槽	T0404	4mm 切断刀	800	0.15	4	游标卡尺
6	精车矩形槽	T0404	4mm 切断刀	1200	0.1	4	游标卡尺
7	切　断	T0404	4mm 切断刀	600	0.12	4	游标卡尺
8	工件二次装夹						
9	精车左端面轮廓	T0105	95°外圆正偏刀	1200	0.1	0.2	千分尺

表 4-2　数控车床加工工序卡二

单 位 名 称	产 品 名 称		零 件 名 称		零 件 图 号
四川机电职业技术学院	中等复杂轴		圆弧螺纹槽轴		SC-BCJG-6
工序	程序编号	夹具名称		使用设备	车　间
2	O1502	三爪卡盘		CKA6136	数控实训中心
序号	工艺内容	刀号	刀具规格	主轴转速 /r·min^{-1}	进给量 /mm·r^{-1}	背吃量/mm	量 具
1	工件二次装夹						
2	对刀操作	T01	95°外圆正偏刀	800	0.15		千分尺
3	精车左端面轮廓	T0105	95°外圆正偏刀	1400	0.1	0.2	千分尺

D　编制数控程序

工序 1：粗、精车零件轮廓、切退刀槽、车螺纹和矩形槽。

O1501；

G21 G40 G97 G99 M03 S1000；

T0101；

G00 X40 Z2；

G71 U2 R1；

G71 P10 Q20 U0.4 W0.1 F0.2；

N10 G00 X0；

S1400；

G01 Z0 F0.1；

G03 X16 Z-8 R8；
G01 X19.8 C1.5；
    W-20；
    X24.99 W-20
    Z-53
    X37.99 C1
N20 Z-73
G70 P10 Q20；
G00 X100 Z100；
T0404；
S800；
G00 X24 Z10；
    Z-24；
G01 X16 F0.15；
    X22；
G00 X100 Z100；
S1000；
T0202；G00 X24 Z5；
G92 X18.2 Z-22 F1.5；
G92 X18 Z-22 F1.5；

G92 X17.8 Z-22 F1.5；
G00 X100 Z100；
S800；
T0404；
G00 X40 Z-58.1；
G75 R0.5；
G75 X34.2 Z-58.9 P0 Q800 F0.15；
S1200；
G00 Z-58；
G01 X34.2 F0.1；
    W-0.3；
    X40；
G00 Z-59；
G01 X34 F0.1；
    Z-58；
    X40 W-0.3；
G00 Z-68.5；
    X40；
G00 X100 Z200；
M30；

工序 2：精车左端面轮廓

O1502；
G21 G40 G97 G99 M03 S1400；
T0105；
G00 X0 Z2；
G01 Z0 F0.1；

    X36；
    X40 Z-2
G00 X100 Z100；
M30；

E　零件加工

（1）编辑程序：输入编写的数控程序 O1501 和 O1502。

（2）程序校验：对 O1501 和 O1502 数控程序进行仿真校验并修改，程序校验正确后方可用于自动加工。

（3）装夹毛坯：用三爪自定心卡盘装夹工件毛坯、找正；第一次装夹毛坯伸出长度距卡爪端面80mm，第二次调头装夹工件伸出长度距卡爪端面15mm。

（4）安装刀具：95°外圆正偏刀安装在1号刀位；螺纹刀安装在2号刀位，按螺纹刀装刀要求并使用螺纹样板安装；切槽刀安装在4号刀位，按切断刀装刀要求安装。

（5）对刀操作：工件毛坯安装后分别对所用三把刀具逐一进行对刀，将每把刀具的刀偏值存入刀偏表，确认每把车刀的刀偏值正确；工件调头第二次装夹后，1号刀重新对刀（只需对 Z 轴方向），将刀偏值存入5号刀偏表。

（6）单段自动加工：调出 O1501 号数控程序，车床调至自动加工工作方式，单段模式，将进给修调倍率开关调至100%位置，快进倍率调至25%挡，按下"程序启动"键启动数控程序，执行单段自动加工；将工件调头二次装夹并对刀后调出 O1502 号数控程序完成单段自动加工。在整个加工过程中，操作者不得离开设备，注意观察加工情况，根据实际需要适当调整进给修调倍率和快进倍率的大小。

（7）工件检测：用量具按照零件图的要求逐项检测。

4.1.3.2　实训内容

A　实训项目一

（1）将图 4-1 所示圆弧螺纹槽轴的数控程序输入数控装置，校验程序，程序校验正确后请老师确认，按零件加工的要求安装好毛坯和刀具，对好刀并确认，调整好机床操作面板，完成该零件的单段自动加工。

（2）用游标卡尺、千分尺和螺距规按照零件图的要求逐项检测，如有不合格的项目，小组讨论，分析查找原因，教师讲评。

（3）改正错误，重新操作加工，直至零件加工合格。

B　实训项目二

（1）在老师指导下由学生完成图 4-9 圆弧轴的编程。

（2）将自编的数控程序输入数控装置，独立完成程序的校验及修改，直至正确为止。

（3）完成该零件的加工。

（4）检查质量，合格后交件待检。

4.1.3.3　容易产生的问题和注意事项

容易产生的问题和注意事项如下：

（1）需要在精车形状程序的开头程序段（顺序号 ns 的程序段中 A-A' 间的指令）中指定包含 G00 或 G01 的指令。

（2）在精车形状程序的开头程序段选择类型 I 或者类型 II。

（3）选择类型 I 时，在顺序号 ns 的程序段中，仅需指定 X 轴的指令。不得有 Z 轴的指令。

（4）在应用刀尖半径补偿时，通过应用了补偿的精车形状进行检查。

（5）校验程序锁住过机床，在对刀操作前必须重启数控装置，以建立正确的机床坐标系。

（6）车削前应检查工件装夹是否牢靠，刀具是否装夹紧固，卡盘扳手是否取下。

（7）车床未停稳，不能使用量具测量工件。

（8）程序仿真校验出现圆弧数据错报警，要仔细检查圆弧起点、终点坐标和圆弧半径是否正确。

（9）首件试加工必须使用单段自动加工方式，并将快进修调倍率调到 F0 或 25% 档。

【任务小结】

加工圆弧轮廓轴零件，必须核对零件图上的圆弧半径、起始点、终点尺寸是否正确，否则数控装置计算不出数控程序描述的圆弧轮廓，将发生报警。

加工较复杂轴类零件时，要仔细研究零件的结构，通过走刀路线的合理设计，将不能使用复合形固定循环编程的轮廓变为可使用复合形固定循环编程的轮廓，以简化编程。

使用 FANUC 0i Mate-TD 数控装置时，只有零件轮廓 X 轴和 Z 轴尺寸呈单调递增或递减变化时，才能使用复合形固定循环指令编程，否则将发生报警。

【思考与训练】

1. 简述圆弧插补指令的编程格式。
2. 简述圆弧插补指令参数 I、K 值大小和正、负的确定方法。
3. 圆弧顺、逆方向的判别方法是什么？
4. 简述复合形固定循环指令 G71 的编程格式并解释各参数的用法。
5. 简述复合形固定循环指令 G72 的编程格式并解释各参数的用法。
6. 简述复合形固定循环指令 G73 的编程格式并解释各参数的用法。
7. 复合形固定循环使用的注意事项有哪些？
8. 编写如图 4-8 圆弧台阶轴的数控程序并进行仿真校验。
9. 对如图 4-9 所示零件进行零件图分析、零件加工工艺设计、编制数控车床加工工序卡、编制数控程序及加工。

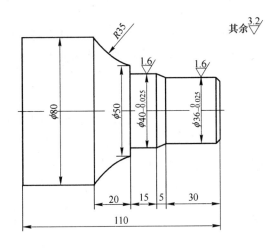

图 4-8　圆弧台阶轴

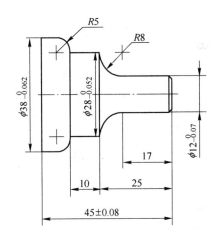

图 4-9　圆弧轴

综合数控车削任务 4.2

【学习任务】

　　加工如图 4-1 所示圆弧螺纹槽轴零件。单件小批量生产，毛坯材料为 $\phi40\text{mm}$ 硬铝棒，实训设备：数控装置型号为 FANUC 0i Mate-TD 的大连 CKA6136 数控车床，按图样要求，用恒线速功能编程加工。

【任务描述】

1. 了解切削线速度的概念。
2. 了解恒线速控制功能的概念。
3. 掌握恒线速控制指令的编程格式和方法。
4. 掌握恒线速取消指令的编程格式和方法。

5. 掌握最高转速限制指令的编程格式和方法。

6. 掌握恒线速控制功能使用的注意事项。

7. 掌握使用恒线速控制指令的编程方法和技巧。

8. 掌握中等复杂轴类零件的加工方法并形成技能。

9. 掌握中等复杂轴类零件的检测。

【知识准备】

4.2.1　恒线速控制功能

4.2.1.1　恒线速控制简述

在普通车床上加工零件时，主轴转速是一定值，工件上不同直径处的切削速度不同，车端面、圆锥面、圆弧面、切断、切槽时切削速度随切削直径的变化而变化，无法保证零件的加工表面质量要求。

现在的数控车床大多都有恒线速控制功能。对于直径变化的工件，因为工件上各点的切削线速度相同，使工件各表面粗糙度保持一致、纹路均匀、美观光滑，从而使工件表面质量显著提高，同时还可提高工作效率。

A　切削线速度

车床车削工件时，工件通常以主轴轴线为中心线进行旋转，刀具切削工件的切削点可以看成围绕主轴轴线作圆周运动，圆周切线方向的瞬时速度称为切削线速度（切削速度），通常简称线速度，也叫圆周速度简称周速。不同工件材料、刀具材料和加工性质，要求的切削速度不同。切削速度可由下式求出：

$$v_c = \frac{\pi d n}{1000} \tag{4-1}$$

式中　v_c——切削速度，m/min；

d——工件或刀具上某一点的回转直径，mm；

n——工件或刀具的转速，r/min。

车削时，在转速 n 值一定时，工件上不同直径处的切削速度不同，在计算时，取最大的切削速度。

B　恒线速控制功能

在车削非圆柱形内、外轮廓时，车床主轴转速可以连续变化，以保持实时切削位置的切削线速度恒定不变的控制功能，叫恒线速控制功能。在恒线速控制时，主轴转速随着 X 轴绝对坐标值的绝对值变化而变化，X 轴绝对坐标值的绝对值增大，主轴转速降低，X 轴绝对坐标值减小，主轴转速增大，使得切削线速度保持为一相对恒定速度值。只有数控车床的主轴为伺服主轴时，才具有恒线速控制功能。

有时为了提高效率和保证工件表面精度，需要以恒定的线速度来进行切削。但使用恒线速功能加工端面、圆锥面和圆弧面时，随着直径尺寸的变化，特别是当刀具接近工件中心时，主轴的转速会越来越高，造成离心力过大，产生危险甚至危及机床的寿命，所以要限制主轴的最高转速。当由设定的切削线速度计算出的主轴转速高于设定的转速时，主轴转速限制为当前设定的转速。

4.2.1.2　恒线速控制指令的编程要点

A　恒线速控制指令

编程格式：

G96 S__;

S 后面的数字表示的是恒定的线速度（m/min）。

S 后面指令的切削速度是恒定的，不随刀具的位置变化。数控装置根据切削速度计算出主轴转速，并把与其对应的电压送给主轴控制单元，使主轴的转速随刀具的位置变化，以保持切削速度不变。

例如 G96 S150 表示切削点的线速度控制在 150m/min。

B　恒线速取消指令（恒转速）

编程格式：

G97 S__;

S 后面的数字表示恒线速度控制取消后的主轴转速（r/min）。

程序执行 G97 后，取消恒线速度控制，转变为保持主轴转速的恒定。

例如 G97 S3000 表示恒线速控制取消后主轴转速 3000r/min。如 S 未指定，将保留 G96 的最终值。

C　最高转速限制指令

编程格式：

G50 S__;

S 后面的数字表示的是最高限速（r/min）。

例如 G50 S3000 表示最高转速限制为 3000r/min。

用恒线速度控制加工端面、圆锥面和圆弧面时，由于 X 坐标值不断变化，当刀具逐渐接近工件的旋转中心时，主轴转速会越来越高，工件有从卡盘飞出的危险，所以为防止事故的发生，必须限定主轴的最高转速。

举例

......

N8 G00 X1000.0 Z1400.0;

N9 T0303;

N11 X400.0 Z1050.0;

N12 G50 S3000;　　　　　　　　　　最高转速的指定

N13 G96 S200;　　　　　　　　　　　恒线速 200m/min

N14 G01 Z700.0 F1000;

N15 X600.0 Z400.0;

N16 Z…;

【任务实施】

4.2.2　恒线速功能加工轴类零件实例

4.2.2.1　加工实例

加工如图 4-1 所示圆弧螺纹槽轴零件。单件小批量生产，毛坯材料为 φ40mm 硬铝棒，实训设备：数控装置型号为 FANUC 0i Mate-TD 的大连 CKA6136 数控车床，按图样要求，用恒线速功能编程加工。

A　零件图分析

用恒转速功能加工如图 4-1 圆弧螺纹槽轴，检测零件可发现阶台端面、圆弧面等处外观质量不高。对于阶台端面、圆锥面及圆弧面外观质量要求较高的零件加工，采用恒线速功能编程加工可使工件表面质量显著提高，同时还可提高工作效率。

B　零件加工工艺设计

零件加工工艺设计与综合数控车削任务 4.1 零件加工工艺设计方案相同。

C　编制数控车床加工工序卡

数控车床加工工序与综合数控车削任务 4.1 加工工序相同。工序内容详见表 4-1 和表 4-2。

D　编制数控程序

工序 1：粗、精车零件轮廓、切退刀槽、车螺纹和矩形槽。

```
O1601;                              S1000;
G21 G40 G97 G99 M03 S1000;          T0202;G00 X24 Z5;
T0101;                              G92 X18.2 Z-22 F1.5;
G00 X40 Z2;                         G92 X18  Z-22 F1.5;
G71 U2 R1;                          G92 X17.8 Z-22 F1.5;
G71 P10 Q20 U0.4 W0.1 F0.2;         G00 X100 Z100;
N10 G00 X0;                         S800;
G01 Z0 F0.1;                        T0404;
G03 X16 Z-8 R8;                     G00 X40 Z-58.1;
G01 X19.8 C1.5;                     G75 R0.5;
    W-20;                           G75 X34.2 Z-58.9 P0 Q800 F0.15;
    X24.99 W-20;                    S1200;
    Z-53;                           G00 Z-58;
    X37.99 C1;                      G01 X34.2 F0.1;
N20 Z-73;                               W-0.3;
G50 S1800;                              X40;
G96 S170;                           G00 Z-59;
G70 P10 Q20;                        G01 X34 F0.1;
G00 X100 Z100;                          Z-58;
T0404;                                  X40 W-0.3;
G97 S800;                           G00 Z-68.5;
G00 X24 Z10;                            X40;
    Z-24;                           G00 X100 Z200;
G01 X16 F0.15;                      M30;
    X22;
G00 X100 Z100;
```

工序 2：精车左端面轮廓

```
O1602;
```

G50 S1800；	X36；
G21 G40 G99 G96 S170 M03；	X40 Z-2
T0105；	G00 X100 Z100；
G00 X0 Z2；	G97 S1000；
G01 Z0 F0.1；	M30；

E 零件加工

a 编辑程序

输入编写的数控程序 O1601 和 O1602。

b 程序校验

对 O1601 和 O1602 数控程序进行仿真校验并修改，程序校验正确后方可用于自动加工。

c 装夹毛坯

用三爪自定心卡盘装夹工件毛坯、找正；第一次装夹毛坯伸出长度距卡爪端面 80mm，第二次调头装夹工件伸出长度距卡爪端面 15mm。

d 安装刀具

95°外圆正偏刀安装在 1 号刀位；螺纹刀安装在 2 号刀位，按螺纹刀装刀要求并使用螺纹样板安装；切槽刀安装在 4 号刀位，按切断刀装刀要求安装。

e 对刀操作

工件毛坯安装后分别对所用三把刀具逐一进行对刀，将每把刀具的刀偏值存入刀偏表，确认每把车刀的刀偏值正确；工件调头第二次装夹后，1 号刀重新对刀（只需对 Z 轴方向），将刀偏值存入 5 号刀偏表。

f 单段自动加工

调出 O1601 号数控程序，车床调至自动加工工作方式，单段模式，将进给修调倍率开关调至 100% 位置，快进倍率调至 25% 档，按下"程序启动"键启动数控程序，执行单段自动加工；将工件调头二次装夹并对刀后调出 O1602 号数控程序完成单段自动加工。在整个加工过程中，操作者不得离开设备，注意观察加工情况，根据实际需要适当调整进给修调倍率和快进倍率的大小。

g 工件检测

用量具按照零件图的要求逐项检测。

4.2.2.2 实训内容

A 实训项目一

（1）将 O1601 和 O1602 号数控程序输入数控装置，校验程序，程序校验正确后请老师确认，按零件加工的要求安装好毛坯和刀具，对好刀并确认，调整好机床操作面板，完成该零件的单段自动加工。

（2）用游标卡尺、千分尺和螺距规按照零件图的要求逐项检测，如有不合格的项目，小组讨论，分析查找原因，教师讲评。

（3）改正错误，重新操作加工，直至零件加工合格。

B 实训项目二

（1）在老师指导下由学生完成图 4-10 所示球轴的编程。

（2）将编制的数控程序输入数控装置，独立完成程序的校验及修改，直至正确为止。

（3）完成该零件的加工。

（4）检查质量，合格后交件待检。

4.2.2.3　容易产生的问题和注意事项

容易产生的问题和注意事项如下：

（1）恒线速控制功能只有无级变速数控车床能用。

（2）使用恒线速控制功能，必须要限定主轴的最高转速。

（3）通常轮廓加工时使用恒线速功能，螺纹、退刀槽等加工使用恒转速控制功能。

（4）恒线速控制指令 G96 是一个模态 G 代码。恒线速控制指令 G96 使用结束后需要用恒转速控制指令 G97 及时取消，并设定当前加工需要的主轴转速。

（5）在指定 G96 指令之后，程序就进入恒线速控制的方式，而指定的 S 值则被视为切削速度。

（6）在进行恒线速控制时，工件的回转中心必须设定在工件坐标系 X 轴的零点上，即 X = 0 的位置上。

（7）在进行恒线速控制时，当主轴转速大于用 G50S_　；的程序指定的值（主轴最高转速），主轴转速将被钳制在主轴最高转速上。

（8）当接通电源时，主轴最高转速处在尚未被设定的状态，即速度不会被钳制的状态。在 M03（主轴正向旋转）或 M04（主轴负向旋转）被指定之前，G96 方式中的 S（周速）指令被认为是 S = 0（即周速为 0）。

（9）在进行实训项目二时，需要选择较小刀尖角的外圆车刀，否则在加工中，会发生过切。

（10）在对如图 4-10 所示球轴进行编程前，需要对图纸进行数学处理，计算出 R5 与 R15 圆弧的切点尺寸。

【任务小结】

现在的数控车床大多都有恒线速切削功能。对于直径变化的工件，因为工件上各点的切削线速度相同，使工件各表面粗糙度保持一致、纹路均匀、美观光滑，从而使工件表面质量显著提高，同时还可提高工作效率。

使用恒线速功能加工端面、圆锥面和圆弧面时，随着直径尺寸的变化，特别是当刀具接近工件中心时，主轴的转速会越来越高，造成离心力过大，产生危险甚至危及机床的寿命。所以要限制主轴的最高转速，也就是说当由切削线速度计算出的主轴转速高于设定的转速时，此时主轴转速限制为当前设定的转速。

【思考与训练】

1. 恒线速控制功能加工方式有哪些优点？

2. 什么叫切削速度？切削速度如何计算？

3. 什么叫恒线速控制功能？

4. 数控车床具有恒线速控制功能的必要条件是什么？

5. 使用恒线速控制功能需要注意什么问题？

6. 简述 G96、G97 及限速指令的编程格式并解释各参数的用法。

7. 对如图 4-10 所示球轴进行零件图分析、数学处理、零件加工工艺设计、编制数控车床加工工序卡、编制数控程序及加工。

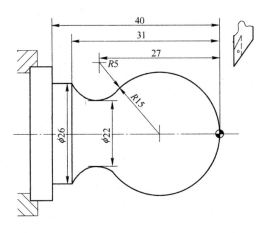

图 4-10 球轴

综合数控车削任务 4.3

【学习任务】

加工如图 4-11 所示圆弧螺纹阶台轴零件。单件小批量生产，毛坯材料为 ϕ45mm × 108mm 硬铝棒，实训设备：数控装置型号为 FANUC 0i-TD 的大连 CKA6136 数控车床，按图样要求，使用刀具半径补偿功能编制数控程序及加工。

【任务描述】

1. 了解刀具半径补偿的目的。
2. 掌握刀具半径补偿的原理。
3. 掌握刀具半径补偿指令的编程格式和方法。
4. 掌握刀具半径补偿的方法。
5. 掌握 G41、G42 的左右手判断法则。
6. 掌握车刀刀尖方向号的选择。
7. 掌握刀具半径补偿使用注意事项。
8. 掌握圆弧连接基点的计算方法。
9. 掌握圆弧槽轮廓轴类零件的编程加工方法并形成技能。
10. 掌握圆弧槽轮廓轴类零件的检测方法。

【知识准备】

4.3.1 刀具半径补偿功能

4.3.1.1 刀具半径补偿的目的

数控车床是以刀尖对刀的，为了增加刀尖处的强度，改善散热条件，实际使用的车刀

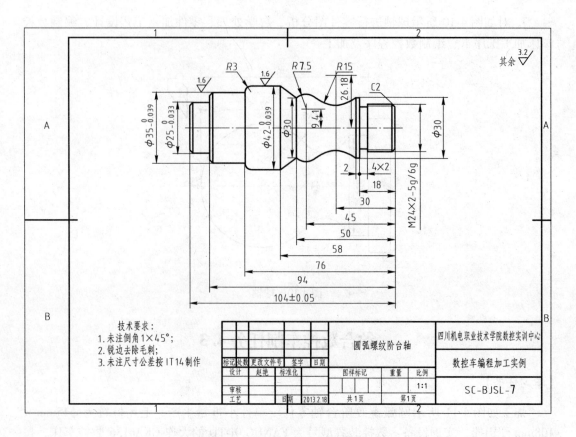

图 4-11　圆弧螺纹阶台轴零件图

的刀尖不是绝对尖，总有一段小圆弧，如图 4-12
所示。

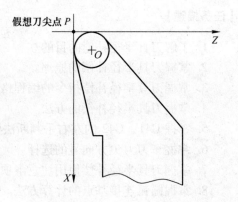

图 4-12　刀尖半径与假想刀尖

　　因为刀尖有圆角，在切削圆锥和圆弧时，会
产生误差，如图 4-13 所示。如果工件要求不高或
是粗加工、半精加工时可以忽略此误差，但在精
加工时就必须考虑刀尖圆弧半径对工件形状的影
响。为解决加工误差，数控装置提供了刀尖圆弧
半径补偿功能。理论刀尖实际上是不存在的，但
它方便设置刀具位置偏置，仍被广泛使用。

4.3.1.2　刀具半径补偿的原理

　　按照零件的轮廓进行编程，预先输入各把刀具的半径值，数控装置会自动计算出各把
刀具的中心运动轨迹，这种功能称为刀具半径补偿功能。

　　编程时不需要计算刀尖圆弧中心运动轨迹，只需按零件轮廓编程，使用刀具半径补偿
指令，并在操作面板上手工输入刀尖半径值，数控装置就会自动地计算出刀具中心的轨迹
并按照刀具中心轨迹运动。也就是说，当系统执行半径补偿后，刀具自动偏离工件轮廓一
个刀尖半径值，从而消除了刀尖圆弧半径对工件形状的影响，加工出所要求的工件的

轮廓。

需要指出的是，刀具补偿功能并不是程序编制人员来完成的，程序编制人员只是按零件的加工轮廓编制程序，同时应用指令告诉数控装置刀具是沿零件内轮廓还是外轮廓运动。实际的刀具补偿是在数控装置内部由计算机自动完成的。数控装置根据零件轮廓尺寸和刀具运动方向的指令，以及实际加工中所用的刀具半径值等自动完成刀具补偿计算。

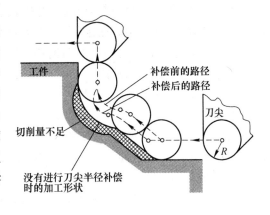

图 4-13   刀具半径产生的轮廓误差

4.3.1.3   刀具半径补偿指令

刀具半径补偿分为左刀具补偿和右刀具补偿。根据 ISO 标准，当刀具中心在切削移动方向的左侧时称为左刀具补偿，用 G41 表示；当刀具中心在切削移动方向的右侧时称为右刀具补偿，用 G42 表示。此时刀具中心与程序轨迹的垂直距离等于刀具半径值。当不需要进行刀具半径补偿时用 G40 表示。

A   取消刀具半径补偿指令 G40

编程格式：

G40 G00/G01X(U)_Z(W)_F_;

G40 用于取消由 G41 或 G42 设置的刀具补偿，刀具以 F 设置的速度移动到目标位置。目标位置由 X(U)、Z(W)设定。

G40 必须与 G41/G42 成对使用。其间不允许有换刀指令。

B   左右半径补偿指令 G41/G42

编程格式：

G41/G42 G00/G01X(U)_Z(W)_F_;

G41：是刀具半径左补偿指令（左刀补），即沿着刀具前进方向，刀具始终位于工件的左侧，如图 4-13 所示。

G42：是刀具半径右补偿指令（右刀补），即沿着刀具前进方向，刀具始终位于工件的右侧，如图 4-13 所示。

当轮廓加工需要从左补偿改换成右补偿时可以不用 G40 指令而直接转换，但大多数的转移类、循环类指令先前要用 G40 关闭。以后再根据需要使用 G41、G42 打开半径补偿。

4.3.1.4   刀具半径补偿的方法

刀具半径补偿不是由编程人员来完成的。编程人员在程序中指明何处进行刀具半径补偿，指明是进行左刀补还是右刀补，并指定刀具半径，刀具半径补偿的具体工作由数控装置中的刀具半径补偿功能来完成。一旦刀具半径补偿指令被调用后，刀具将按指定位置偏移出一个半径的值切入。后续的指令轮廓保持自动半径补偿，直到半径补偿撤销指令被调用。

刀具半径补偿的执行过程分为刀补建立、刀补进行和刀补撤销三个步骤：

（1）刀补建立：即刀具从起刀点接近工件，由刀补方向 G41/G42 决定刀具中心轨迹在原来的编程轨迹基础上向哪个方向偏移了一个刀具半径值，如图 4-14 所示。

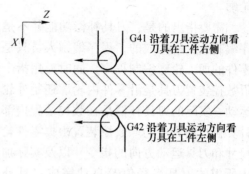

图 4-14　左刀补和右刀补

（2）刀补进行：一旦刀补建立则一直维持，直至被取消。在刀补进行期间，刀具中心轨迹始终偏离编程轨迹一个刀具半径值的距离。在转接处，采用了伸长、缩短和插入三种直线过渡方式。

（3）刀补撤销：即刀具撤离工件，回到起刀点。和建立刀具补偿一样，刀具中心轨迹也要比编程轨迹伸长或缩短一个刀具半径值的距离。

4.3.1.5　G41、G42 的左右手判断法则

伸开手掌，四指并拢，大拇指与手掌和四指垂直，掌面朝向 Y 轴的正方向，将手掌和四指当做工件，四指指向刀具运动方向，大拇指指向刀具相对工件的位置，符合左手法则为左补偿（G41），符合右手法则为右补偿（G42）。

4.3.1.6　车刀刀尖方向号的选择

刀尖圆弧半径补偿寄存器中，定义了车刀圆弧半径及刀尖的方向号。从刀尖半径中心看到的假想刀尖的方向，由切削过程中刀具的朝向决定，因此必须和补偿量一样事先设定。

车刀假想刀尖的方向号定义了刀具刀位点与刀尖圆弧中心的位置关系，其从 0～9 有十个方向，如图 4-15 所示，箭头的顶端表示假想刀尖。

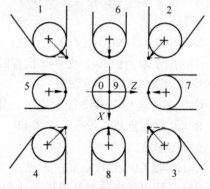

图 4-15　车刀假想刀尖方向号的定义

●—刀具假想刀尖 P；　＋—刀尖圆弧圆心 0

假想刀尖的方向可从 0～9 种中加以选择，当刀尖半径中心与起点对准在一起时，使用 0 号或 9 号假想刀尖。

4.3.1.7　使用注意事项

（1）刀尖半径补偿的建立与取消只能用 G00 或 G01 指令，不得是 G02 或 G03。

（2）G41/G42 不带参数，刀尖圆弧半径补偿是通过 G41/G42 代码及 T 代码指定的刀补号里定义的半径补偿值，加入或取消半径补偿。

（3）刀尖圆弧半径补偿寄存器中，定义了车刀圆弧半径及刀尖的方向号。

（4）刀具半径补偿指令都是模态代码，均具有长效性。

（5）由于刀补运算需要预读后面的运动程序段，因此如果出现连续两个以上的非运动指令（如辅助指令或暂停指令）程序段，或移动量为零的运动程序段时，会出现多切或少切现象。

【任务实施】

4.3.2　圆弧槽轮廓轴类零件编程加工实例

4.3.2.1　加工实例

加工如图 4-11 所示圆弧螺纹阶台轴零件。单件小批量生产，毛坯材料为 $\phi 45$mm × 108mm 硬铝棒，实训设备：数控装置型号为 FANUC 0i-TD 的大连 CKA6136 数控车床，按图样要求，使用刀具半径补偿功能编制数控程序及加工。

A　零件图分析

该零件的结构由普通三角形细牙外螺纹、退刀槽、凸凹圆弧轮廓、外圆锥、阶台外圆、直角和圆角所组成。右端外圆轮廓带圆弧凹槽结构，对配置 FANUC 0i-TD 数控装置的数控车床，可使用 G71 指令 Ⅱ 型编程格式编程粗加工。长度方向总长有精度要求，其余轴向尺寸均为自由公差，表面粗糙度全部为 $Ra3.2$。零件图尺寸标注不完整，缺内外圆弧轮廓的切点尺寸，普通三角形外螺纹大径和中径有公差要求，需计算中径基本尺寸和查表求出螺纹大径和中径公差。零件材料为硬铝，切削加工性能好，无热处理和形位公差及硬度要求。通过上述分析，采取以下几点工艺措施：对有精度要求的尺寸取中差编程，其余取基本尺寸编程，采用二次装夹完成全部加工。

B　数学处理

a　圆弧轮廓的基点尺寸计算

如图 4-16 所示，A 点是圆弧 $R15$ 的圆心，D 点是圆弧 $R7.5$ 的圆心，B 点是圆弧 $R15$、$R7.5$ 连接的切点，做直角三角形 ABC 和 ADE，直线 AF 垂直于工件轴心线，由图 4-11

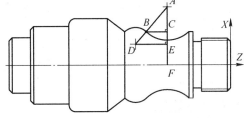

图 4-16　切点 B 坐标尺寸计算

可知，$AB = 15$，$AD = 22.5$，$DE = 15$，$AF = 26.18$，$EF = 9.41$，$AE = AF - EF = 16.77$，因为：

$$\frac{AB}{AD} = \frac{BC}{DE} \qquad \frac{AB}{AD} = \frac{AC}{AE}$$

所以：$BC = 10$，$AC = 11.18$，$CF = AF - AC = 15$，切点 B 坐标尺寸为（15，−40）。

b　普通三角形外螺纹中径基本尺寸计算

由表 2-12 可知普通三角形外螺纹中径基本尺寸计算如下：

$$d_2 = d - 0.6495P = 24 - 0.6495 \times 2 = 22.701mm$$

由计算得到 M24 × 2 普通三角形细牙外螺纹中径的基本尺寸为 $\phi 22.701$mm。

c　普通三角形外螺纹大径和中径公差

由螺纹标记可得，该螺纹为外细牙螺纹，其螺距 $P = 2$mm，$d_2 = 22.701$mm，按外螺纹计算。查三角形螺纹的基本偏差、大径公差和中径公差表可得：

g 的基本偏差 = −0.038mm

公差等级为 5 时，中径公差 $T_{d2} = 0.132$mm

公差等级为 6 时，大径公差 $T_d = 0.28$mm

所以：中径上偏差 es = −0.038mm

中径下偏差 $ei = es - T_{d2} = -0.038 - 0.132 = -0.17$mm

大径上偏差 $es = -0.038$mm

大径下偏差 $ei = es - T_d = -0.038 - 0.28 = -0.318$mm

即，中径 $\phi 24^{-0.038}_{-0.318}$mm，$\phi 24^{-0.038}_{-0.318}$mm。

C　零件加工工艺设计

a　工件毛坯装夹

该零件的加工采用二次装夹方式。第一次装夹用三爪自定心卡盘卡爪夹持棒料毛坯外圆并找正，毛坯装夹长度距卡爪端面 60mm，如图 4-17(a)所示；第二次装夹用三爪自定心卡盘卡爪（或者用软爪）夹持已加工外圆 $\phi 35$ 处并找正，外圆表面用铜皮包裹，如图 4-17(b)所示。

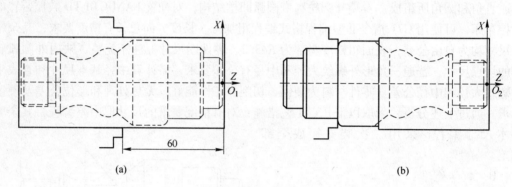

图 4-17　工件装夹示意图

(a) 第一次装夹；(b) 第二次装夹

b　刀具选择

为完成该零件的加工，需要一把外圆车刀、普通螺纹车刀和一把既能用于切槽又能用于切断的外切槽刀。根据加工要求，选用刀尖角为 35°的机夹可转位式 93°外圆正偏刀一把，安装在 1 号刀位，刀偏号为 01 号，刀具编程指令为 T0101，刀尖圆弧半径 0.4mm；选用能加工螺距为 2mm 的机夹可转位式右切外三角形螺纹车刀一把，安装在 2 号刀位，刀偏号为 02 号，刀具编程指令为 T0202；选用 4mm 宽机夹右手外切槽刀一把，切槽刀右刀尖为刀位点，安装在 4 号刀位，刀偏号为 04 号，刀具编程指令为 T0404。刀片材料均为涂层硬质合金。

c　编程原点的确定

工序 1 选择零件已加工左端面中心点 O_1 为编程坐标系的原点，如图 4-17(a)所示；工序 2 选择零件已加工右端面中心点 O_2 为编程坐标系的原点，如图 4-17(b)所示。

d　工艺路线

粗车左端阶台外圆轮廓→精车左端阶台外圆轮廓→工件调头二次装夹→粗车右端外圆轮廓→精车右端外圆轮廓→切退刀槽→车削螺纹→取下工件加工结束。如下所示：

(1) 粗车左端阶台外圆轮廓，用 G71 指令 I 型格式编程粗加工。

(2) 精车左端阶台外圆轮廓至尺寸要求，公差取中值，用 G70 指令编程精加工。

(3) 工件调头第二次装夹，用三爪自定心卡盘卡爪（可用软爪）夹持已加工外圆 $\phi 35$ 处，外圆表面用铜皮包裹，找正后夹紧，外圆刀对刀操作，确定刀偏值并存入 5 号刀偏号，依次完成螺纹刀、切槽刀对刀操作。

（4）粗车右端外圆轮廓，用 G71 指令 Ⅱ 型格式编程粗加工。

（5）精车右端外圆轮廓至尺寸要求，公差取中值，用 G70 指令编程精加工。

（6）用 4mm 宽切槽刀切退刀槽至尺寸要求，用 G01/G00 指令编程加工。

（7）车螺纹，用 G92 螺纹指令编程加工。

（8）工件取下后去除毛刺并擦拭干净。

D　编制数控车床加工工序卡

工序内容详见表 4-3 和表 4-4。

表 4-3　数控车床加工工序卡一

单 位 名 称	产 品 名 称	零 件 名 称	零 件 图 号
四川机电职业技术学院	中等复杂轴	圆弧螺纹阶台轴	SC-BCJG-7
工序	程序编号	夹具名称	使用设备	车 间
1	O1701	三爪卡盘	CKA6136	数控实训中心

序号	工艺内容	刀具号	刀具规格	主轴转速 /r·min^{-1}	进给量 /mm·r^{-1}	背吃量/mm	量 具
1	粗车左端外圆轮廓	T0101	93°外圆正偏刀	1000	0.2	2	千分尺
2	精车左端外圆轮廓	T0101	93°外圆正偏刀	1400	0.05	0.2	千分尺

表 4-4　数控车床加工工序卡二

单 位 名 称	产 品 名 称	零 件 名 称	零 件 图 号
四川机电职业技术学院	中等复杂轴	圆弧螺纹阶台轴	SC-BCJG-7
工序	程序编号	夹具名称	使用设备	车 间
2	O1702	三爪卡盘	CKA6136	数控实训中心

序号	工艺内容	刀具号	刀具规格	主轴转速 /r·min^{-1}	进给量 /mm·r^{-1}	背吃量/mm	量 具
1	工件二次装夹						
2	对刀操作	T01、T02、T04		800	0.15		
3	粗车右端外圆轮廓	T0105	93°外圆车刀	1000	0.2	2	千分尺
4	精车右端外圆轮廓	T0105	93°外圆车刀	1400	0.1	0.2	千分尺
5	切退刀槽	T0404	4mm 切断刀	800	0.1	4	游标卡尺
6	车螺纹	T0202	外螺纹刀	700	2		螺纹千分尺

E　编制数控程序

工序 1：粗、精车左端阶台外圆轮廓

```
O1701；
G21 G40 G97 G99 M03 S1000；
T0101；
G00 X60 Z10；
G42 G00 X45 Z2；
G71 U2 R1；
G71 P10 Q20 U0.4 W0.1 F0.2；
N10 G00 X0；

S1400；
G01 Z0 F0.05；
X24.99 C1；
Z-10；
X34.99 C1；
W-18；
Z-53；
```

X41.99 R3；

N20 Z-50；

G70 P10 Q20；

工序 2：粗、精车右端外圆轮廓、切退刀槽和车螺纹

O1702；

G21 G40 G97 G99 M03 S1000；

T0101；

G00 X60 Z10；

G42 G00 X45 Z2；

G71 U2 R1；

G71 P10 Q20 U0.4 W0.1 F0.2；

N10 G00 X0 W0；

S1400；

G01 Z0 F0.1；

　X23.80 C2；

　Z-18；

　X30 C0.6；

　W-2；

G02 X30 Z-40 R15；

G03 X30 Z-50 R7.5；

N20 G01 X44 Z-59；

G70 P10 Q20；

G40 G00 X100 Z100；

M30；

G40 G00 X100 Z100；

T0404；

S800；

G00 X26 Z10；

　Z-14；

G01 X20 F0.15；

　X26；

G00 X100 Z100；

S700；

T0202；

G00 X28 Z8；

G92 X22 Z-15 F2；

　X21.5；

　X21.3；

　X21.2；

G00 X100 Z100；

M30；

F　零件加工

a　编辑程序

输入编写的数控程序 O1701 和 O1702。

b　程序校验

对 O1701 和 O1702 数控程序进行仿真校验并修改，程序校验正确后方可用于自动加工。

c　装夹毛坯

用三爪自定心卡盘装夹工件毛坯、找正；第一次装夹毛坯伸出长度距卡爪端面 60mm，第二次调头装夹工件伸出长度距卡爪端面 78mm 左右。

d　安装刀具

93° 外圆正偏刀安装在 1 号刀位；螺纹刀安装在 2 号刀位，按螺纹刀装刀要求并使用螺纹样板安装；切槽刀安装在 4 号刀位，按切断刀装刀要求安装。

e　对刀操作

工件毛坯安装后对 1 号刀进行对刀，将刀偏值存入刀偏表，确认刀偏值正确；工件调头第二次装夹后，分别对所用三把刀具逐一进行对刀，将每把刀具的刀偏值存入刀偏表，确认每把车刀的刀偏值正确。

f　单段自动加工

　　调出 O1701 号数控程序，车床调至自动加工工作方式，单段模式，将进给修调倍率开关调至 100% 位置，快进倍率调至 25% 档，按下"程序启动"键启动数控程序，执行单段自动加工；将工件调头二次装夹并对刀后调出 O1702 号数控程序完成单段自动加工。在整个加工过程中，操作者不得离开设备，注意观察加工情况，根据实际需要适当调整进给修调倍率和快进倍率的大小。

　　g　工件检测

　　用量具按照零件图的要求逐项检测。

4.3.2.2　实训内容

　　A　实训项目一

　　（1）将 O1701 和 O1702 号数控程序输入数控装置，校验程序，程序校验正确后请老师确认，按零件加工的要求安装好毛坯和刀具，对好刀并确认，调整好机床操作面板，完成该零件的单段自动加工。

　　（2）用游标卡尺、千分尺和螺纹千分尺按照零件图的要求逐项检测，如有不合格的项目，小组讨论，分析查找原因，教师讲评。

　　（3）改正错误，重新操作加工，直至零件加工合格。

　　B　实训项目二

　　（1）在老师指导下由学生完成图 4-19 所示凹凸圆弧螺纹轴的编程。

　　（2）将自编的数控程序输入数控装置，独立完成程序的校验及修改，直至正确为止。

　　（3）完成该零件的加工。

　　（4）检查质量，合格后交件待检。

4.3.2.3　容易产生的问题和注意事项

　　容易产生的问题和注意事项如下：

　　（1）在选择外圆车刀时，要注意刀尖角的大小，防止刀具与工件发生干涉。

　　（2）在精车形状程序的开头程序段选择类型 Ⅱ。

　　（3）选择类型 Ⅱ 时，在顺序号 ns 的程序段中，需指定 X、Z 轴的指令。

　　（4）在应用刀尖半径补偿时，通过应用了补偿的精车形状进行检查。

　　（5）在应用刀尖半径补偿时，注意刀补建立的路径，否则不能对轮廓误差正确补偿。

　　（6）编程时不需要计算刀具中心运动轨迹，只按零件轮廓编程，使用刀具半径补偿指令，并在操作面板上手工输入刀尖半径值，数控系统就会自动地计算。

　　（7）一般在数控刀具包装盒上都有刀尖半径值的标注，有的在机夹刀片上有标注。

　　（8）在计算零件轮廓的基点和节点尺寸数据时，必须要精确到 0.01mm。如果计算精度不够，数控装置会把基点和节点尺寸数据作为错误数据处理而报警。

【任务小结】

　　加工圆弧凹槽轮廓时，如果数控装置有加工圆弧凹槽轮廓的功能，编程将十分简单，按照指令使用要求格式和参数指令即可。

　　加工圆弧凹槽轮廓时，要根据零件的轮廓形状合理选择刀具形状，要特别注意在加工中刀具是否会与工件发生干涉和过切。有时刀具需要特殊设计，此时要注意刀具的强度是否能满足加工的要求。

【思考与训练】

1. 刀具半径补偿功能的定义。

2. 刀具半径补偿指令有哪些？

3. 简述刀具半径补偿的执行过程。

4. 刀具半径补偿分哪几步？在什么指令下建立与取消刀具半径补偿功能？

5. 简述 G41、G42 的左右手判断法则。

6. 刀具半径补偿指令使用的注意事项有哪些？

7. 编写图 4-18 凹凸圆弧槽轴的数控程序并进行仿真校验。

8. 对图 4-19 凹凸圆弧螺纹轴所示零件进行零件图分析、数学处理、零件加工工艺设计、编制数控车床加工工序卡、编制数控程序及加工。

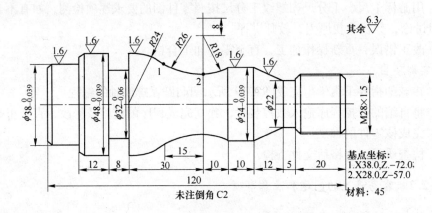

图 4-18　凹凸圆弧槽轴

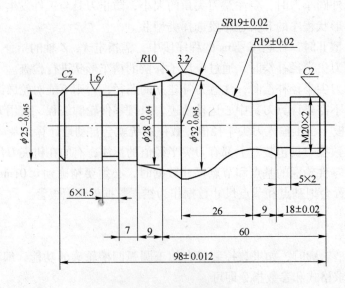

图 4-19　凹凸圆弧螺纹轴

综合数控车削任务 4.4

【学习任务】

加工如图 4-11 所示圆弧螺纹阶台轴零件。单件小批量生产，毛坯材料为 $\phi45mm \times 108mm$ 硬铝棒，实训设备：数控装置型号为 FANUC 0i Mate-TD 的大连 CKA6136 数控车床，按图样要求，使用子程序编制数控程序及加工。

【任务描述】

1. 了解子程序的定义。
2. 掌握子程序的调用编程方法。
3. 掌握子程序的应用原则。
4. 掌握使用子程序编程加工圆弧槽轮廓轴类零件工艺路线确定的方法。
5. 掌握使用子程序编程的方法和技巧。
6. 掌握圆弧槽轮廓轴类零件的编程加工方法并形成技能。

【知识准备】

4.4.1 子程序功能

在某些被加工的零件中，常常会出现几何形状完全相同的加工轨迹，如果利用一般指令编程，程序中会重复出现相同结构的一组程序段。为了简化编程，可将这一组重复出现的程序段看作一个循环单元，并按一定的格式编写成子程序。主程序在执行过程中若需要某一子程序，可以通过调用指令来调用该程序，子程序执行后又可以返回主程序，继续执行后面的程序段。

数控装置提供的子程序功能，为在不能使用循环指令编程的情况下，简化数控程序的编制带来很大方便，减小了程序容量。子程序在数控编程中应用相当广泛。

4.4.1.1 子程序的定义

在编制加工程序中，有时会遇到一组程序段在一个程序中多次出现，或者几个程序中都要使用它，可以把这类程序做成固定程序，并单独加以命名，事先存储起来，这组程序段就称为子程序。

4.4.1.2 子程序的调用

子程序在存储器方式下调出使用，主程序可以调用子程序，一个子程序也可以调用下一级的子程序。子程序执行完后返回到主程序中，从调用子程序的程序段的下一句程序段运行。

A 子程序的调用编程格式

格式一：M98 P○○○○ ○○○○；

　　　　　　　　↑　　　　↑

　　　　重复调用次数 子程序号

格式二：M98 P〇〇〇〇 L□□□□□□□□；

　　　　　　　　↑　　　　　　↑

　　　　　　子程序号　　重复调用次数

B　说明：

（1）在编程格式一中，P 为被主程序调用的子程序号和重复调用次数，P 后跟 8 位数，前四位表示子程序重复调用次数，省略时为调用一次，后四位表示调用的子程序号。

（2）在编程格式二中，P 为被主程序调用的子程序号，L 为子程序重复调用次数，且 P、L 后面的四位数中前面的 0 可以省略不写。如只调用一次，则 L 及后面的数字可省略。

C　子程序的格式

与主程序相似，区别在于程序结束使用 M99 从子程序返回，如下所示：

O××××；　　子程序号

·

·

·

M99；　　　　程序结尾

D　从一个主程序中调用并执行子程序的顺序

当主程序调用一个子程序时，认为是一个 1 级子程序调用，这样，子程序调用可以嵌套多达 10 级，如图 4-20 所示。

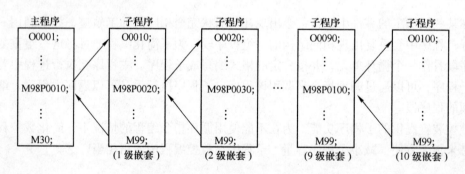

图 4-20　子程序嵌套

举例

主程序　　　　　　　　　　　　　　　　　　　　　　子程序

N0010…；　　　　　　　　　　　1　2　3　　O1010…；

N0020…；　　　　　　　　　　　　　　　　　N1020…；

N0030 M98 P21010；　　　　　　　　　　　　N1030…；

N0040…；　　　　　　　　　　　　　　　　　N1040…；

N0050 M98 P1010；　　　　　　　　　　　　　N0050…；

N0060…；　　　　　　　　　　　　　　　　　N1060…M99；

从子程序再调用子程序，与从主程序调用子程序的方法相同。

4.4.1.3 子程序的应用原则

A 零件上有若干处相同的轮廓形状

在这种情况下只编写一个子程序,然后用主程序调用若干次该子程序执行加工即可。

B 程序的内容具有相对独立性

在加工较复杂的零件时,往往包含许多独立的工序,有时需要对加工顺序进行适当的调整。为方便修改数控程序,把每一个的工序编成一个独立子程序,主程序中只需加入换刀和调用子程序等程序段,优化加工顺序后,只需简单调整主程序即可。

C 加工中反复出现有相同轨迹的走刀路线

被加工的零件需要刀具在某一区域内分层粗加工,走刀轨迹总是出现某一特定的轮廓形状,采用子程序比较方便,此时通常要以增量方式编程。

【任务实施】

4.4.2 子程序编程加工实例

4.4.2.1 加工实例

加工如图 4-11 所示圆弧螺纹阶台轴零件,单件小批量生产,毛坯材料为 ϕ45mm × 108mm 硬铝棒,实训设备:数控装置型号为 FANUC 0i Mate-TD 的大连 CKA6136 数控车床,按图样要求,使用子程序编制数控程序及加工。

A 零件图分析

该零件的结构由普通三角形细牙外螺纹、退刀槽、凸凹圆弧轮廓、外圆锥、阶台外圆、直角和圆角所组成。右端外圆轮廓带圆弧凹槽结构,对配置 FANUC 0i Mate-TD 数控装置的数控车床,由于 G71 指令不具备加工凹槽的功能,所以圆弧凹槽轮廓部分只有使用基本指令来编写数控程序,而使用子程序可大大简化编程。用子程序编程加工右端全部外圆轮廓,编程量很大,还会出现走空刀的轨迹路线,降低加工效率,因此走刀路线的设计至为重要。根据圆弧螺纹阶台轴的结构,可先将图 4-15 外圆轮廓处理成如图 4-21 所示,

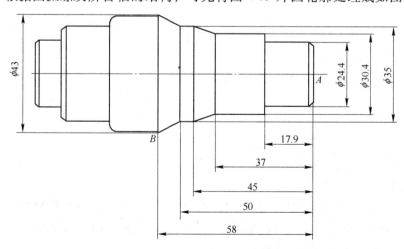

图 4-21 圆弧螺纹阶台轴工艺处理后的外圆轮廓加工图

右端外圆轮廓从加工起点 A 至加工终点 B 尺寸呈单调变化，可使用 G71 指令编程粗加工，去除大量加工余量，再用子程序编程粗加工圆弧凹槽。为保证轮廓光滑连接，最后再编程精加工右端外圆轮廓。

B　数学处理

圆弧轮廓基点的计算和普通三角形外螺纹相关尺寸计算方法与综合数控车削任务 4.3 相同。

C　零件加工工艺设计

a　工件毛坯装夹

该零件的加工采用二次装夹方式。第一次装夹用三爪自定心卡盘卡爪夹持棒料毛坯外圆并找正，毛坯装夹长度距卡爪端面 60mm，如图 4-17（a）所示；第二次装夹用三爪自定心卡盘卡爪（或者用软爪）夹持已加工外圆 $\phi35$ 处并找正，外圆表面用铜皮包裹，如图 4-17（b）所示。

b　刀具选择

为完成该零件的加工，需要一把外圆车刀、普通螺纹车刀和一把既能用于切槽又能用于切断的外切槽刀。根据加工要求，选用刀尖角为 35° 的机夹可转位式 93° 外圆正偏刀一把，安装在 1 号刀位，刀偏号为 01 号，刀具编程指令为 T0101，刀尖圆弧半径 0.4mm；选用能加工螺距为 2mm 的机夹可转位式右切外三角形螺纹车刀一把，安装在 2 号刀位，刀偏号为 02 号，刀具编程指令为 T0202；选用 4mm 宽机夹右手外切槽刀一把，切槽刀右刀尖为刀位点，安装在 4 号刀位，刀偏号为 04 号，刀具编程指令为 T0404。刀片材料均为涂层硬质合金。

c　编程原点的确定

工序 1 选择零件已加工左端面中心点 O_1 为编程坐标系的原点，如图 4-17（a）所示；工序 2 选择零件已加工右端面中心点 O_2 为编程坐标系的原点，如图 4-17（b）所示。

d　工艺路线

粗车左端阶台外圆轮廓→精车左端阶台外圆轮廓→工件调头二次装夹→粗车右端外圆轮廓→精车右端外圆轮廓→切退刀槽→车削螺纹→取下工件加工结束。如下所示：

（1）粗车左端阶台外圆轮廓，用 G71 指令编程粗加工。

（2）精车左端阶台外圆轮廓至尺寸要求，公差取中值，用 G70 指令编程精加工。

（3）工件调头第二次装夹，用三爪自定心卡盘卡爪（可用软爪）夹持已加工外圆 $\phi35$ 处，外圆表面用铜皮包裹，找正后夹紧，外圆刀对刀操作，确定刀偏值并存入 5 号刀偏号，依次完成螺纹刀、切槽刀对刀操作。

（4）用 G71 指令编程粗车图 4-21 所示右端外圆轮廓，再用子程序编程粗车图 4-15 所示右端外圆圆弧凹槽轮廓。

（5）精车右端外圆轮廓至尺寸要求，公差取中值，用基本指令编程精加工。

（6）用 4mm 宽切槽刀切退刀槽至尺寸要求，用 G01/G00 指令编程加工。

（7）车螺纹，用 G92 螺纹指令编程加工。

（8）工件取下后去除毛刺并擦拭干净。

D　编制数控车床加工工序卡

数控车床加工工序与综合数控车削任务 4.3 工序方案相同。工序内容详见表 4-3、表 4-4。

E　编制数控程序

工序 1：粗、精车左端阶台外圆轮廓，见 O1701 号数控程序。

工序 2：粗、精车右端外圆轮廓、切退刀槽和车螺纹。

O1802；主程序

G21 G40 G97 G99 M03 S1000；

T0101；

G00 X50 Z5；

M98 P1901；

G00 X38 Z-20；

M98 P41902；

G00 X60 Z10；

M98 P1903；

T0404；

S800；

M98 P1904；

S700；

T0202；

M98 P1905；

M30；

O1901；子程序 1：粗车图 4-21 右端外圆轮廓

G00 X45 Z2；

G71 U2 R1；

G71 P10 Q20 U0 W0 F0.2；

N10 G00 X0；

G01 Z0 F0.1；

X24.4 C2；

Z-17.9；

X30.4；

Z-37；

X35 Z-45；

Z-50；

N20 X43 Z-58；

M99；

O1902；子程序 2：粗车圆弧凹槽轮廓

G00 U-1.9

G02 U0 Z-40 R15；

G03 U0 Z-50 R7.5；

G01 U13 Z-58；

Z-20

U-13

M99；

O1903；子程序 3：精车右端外圆轮廓

G42 G00 X45 Z2；

G00 X0；

S1400；

G01 Z0 F0.1；

　X23.8 C2；

　Z-18；

　X30 C0.6；

W-2；

G02 X30 Z-40 R15；

G03 X30 Z-50 R7.5；

G01 X44 Z-59；

G40 G00 X100 Z100；

M99；

O1904；子程序 4：切退刀槽

G00 X26 Z10；

　　Z-14；

G01 X20 F0.15；

　X26；

G00 X100 Z100；

M99；

O1905；子程序 5：车螺纹

G00 X28 Z8；

G92 X22 Z-15 F2；

X21.5；

X21.3；

X21.2；

G00 X100 Z100；

M99；

F　零件加工

a　编辑程序

输入主程序 O1701、O1802 和子程序 O1901、O1902、O1903、O1904、O1905。

b　程序校验

对数控程序进行仿真校验并修改，程序校验正确后方可用于自动加工。

c　装夹毛坯

用三爪自定心卡盘装夹工件毛坯、找正；第一次装夹毛坯伸出长度距卡爪端面 60mm，第二次调头装夹工件伸出长度距卡爪端面 78mm 左右。

d　安装刀具

93°外圆正偏刀安装在 1 号刀位；螺纹刀安装在 2 号刀位，按螺纹刀装刀要求并使用螺纹样板安装；切槽刀安装在 4 号刀位，按切断刀装刀要求安装。

e　对刀操作

工件毛坯安装后对 1 号刀进行对刀，将刀偏值存入刀偏表，确认刀偏值正确；工件调头第二次装夹后，分别对所用三把刀具逐一进行对刀，将每把刀具的刀偏值存入刀偏表，确认每把车刀的刀偏值正确。

f　单段自动加工

调出 O1701 号数控程序，车床调至自动加工工作方式，单段模式，将进给修调倍率开关调至 100% 位置，快进倍率调至 25% 挡，按下 "程序启动" 键启动数控程序，执行单段自动加工；将工件调头二次装夹并对刀后调出 O1802 号数控程序完成单段自动加工。在整个加工过程中，操作者不得离开设备，注意观察加工情况，根据实际需要适当调整进给修调倍率和快进倍率的大小。

g　工件检测

用量具按照零件图的要求逐项检测。

4.4.2.2　实训内容

A　实训项目一

（1）将主程序 O1701、O1802 和子程序 O1901、O1902、O1903、O1904、O1905 输入

数控装置，校验程序，程序校验正确后请老师确认，按零件加工的要求安装好毛坯和刀具，对好刀并确认，调整好机床操作面板，完成该零件的单段自动加工。

（2）用游标卡尺、千分尺和螺纹千分尺按照零件图的要求逐项检测，如有不合格的项目，小组讨论，分析查找原因，教师讲评。

（3）改正错误，重新操作加工，直至零件加工合格。

B　实训项目二

（1）在老师指导下由学生完成图 4-22 所示槽轴的编程。

（2）将自编的数控程序输入数控装置，独立完成程序的校验及修改，直至正确为止。

（3）完成该零件的加工。

（4）检查质量，合格后交件待检。

C　实训项目三

（1）在老师指导下由学生完成图 4-23 所示凹槽圆弧轴的编程。

（2）将自编的数控程序输入数控装置，独立完成程序的校验及修改，直至正确为止。

（3）完成该零件的加工。

（4）检查质量，合格后交件待检。

4.4.2.3　容易产生的问题和注意事项

（1）通过重复指定（P8 位数）进行调用时，子程序号不到 4 位数的情况下，请将上位数作为 0 而设定为 4 位数后再指令。

　　例：P100100：10 次调用，子程序号 100。

　　　　P50001：5 次调用，子程序号 1。

（2）省略重复调用次数时，重复调用次数为一次。此时，不必将子程序号设定为 4 位数后再指令。

（3）通过重复指定（P8 位数）进行调用时，请勿在相同程序段内指令地址 L。

（4）若重复数次调用同一子程序加工某个零件轮廓，此时必须要以增量方式编程才能实现。

（5）在加工圆弧凹槽轮廓时一般选用刀尖角为 35°的机夹外圆车刀。

（6）加工凹槽轮廓时，加工前要计算好刀具的副偏角，按要求选择和安装刀具，防止刀具与工件发生干涉。

【任务小结】

数控装置提供的子程序功能，为在不能使用循环指令编程的情况下，简化数控程序的编制带来很大方便，减小了程序容量。

对配置 FANUC 0i Mate-TD 数控装置的数控车床，由于 G71 指令不具备加工凹槽的功能，所以凹槽轮廓加工只有使用基本指令来编写数控程序，而使用子程序可大大简化编程。

用子程序编程加工凹槽轮廓会出现大量走空刀的轨迹路线，降低加工效率，因此走刀路线的设计至为重要。应根据所加工零件的结构，合理设计走刀路线，使工件尺寸呈非单调变化的凹槽轮廓变为工件尺寸呈单调变化的轮廓结构，使用 G71 指令编程粗加工，去除大量加工余量，再用子程序编程粗加工凹槽轮廓，最后再编程精加工零件轮廓，这样既能保证加工具有一定的工效，又能保证零件的外观质量。

【思考与训练】

1. 简述子程序的作用。

2. 什么叫子程序？

3. 简述子程序的调用编程格式并解释各参数的用法。

4. 简述子程序的编程格式。

5. 简述子程序的应用原则。

6. 子程序调用的注意事项有哪些？

7. 编写如图 4-22 所示槽轴的数控程序并完成加工，要求用子程序编程加工矩形槽。

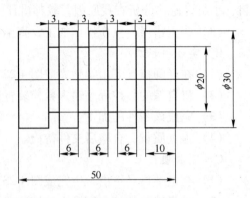

图 4-22　槽轴

8. 对如图 4-23 所示零件进行零件图分析、图形的数学处理、零件加工工艺设计、编制数控车床加工工序卡、编制数控程序及加工。

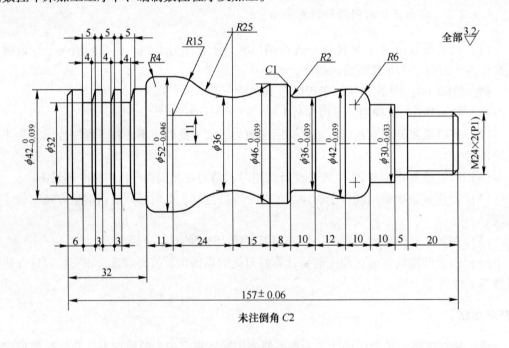

图 4-23　凹槽圆弧轴

【考核评价】

本学习情境评价内容包括：基础知识与技能评价、学习过程与方法评价、团队协作能力评价及工作态度评价；评价方式包括：学生自评、组内互评、教师评价。具体见表 4-5。

表 4-5　学习情境 4 考核评价表

姓　名			学　号		班　级		时　间	
考核项目	考核内容	考核要求		评分标准	配分	学生自评 比重 30%	组内互评 比重 30%	教师评价 比重 40%
基础知识 与技能 评价	球　轴	编程、加工		见零件图	40			
	凹凸圆弧螺纹轴	编程、加工		见零件图				
	凹槽圆弧轴	编程、加工		见零件图				
	球　轴	编程、加工		见零件图				
学习过程 与方法 评价	各阶段学习状况	严肃、认真、保质、保量、按 时完成每个阶段的培训内容		15	30			
	学习方法	具备正确有效的学习方法		15				
团队协作 能力评价	团队协作意识	具有较强的协作意识		10	20			
	团队配合状况	积极配合他人共同完成学习任 务，为他人提供协助，能虚心接 受他人的意见和建议，乐于贡献 自己的聪明才智		10				
工作态度 评价	纪律性	严格遵守并执行学校和企业的 各项规章制度，不迟到、不早 退、不无故缺勤		5	10			
	责任性、主动性 与进取心	具有较强责任感，不推诿、不 懈怠；主动完成各项学习任务， 并能积极提出改进意见；对学习 充满热情和自信，积极提升自身 综合能力与素养		3				
	作风、面貌 与心态	作风正派，具备良好精神面貌 和阳光心态		2				
合计					100			
教师评语						总分		
						教师签名		

学习情境5 复杂零件铣削加工

【学习目标】

（一）知识目标

1. 能读懂零件图。

2. 能熟练选择钻孔、铰孔及简单型腔加工所需的刀具及夹具。

3. 掌握钻孔、铰孔及简单型腔类零件的结构特点和加工工艺特点，并能正确分析其加工工艺及切削用量的选择。

4. 能熟练编制型腔类零件的程序。

（二）能力目标

能根据生产条件和工艺要求，合理安排数控铣床加工工序、正确选择机床、刀具、夹具及量具、合理编制数控程序，能调试程序。能解决生产加工中的实际问题。

综合数控铣削任务5.1

【学习任务】

编制如图 5-1 所示型腔铣削（即挖槽加工）和各类孔的组合零件的数控加工程序，工件材料为硬铝。

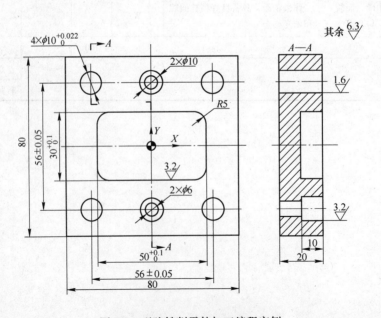

图 5-1 型腔铣削零件加工编程实例

【任务描述】

1. 对于给定的复杂零件能进行数控加工工艺分析。该复杂零件包括挖槽和孔加工，挖槽加工也是机械加工中常见的一种加工方法，主要用来挖除一个相对封闭区域内的材料，在这个区域内可以包含不准被铣削的区域（通常被称为岛屿）。孔加工主要运用循环指令。

2. 会选择并使用数控铣削普通孔及阶梯孔加工循环指令编制数控加工程序，进行程序的仿真并在机床上完成工件的加工。

【知识准备】

5.1.1　数控铣削孔加工循环指令

孔加工是最常见的加工工序，现代 CNC 系统一般都具备钻孔、镗孔和螺纹加工循环编程功能。在孔加工编程时，只需给出第一个孔加工时的所有参数，接着加工的孔，凡是和第一个孔相同的参数均可以省略，这样就大大简化了编程程序，而且使程序变得简单易懂。孔加工的固定循环指令见表 5-1。

表 5-1　孔加工固定循环功能

G 代码	钻削（-Z 方向）	在孔底的动作	回退（+Z 方向）	应　用
G73	间歇进给	—	快速移动	高速深孔钻循环
G74	切削进给	暂停→主轴正转	切削进给	攻左螺纹循环
G76	切削进给	主轴定向停止	快速移动	精镗循环
G80	—	—	—	取消固定循环
G81	切削进给	—	快速移动	钻孔循环，点钻循环
G82	切削进给	暂停	快速移动	钻孔循环，锪镗阶梯孔
G83	间歇进给	—	快速移动	深孔钻循环
G84	切削进给	暂停→主轴反转	切削进给	攻右螺纹循环
G85	切削进给	—	切削进给	镗孔循环
G86	切削进给	主轴停止	快速移动	镗孔循环
G87	切削进给	主轴正转	快速移动	反镗孔循环
G88	切削进给	暂停→主轴停止	手动移动	镗孔循环
G89	切削进给	暂停	切削进给	精镗阶梯孔循环

孔加工循环的动作分析：孔加工固定循环一般由 6 个动作组成，如图 5-2 所示。

（1）$A{\rightarrow}B$ 为刀具快速定位到孔的中心坐标（X，Y），B 即为循环起点，Z 向进至起始高度。

（2）$B{\rightarrow}R$ 为刀具沿 Z 轴方向快进至安全平面（即 R 点平面）。

（3）$R{\rightarrow}E$ 为孔加工过程（如钻孔、镗孔、攻螺纹等），此时进给为工作进给速度。

（4）E 点为孔底动作（如进给暂停、刀具偏移、主轴准停、主轴反转等）。

（5）$E{\rightarrow}R$ 为刀具快速返回 R 点平面。

（6）$R{\rightarrow}B$ 为刀具快退至起始高度（B 点高度）。

5.1.1.1　孔加工固定循环指令格式

$$\left\{\begin{matrix}G90\\G91\end{matrix}\right\}\left\{\begin{matrix}G98\\G99\end{matrix}\right\}G\square\square\ \ X\_\ \ Y\_\ \ Z\_\ \ R\_$$

Q__　P__　F__　L__；

（1）G90、G91 分别为绝对值、增量值编程指令。

（2）G98：刀具返回平面为起始平面（B 点平面），为默认方式，如图 5-3（a）所示。

（3）G99：刀具返回平面为安全平面（R 点平面），如图 5-3（b）所示。

（4）G□□为孔加工方式，分别对应于具体的固定循环指令（G73～G89）。

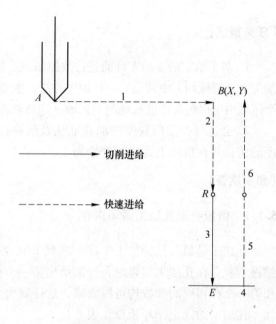

图 5-2　孔加工动作分析

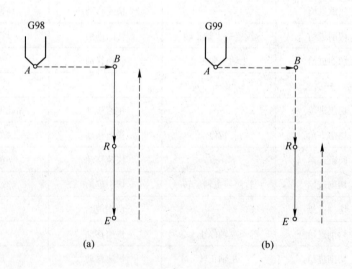

图 5-3　返回平面选择
（a）返回初始平面；（b）返回 R 点平面

（5）X、Y 值为孔位置数据（绝对值或增量值），刀具以快进的方式到达（X，Y）点。

（6）Z 孔底的 Z 坐标值（绝对值或增量值），如图 5-4 所示。G90 方式，Z 值为孔底的绝对值；G91 方式，Z 值是 R 点平面到孔底的距离。

（7）R 值用来确定安全平面（R 点平面，绝对值或增量值），如图 5-4 所示。R 点平面高于工件表面。G90 方式，R 值为绝对值；G91 方式，R 值为从起始平面（B 点平面）

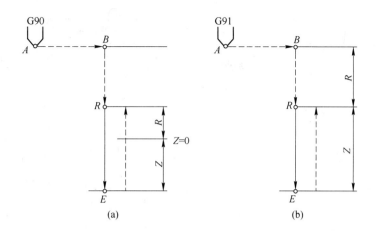

图 5-4 孔加工数据

（a）G90 方式；（b）G91 方式

到 R 点平面的增量。

（8）Q 值在 G73 或 G63 方式下，规定分步切深；在 G76 或 G87 方式中规定刀具退让值。

（9）P 值规定在孔底的暂停时间，单位为 ms，用整数表示。

（10）F 值为切削进给的进给量，单位为 mm/min。

（11）L 值为固定循环的重复次数，执行一次可不写。如果是 L0，则按系统存储加工数据执行加工。

注意：

（1）固定循环指令是模态指令，可用 G80 取消循环，那些在固定循环之前的插补模态恢复。此外 G00、G01、G02、G03 等同组代码也起取消固定循环指令的作用。

（2）固定循环中的参数（Z、R、Q、P、F）是模态的。

（3）在使用固定循环指令前要使主轴启动。

（4）固定循环指令不能和后指令 M 代码同时出现在同一程序段。

（5）在固定循环中，刀具半径尺寸补偿无效，刀具长度补偿有效。

5.1.1.2 孔加工固定循环指令

（1）高速深孔钻孔循环指令 G73。

程序格式：

G73 X__Y__Z__R__Q__F__K__；

式中，X、Y 为孔的位置；Z 为孔底位置；R 为参考平面位置；Q 为每次加工的深度；F 为进给速度；K 为重复次数。

该循环用于高速深孔钻。它执行间歇进给直到孔的底部，同时从孔中排除切屑。孔加工动作如图 5-5 所示，通过 Z 轴方向的间断进给可以较容易地实现断屑与排屑。用 Q 表示每次切入的加工深度，退刀量用 d（图 5-5 所示为 CNC 系统内部参数设定的）表示。

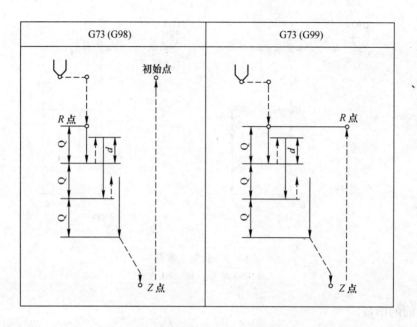

图 5-5　高速深孔钻孔循环指令 G73

（2）深孔往复排屑钻孔循环指令 G83。

程序格式：

G83 X__Y__Z__R__Q__F__K__;

该循环用于深孔加工，孔加工动作如图 5-6 所示，Q 和 d 与 G73 循环中的含义相同，与 G73 略有不同的是每次刀具间歇进给后，快速退回到 R 点平面，有利于深孔加工中的排屑。

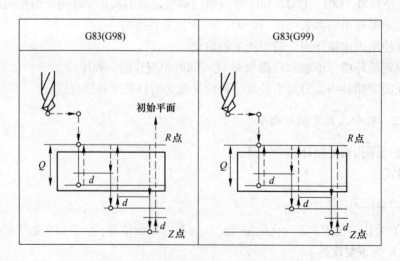

图 5-6　深孔往复排屑钻孔循环指令 G83

（3）钻孔循环指令 G81 与锪孔循环指令 G82。

程序格式：

G81 X＿Y＿Z＿R＿F＿K＿；

G82 X＿Y＿Z＿R＿F＿P＿K＿；

　　G81 的加工动作如图 5-7 所示，G82 的加工动作如图 5-8 所示，G82 与 G81 比较，唯一不同的是 G82 在孔底增加了进给暂停动作，此时主轴不停，做光整加工，因而适用于锪孔或镗阶梯孔；而 G81 用于一般的钻孔。

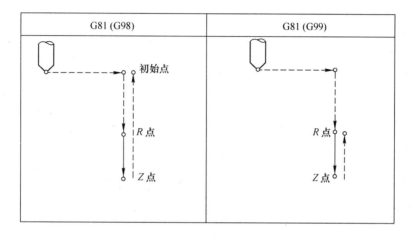

图 5-7　钻孔循环指令 G81

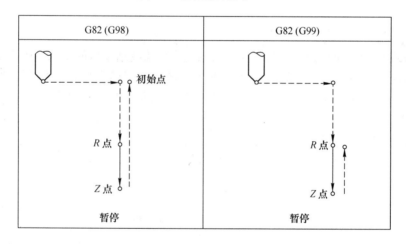

图 5-8　锪孔循环指令 G82

　　（4）精镗孔循环指令 G76。

　　程序格式：

G76 X＿Y＿Z＿R＿Q＿P＿F＿K＿；

　　该循环用于镗削精密孔。孔加工动作如图 5-9 所示，图中 Ⓟ 表示在孔底有暂停，OSS 表示主轴定向准停，q 表示刀具的移动量，移动方向由参数设定。在孔底，主轴在定向位置停止，切削刀具离开工件的被加工表面并返回，这样可以高精度、高效率地完成孔加工而不损伤工件表面。

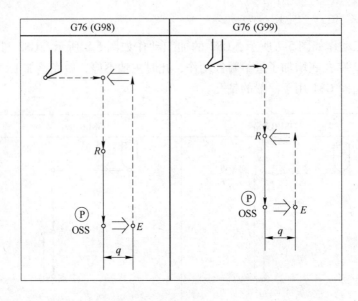

图 5-9　精镗孔循环指令 G76

（5）攻左螺纹循环 G74 与攻右螺纹循环 G84。

程序格式：

G74(G84) X__Y__Z__R__Q__F__P__K__;

程序格式与 G82 完全相同，与孔加工不同的是攻螺纹结束后的返回过程不是快速运动而是以进给速度反转退出。攻螺纹过程要求主轴转速与进给速度成严格的比例关系，因此，编程时要求根据主轴转速计算时给速度。G84 的动作如图 5-10 所示，进给时主轴正

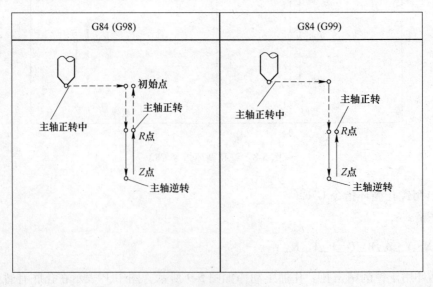

图 5-10　攻右螺纹循环 G84

转,在孔底时主轴反转,返回 R 点平面后主轴恢复正转;G74 与 G84 的区别是:进给时主轴为反转,主轴在孔底正转,返回 R 点平面后主轴恢复反转。在攻螺纹期间进给分辨率无效且不能停车,即使按下进给保持按钮,加工也不停止,直到完成该固定循环。

5.1.1.3 使用固定循环功能注意事项

使用固定循环功能注意事项如下:

(1)在指令固定循环之前,必须用辅助功能使主轴旋转。如:M03(主轴正转)当使用了主轴停转指令之后,一定要注意再次使主轴回转。若在主轴停止功能 M05 之后接着指令固定循环则是错误的,这与其他加工情况一样。

(2)在固定循环方式中,其程序段必须有 X、Y、Z 轴(包括 R)的位置数据,否则不执行固定循环。

(3)撤销固定循环指令除了 G80 外,G00、G01、G02、G03 也能起撤销作用,因此编程时要注意。

(4)在固定循环方式中,G43、G44 仍起着刀具长度补偿的作用。

(5)操作时应注意,在固定循环中途,若利用复位或急停使数控装置停止,但这时孔加工方式和孔加工数据还被存储着,所以在开始加工时要特别注意,使固定循环剩余动作进行到结束。

5.1.2 型腔零件的编程加工实例

5.1.2.1 工艺分析

通过对图纸的仔细阅读和分析,不难发现该工件的毛坯外形规则,可以直接选用液压或者机械平口钳来装夹工件,这里直接选用机械平口钳,并用百分表校正钳口。

工件的复杂程度一般,包含的加工要素分别为平面、凹槽、两个沉头孔和 4 个通孔,通孔和型腔加工要求较高。

编程时把工件坐标系建立在工件上表面,并且 XOY 的零点建立在内凹槽中心位置。加工工序安排如下:

(1)粗、精铣坯料工件的上表面,粗铣后留精加工余量 0.5mm。

(2)用中心钻钻中心孔。

(3)用 ϕ10mm 键槽铣刀铣 2mm × ϕ10mm 的孔及粗铣内凹槽。

(4)用 ϕ10mm 立铣刀铣精铣内凹槽。

(5)用 ϕ6mm 钻头钻 2 × ϕ6mm 的通孔。

(6)用 ϕ9.7mm 麻花钻钻 4 × ϕ10mm 的底孔。

(7)用 ϕ10H8 的机用铰刀铰 4 × ϕ10mm 的孔。

5.1.2.2 刀具的选择

加工过程中选用的刀具有 ϕ60mm 可转位刀片铣刀(硬质合金刀片),A2 中心钻、ϕ10mm 键槽铣刀、ϕ10mm 立铣刀(高速钢)、ϕ6mm 麻花钻、ϕ9.7mm 麻花钻、ϕ10H8 机用铰刀。

5.1.2.3　编制加工工艺

安排的加工工步、加工内容、刀具类型、切削参数见表 5-2。

表 5-2　加工工艺卡

加工步骤		刀具与切削参数				
序号	工步内容	刀具规格 类型	主轴转速 /r·min⁻¹	进给速度 /mm·min⁻¹	刀具补偿	
					长度/mm	半径/mm
1	粗铣坯料工件的上表面	ϕ60 端铣刀	500	100	H01/T01	D01
2	精铣坯料工件的上表面		800	80		
3	钻中心孔	A2 中心钻	1000	100	H02/T02	D02
4	铣 2ϕ10 的孔	ϕ10mm 键槽铣刀	800	100		
5	粗铣内凹槽					
6	精铣内凹槽	ϕ10mm 立铣刀	1000	80		
7	钻 2ϕ6 的通孔	ϕ6mm 麻花钻	1000	100		
8	钻 4ϕ10 的底孔	ϕ9.7mm 麻花钻	800	100		
9	铰 4ϕ10 的孔	ϕ10H8 机用铰刀铰	1200	80	H04/T04	D04

5.1.2.4　编制数控程序

参考程序如下：

O5001	
G54 G90 G17 G21 G80 G49 G40;	设置初始状态
S500 M03 M08;	主轴顺时针方向旋转,主轴转速 500r/min,切削液开
G54 G00 X-80.0 Y20.0;	建立工件坐标系,快速移动到 X-80,Y20 处
G43 Z5.0 H01;	调用 1 号刀具长度补偿
G01 Z0.5 F100;	直线进给到工件上的 0.5mm 处,进给速度 100mm/min
X80.0;	直线进给到 X80 处
G00 Z5.0;	刀具快速抬到 5mm 处
X-80.0 Y-20.0;	刀具快速运动到 X-80,Y-20 处
G01 Z0.5;	直线进给到工件上 0.5mm 处
X80.0;	直线进给到 X80 处
G00 Z5.0;	刀具快速抬起 5mm 处
G00 X-80.0 Y20.0;	刀具快速运动到 X-80,Y20 处
M03 S800;	主轴顺时针方向旋转,主轴转速 800r/min,工件表面精加工
G01 Z0 F80;	刀具直线进给到工件表面上,进给速度 80mm/min
X80.0;	刀具直线进给到 X80 处
G00 Z5.0;	刀具快速抬起 5mm 处
X-80.0 Y-20.0;	刀具快速运动到 X-80,Y-20 处
G01 Z0;	直线进给到工件上 0mm
X80.0;	直线进给到 X80 处
G00 Z200.0;	刀具快速抬起 200mm
M05 M09 M00;	主轴停止,切削液关,程序停止,安装 T02 刀具
G90 G54 G0 X-28.0 Y28.0;	绝对编程,建立工件坐标系,刀具快速移动到 X-28 Y28
S1000 M03 M08;	主轴顺时针方向旋转,主轴转速 1000r/min,切削液开

G00 G43 Z5.0 H02;	调用 2 号刀具长度补偿
G99 G81 Z-3.0 R5.0 F100;	调用孔加工循环,钻中心孔深 3mm,刀具返回 R 平面
X0 Y28.0;	继续在 X0 Y28 处钻孔
X28.0 Y28.0;	继续在 X28,Y28 处钻孔
X28.0 Y-28.0;	继续在 X28,Y-28 处钻孔
X0 Y-28.0;	继续在 X0,Y-28 处钻孔
G98 X-28.0 Y-28.0;	继续在 X-28,Y-28 处钻孔,返回 R 平面
G80 G00 Z100.0;	取消钻孔循环,刀具沿 Z 轴快速移动到 Z100 处
M05 M09 M00;	主轴停止,切削液关,程序停止,安装 T03 刀具
G90 G54 G00 X0 Y28.0;	绝对编程,建立工件坐标系,刀具快速移动到 X0 Y28 处
S800 M03 M08;	主轴顺时针方向旋转,主轴转速 800r/min,切削液开
G43 H03 Z5.0;	调用 3 号刀具长度补偿
G01 Z-10.0 F100;	铣孔深 10mm
G04 X5;	刀具暂停 5s
Z5.0;	刀具抬到 Z5 处
G00 Y-28.0;	刀具快速移动到 Y-28 处
G01 Z-10.0;	铣孔深 10mm
G04 X5;	刀具暂停 5s
Z5.0;	刀具抬到 Z5 处
G00 X10.0 Y10.0;	粗铣内轮廓
G01 Z-5.0 F100;	刀具沿 Z 轴以 F100 的速度移动到 Z-5 处
X11.0;	直线进给到 X11 处
Y2.0;	直线进给到 Y2 处
X-11.0;	直线进给到 X-11 处
Y-2.0;	直线进给到 Y-2 处
X11.0;	直线进给到 X11
Y0;	直线进给到 Y0
X19.0;	直线进给到 X19
Y10.0;	直线进给到 Y10
X-19.0;	直线进给到 X-19
Y-10.0;	直线进给到 Y-10
X19.0;	直线进给到 X19
Y0;	直线进给到 Y0
Z5.0;	直线进给到 Z5
G00 Z50.0;	刀具快速沿 Z 向移动到 Z50
X10.0;	直线进给到 X10
Z0;	直线进给到 Z0
G01 Z-10.0 F100;	刀具沿 Z 轴以 F100 的速度移动到 Z-10 处
X11.0;	直线进给到 X11
Y2.0;	直线进给到 Y2
X-11.0;	直线进给到 X-11
Y-2.0;	直线进给到 Y-2
X11.0;	直线进给到 X11

Y0;	直线进给到 Y0
X19.0;	直线进给到 X19
Y10.0;	直线进给到 Y10
X-19.0;	直线进给到 X-19
Y-10.0;	直线进给到 Y-10
X19.0;	直线进给到 X19
Y0;	直线进给到 Y0
Z0 Z150.0;	刀具沿 Z 轴快速移动到 Z150
M05 M09 M00;	主轴停止,切削液关,程序停止,安装 T04 刀具
G90 G54 G00 X-20.0 Y5.0;	绝对编程,建立工件坐标系,刀具快速移动到 X-20 Y5
S1000 M03 M08;	主轴顺时针方向旋转,主轴转速 1000r/min,切削液开
G43 H04 Z1.0;	调用 4 号刀具长度补偿
G01 Z-10.0 F80;	精铣内轮廓
G41 X-10.0 D04;	刀具左补偿
Y-15.0;	直线进给到 Y-15
X20.0;	直线进给到 X20
G03 X25.0 Y-10.0 R5.0;	逆时针圆弧插补
G01 Y10.0;	直线进给到 Y10
G03 X20.0 Y15.0 R5.0;	逆时针圆弧插补
G01 X-20.0;	直线进给到 X-20
G03 X-25.0 Y10.0 R5.0;	逆时针圆弧插补
G01 Y-10.0;	直线进给到 Y-10
G03 X-20.0 Y-15.0 R5.0;	逆时针圆弧插补
G01 X0;	直线进给到 X0
G40 G01 Y5.0;	取消刀具半径补偿,直线进给到 Y5
Z0;	直线进给到 Z0
G00 Z150.0;	刀具快速移动到 Z150 处
M05 M09 M00;	主轴停止,切削液关,程序停止,安装 T05 刀具
G90 G54 G00 X0 Y28.0;	绝对编程,建立工件坐标系,刀具快速移动到 X0 Y28 处
S1000 M03 M08;	主轴顺时针方向旋转,主轴转速 800r/min,切削液开
G43 H05 Z5.0;	调用 5 号刀具长度补偿
G99 G83 Z-24.0 R5.0 Q5.0 F80;	调用孔加工循环,钻中心孔深 24mm,刀具返回 R 平面
G98 X0 Y-28.0;	继续在 X28 Y28 处钻孔
G80 G00 Z150.0;	取消钻孔循环,刀具沿 Z 轴快速移动到 Z150
M05 M09 M00;	主轴停止,切削液关,程序停止,安装 T06 刀具
G90 G54 G00 X-28.0 Y28.0;	绝对编程,建立工件坐标系,刀具快速移动到 X-28 Y28
S800 M03 M08;	主轴顺时针方向旋转,主轴转速 800r/min,切削液开
G43 H06 Z5.0;	调用 6 号刀具长度补偿
G99 G83 Z-24.0 R5.0 Q5.0 F100;	调用孔加工循环,钻中心孔深 24mm,刀具返回 R 平面
X28.0 Y28.0;	继续在 X28,Y28 处钻孔
X28.0 Y-28.0;	继续在 X28,Y-28 处钻孔
G98 X-28.0 Y-28.0;	继续在 X-28,Y-28 处钻孔
G80 G00 Z100.0;	取消钻孔循环,刀具沿 Z 轴快速移动到 Z100

M05 M09 M00;	主轴停止,切削液关,程序停止,安装 T07 刀具
G90 G54 G00 X-28.0 Y28.0;	绝对编程,建立工件坐标系,刀具快速移动到 X-28 Y28
S1200 M03 M08;	主轴顺时针方向旋转,主轴转速 1200r/min,切削液开
G43 H07 Z5.0;	调用 7 号刀具长度补偿
G99 G85 Z-23.0 R5.0 F80;	调用孔加工循环,钻中心孔深 23mm,刀具返回 R 平面
X28.0 Y28.0;	继续在 X28,Y28 处绞孔
X28.0 Y-28.0;	继续在 X28,Y-28 处绞孔
G98 X-28.0 Y-28.0;	继续在 X-28,Y-28 处绞孔
G80 G00 Z150.0;	取消钻孔循环,刀具沿 Z 轴快速移动到 Z150
M05 M09 M30;	主轴停止,切削液关,程序停止

【任务实施】

实训目的:熟悉内轮廓及孔的加工特点,掌握铣削内轮廓及孔的切削用量的选择。

A 实训准备

(1) 仔细阅读零件图,并检查毛坯的尺寸。

(2) 开启机床电源、气泵,机床回参考点。

(3) 将图 5-1 所示内轮廓的数控程序输入数控装置,校验程序,程序校验正确后请老师确认。

(4) 安装夹具,装夹工件。

(5) 刀具装夹。本任务共使用 7 把刀具,分别把不同的刀具安装到对应的刀柄上,然后按序号依次放置在刀架上,并检查每把刀具安装的正确性和牢固性。

B 对刀操作

(1) X、Y 方向对刀:X、Y 方向采用试切法对刀,将机床坐标系原点偏置到工件坐标系原点上,通过对刀操作得到 X、Y 偏置值输入到 G54 中,G54 中坐标输入 0。

(2) Z 方向对刀:装入铣刀,在手动模式下移动刀具让刀具刚好接触工件上表面,进行面板操作,将数据输入到 G54 下,输入值为 0。

C 机床空运行及程序仿真

在机床空运行及程序仿真时,注意使机床机械锁定,按下启动键,适当降低进给速度,检查刀具运动轨迹是否合理、正确。如有误,则修改、调试程序。空运行结束后,回机床参考点。

D 零件自动加工并自检

在零件自动加工前,调整好机床操作面板,再次请老师确认。将机床各个倍率开关调至最小状态,按下循环启动键。待机床正常加工时适当调整各倍率开关,保证工件的正常加工。用量具按照零件图的要求逐项检测,如有不合格的项目,小组讨论,分析查找原因,教师讲评。

E 零件终检

待零件加工结束后,保证机床已停止运行的情况下,按要求进行尺寸检测。

F 清理机床,交件待检

检查质量合格后取下工件,清理机床,交件待检。

G 容易产生的问题和注意事项

容易产生的问题和注意事项如下:

（1）在装夹过程中，要注意垫铁与加工部位是否发生干涉。

（2）钻孔加工前要使用中心钻钻中心孔，目的是保证麻花钻与中心钻对刀一致，以保证孔的加工精度。

（3）钻孔加工时，要正确选择切削余量，准确选用钻孔循环指令及抬刀高度，以节约加工时间。

（4）该零件所使用的刀具较多，应注意各刀具刀号的设置及机床参数的调整，以免影响孔的加工。

【任务小结】

本任务主要介绍了在数控铣床上加工中等复杂类零件的加工，涉及孔类与型腔组合零件的加工工艺的制订和数控程序的编制等。重点应掌握数控铣床加工工艺的制订等内容。

孔的加工主要在于明白孔的种类及所对应的刀具的选择和相应加工指令的选取。数控工艺贯穿整个加工过程，本任务在于孔和型腔工艺的分析和制定。

【思考与训练】

1. 简要叙述钻孔循环指令格式，并能对参数进行说明。

2. 如何合理安排加工工艺以保证其钻孔精度。

3. 孔系加工时的刀具选择。

4. 编制如图 5-11 所示工件的数控加工程序，并在数控机床上完成工件的加工。

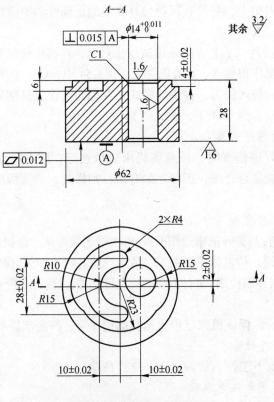

图 5-11　圆弧槽、孔零件

5. 如图 5-12 所示，已知毛坯为 $100mm \times 100mm \times 50mm$ 的 45 钢，要求编制数控加工程序并完成零件的加工。

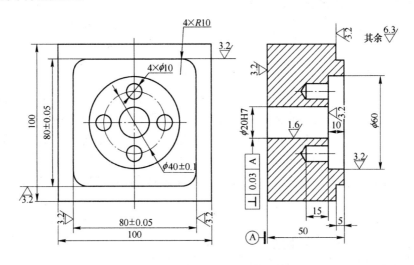

图 5-12　孔系零件

综合数控铣削任务 5.2

【学习任务】

编制如图 5-13 所示凸台和孔组合的零件的加工程序。

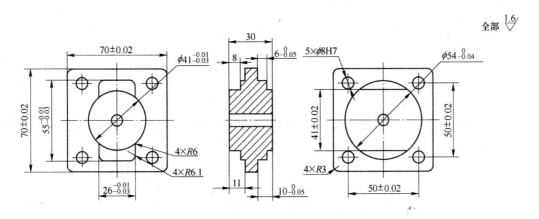

图 5-13　外形铣削零件加工编程实例

【任务描述】

1. 对于给定的复杂零件能进行数控加工工艺分析，给定复杂零件为凸台零件，凸台零件加工即外形铣削，是沿着工件外形轮廓来产生加工路径，在加工过程中，二维轮廓加工 Z 轴不做进给运动。

2. 能熟练运用普通孔加工指令及 G98/G99 指令进行孔系的编程加工。

3. 对分析的工艺结果形成数控加工程序，能进行程序的仿真并在机床上完成工件的加工。

5.2.1　外形铣削零件的编程加工实例

【知识准备】

5.2.1.1　工艺分析

通过对图纸的仔细阅读和分析，不难发现该工件的毛坯外形规则，可以直接选用液压或者机械平口钳来装夹工件。在此工件的加工中，需要对零件进行翻面装夹。

工件的复杂程度一般，包含的加工要素分别为平面、凸台、轮廓、通孔，但各被加工部分的尺寸、表面粗糙度值等要求较高。

编程时把工件坐标系建立在工件上表面，并且 XOY 的零点建立在中心 ϕ8H7 孔的中心位置。加工工序安排如下：

（1）粗铣圆凸台。

（2）粗铣 ϕ54mm×11mm 圆凸台上平行缺口。

（3）精铣圆凸台及其上的平行缺口。

（4）钻中心孔。

（5）钻 5×ϕ7.8mm 的孔。

（6）铰 5×ϕ8H7mm 的孔。

（7）翻面装夹。

（8）铣 70mm×70mm 外轮廓。

（9）粗铣腰鼓形凸台。

（10）粗铣 ϕ41mm×4mm 圆凸台。

（11）精铣腰鼓形凸台。

（12）精铣 ϕ41mm×4mm 圆凸台。

（13）手动去毛刺。

5.2.1.2　刀具的选择

加工过程中选用的刀具有 ϕ12mm 立铣刀，ϕ10mm 立铣刀，A3 中心钻，ϕ7.8mm 麻花钻（高速钢），ϕ8H7 铰刀。

5.2.1.3　编制加工工艺

安排的加工工步、加工内容、刀具类型、切削参数见表 5-3。

表 5-3　加工工艺卡

加工步骤		刀具与切削参数				
序号	工步内容	刀具规格	主轴转速	进给速度	刀具补偿	
		类型	/r·min^{-1}	/mm·min^{-1}	长度/mm	半径/mm
1	粗铣圆凸台	ϕ12mm 立铣刀	700	150	H01/T01	D01
2	粗铣 ϕ54mm×11mm 圆凸台上平行缺口					

加工步骤		刀具与切削参数				
序号	工步内容	刀具规格 类型	主轴转速 /r · min⁻¹	进给速度 /mm · min⁻¹	刀具补偿	
					长度/mm	半径/mm
3	精铣圆凸台及 其上的平行缺口	φ10mm 立铣刀	1000	100	H02/T02	D02
4	钻中心孔	A3 中心钻	1000	80	H03	
5	钻 5mm × φ7.8mm 的孔	φ7.8mm 麻花钻	800	80	H04/T04	
6	铰 5mm × φ8H7mm 的孔	φ8H7mm 铰刀	200	50	H05/T05	
7	翻面装夹					
8	铣 70mm × 70mm 外轮廓	φ12mm 立铣刀	700	100	H01/T01	D01
9	粗铣腰鼓形凸台					
10	粗铣 φ41mm × 4mm 圆凸台					
11	精铣腰鼓形凸台	φ10mm 立铣刀	1000	100	H02/T02	D02
12	精铣 φ41mm × 4mm 圆凸台					
13	手动去毛刺					

5.2.1.4 编制数控程序

O5002；	主程序
T1 M06；	换 1 号刀
G54 G90 G00 X0 Y0；	定位于 G54 原点上方安全高度
S700 M03；	主轴正转,转速 700
G43 H01 Z50.0 M08；	1 号刀具长度补偿,刀具位于 Z50 处,切削液开
G00 X-35.0 Y-50.0；	快速移动到 1 点(见图 5-14)
G01 Z-10.8 F400；	下刀至 Z-10.8 处
Y35.0 F100；	直线进给刀 2 点
X35.0；	3 点
Y-35.0；	4 点
X-50.0；	5 点
G00 Z50.0；	抬刀至安全高度
X0 Y-50.0；	6 点(见图 5-15)
G01 Z-11.0 F400；	下刀至 Z-11 处
D01；	
M98 P5003；	调用子程序粗铣圆凸台
G00 Z5.0；	抬刀
X50.0 Y-35.0；	10 点
G01 Z-7.8 F400；	下刀至 Z-7.8
G41 G01 X27.0 Y-20.5 D01 F100；	11 点
X-35.0；	12 点
G00 Y20.5；	13 点
G01 X40.0 F100；	14 点
G00 Z50.0；	抬刀至安全高度
G40 X0 Y0 M09；	回原点,取消刀补,切削液关
G91 G28 Z0 M05；	Z 向回零,主轴停

T02 M06；	换 2 号刀,精铣
G54 G90 G00 X0 Y0；	定位于 G54 原点上方安全高度
S1000 M03；	主轴正转,转速 1000
G43 H02 Z50.0 M08；	2 号刀具长度补偿,刀具位于 Z50 处,切削液开
X0 Y-50.0；	6 点
G01 Z-11.0 F400；	下刀至 Z-11
D02；	
M98 P5003；	调用子程序精铣圆凸台
G01 Z-8.0 F400；	下刀至 Z-8
X50.0 Y-35.0；	10 点
G41 G01 X27.0 Y-20.5 D02 F100；	11 点,并建立刀补
X-35.0；	12 点
G00 Y20.5；	13 点
G01 X40.0 F100；	14 点
G00 Z50.0 M09；	抬刀至安全高度,切削液关
G40 X0 Y0 M05；	取消刀补,主轴停
G91 G28 Z0；	Z 向回零
T03 M06；	换 2 号刀,打中心孔
G54 G90 G00 X0 Y0；	定位于 G54 原点上方安全高度
S1000 M03；	主轴正转,转速 1000
G43 H03 Z50.0 M08；	3 号刀具长度补偿,刀具位于 Z50 处,切削液开
G99 G81 X0 Y0 Z-5.0 R10.0 F80；	打中心孔 1(见图 5-16)
X25.0 Y255.0 Z-16.0；	打中心孔 2
X-25.0；	打中心孔 3
Y-25.0；	打中心孔 4
G98 X25.0；	打中心孔 5
G80 M09；	取消固定循环
G91 G28 Z0 M05；	Z 向回零,主轴停
T04 M06；	换 4 号刀,钻孔
G54 G90 G00 X0 Y0；	定位于 G54 原点上方安全高度
X800.0 M03；	主轴正转,转速 800
G43 H04 Z50.0 M08；	4 号刀具长度补偿,刀具位于 Z50 处,切削液开
G99 G81 X0 Y0 Z-35.0 R10.0 F80；	钻孔 1
X25.0 Y25.0 Z-25.0；	钻孔 2
X-25.0；	钻孔 3
Y-25.0；	钻孔 4
G98 X25.0；	钻孔 5
G80 M09；	取消固定循环
G91 G28 Z0 M05；	Z 向回零
T05 M06；	换 5 号刀,铰孔
G54 G90 G00 X0 Y0；	定位于 G54 原点上方安全高度
S200 M03；	主轴正转,转速 200
G43 H05 Z50.0 M08；	4 号刀具长度补偿,刀具位于 Z50 处,切削液开

G99 G85 X0 Y0 Z-35.0 R10.0 F50;	铰孔 1
X25.0 Y25.0 Z-22.0;	铰孔 2
X-25.0;	铰孔 3
Y-25.0;	铰孔 4
G98 X25.0;	铰孔 5
G80 M09;	取消固定循环
M30;	主程序结束
O5003;	圆凸台子程序
G41 G01 X12.0 Y-39.0 F100;	7 点
G03 X0 Y-27.0 R12.0;	8 点
G02 I0 J27.0;	整圆加工
G03 X-12.0 Y-39.0 R12.0;	9 点
G40 G01 X0 Y-50.0;	6 点
M99;	子程序结束
O5004;	翻面加工
T01 M06;	换 1 号刀,铣外轮廓
G54 G90 G00 X0 Y0;	定位于 G54 原点上方安全高度
S700 M03;	主轴正转,转速 700
G43 H01 Z50.0 M08;	1 号刀偿,刀具位于 Z50 处,切削液开
G00 X0 Y-70.0;	1 点(见图 5-17)
G01 Z-10.0 F400;	下刀,第一次分层切削
D01;	
M98 P5005;	调用子程序铣外轮廓
G01 Z-20.0 F400;	下刀,第二次分层切削
D01;	
G98 P5005;	调用子程序铣外轮廓
G01 Z-9.0;	抬刀至凸台处
G01 X-30.0 F400;	13 点(见图 5-18)
Y35.0 F100;	14 点
X30.0;	15 点
Y-35.0;	16 点
X-50.0;	17 点
G01 X0 Y-70.0 F200;	1 点(见图 5-19)
G41 G01 X12.0 Y-39.5 D01 F200;	18 点
G03 X0 Y-27.5 R12.0;	19 点
M98 P5006;	调用子程序粗铣腰鼓型凸台
G03 X12.0 Y-39.5 R12.0;	36 点
G40 G01 X0 Y-70.0;	37 点
G01 Z-3.8;	抬刀至圆凸台处
G41 G01 X12.0 Y-32.5 D01 F200;	37 点
G03 X0 Y-20.5 R12.0 F100;	38 点

G02 I0 J25.0;	铣圆柱凸台
G03 X-12.0 Y-32.5 R12.0 F200;	39 点
G40 G01 X0 Y-70.0 F200;	1 点(见图 5-18)
G00 50.0;	抬刀至安全高度
X0 Y0 M09;	返回原点,切削液关
G91 G28 Z0 M05;	Z 向回零
T02 M06;	换 2 号刀,精铣凸台轮廓
G54 G90 G00 X0 Y0;	定位于 G54 原点上方安全高度
S1000 M03;	主轴正转,转速 1000
G43 H02 Z50.0 M08;	2 号刀偿,刀具位于 Z50 处,切削液开
G00 X0 Y-70.0;	1 点
G01 Z-3.975 F400;	下刀至圆凸台处
G41 G01 X12.0 Y-32.5 D02 F200;	37 点
G03 X0 Y-20.5 R12.0 F100;	38 点
G02 I0 J20.5;	圆台加工
G03 X-12.0 Y-32.5 R12.0 F200;	39 点
G40 G01 X0 Y-70.0 F200;	1 点
G01 Z-9.975 F400;	下刀至腰鼓形凸台处
G41 G01 X12.0 Y-39.5 D02 F200;	18 点
G03 X0 Y-27.5 R12.0;	19 点
M98 P5006;	调用子程序精铣腰鼓型凸台
G03 X-12.0 Y-39.5 R12.0;	36 点
G40 G01 X0 Y-70.0;	1 点
G00 Z100.0 M09;	抬刀,切削液关
M30;	主程序结束
O5005;	外形轮廓子程序(见图 5-20)
G41 G01 X12.0 Y-47.0 F200;	2 点,建立刀补
G03 X0 Y-35.0 R12.0 F100;	3 点
G01 X-32.0;	4 点
G02 X-35.0 Y-32.0 R3.0 F50;	5 点
G01 Y32.0 F100;	6 点
G02 X-32.0 Y-35.0 R3.0 F50;	7 点
G01 X32.0 Y100;	8 点
G02 X35.0 Y32.0 R3.0 F50;	9 点
G01 Y-32.0 F100;	10 点
G02 X32.0 Y-35.0 R3.0 F50;	11 点
G01 X0 F100;	3 点
G03 X-12.0 Y-17.0 R12.0;	12 点
G40 G01 X0 Y-70.0;	1 点
M99;	子程序结束
O5006;	腰鼓形凸台子程序(见图 5-21)

G01 X-6.9 Y-27.5 F100；　　　　　　　　　20 点

G02 X-13.0 Y-21.4 R6.1 F50；　　　　　　　21 点

G01 X-13.0 Y-18.473；　　　　　　　　　　22 点

G03 X-14.698 Y-14.290 R6.0；　　　　　　　23 点

G02 X-14.698 Y14.290 R20.5；　　　　　　　24 点

G03 X-13.0 Y18.473 R6.0；　　　　　　　　　25 点

G01 X-13.0 Y-21.4；　　　　　　　　　　　26 点

G02 X-0.9 Y27.5R6.1；　　　　　　　　　　27 点

G01 X6.9；　　　　　　　　　　　　　　　　28 点

G02 X13.0 Y21.4R6.1；　　　　　　　　　　29 点

G01 X13.0 Y18.473；　　　　　　　　　　　30 点

G03 X14.698 Y14.290 R6.0；　　　　　　　　31 点

G02 X14.698 Y-14.290 R20.5；　　　　　　　32 点

G03 X13.0 Y-18.473 R6.0；　　　　　　　　　33 点

G01 X13.0 Y-21.4；　　　　　　　　　　　　34 点

G02 X6.9 Y-27.5R6.1；　　　　　　　　　　35 点

G01 X0；　　　　　　　　　　　　　　　　　19 点

M99；　　　　　　　　　　　　　　　　　　子程序结束

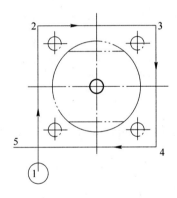

图 5-14　外形轮廓切削刀具路径

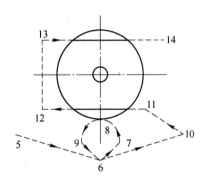

图 5-15　铣圆凸台和对称外形切削刀具路径

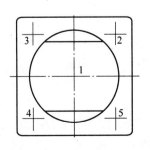

图 5-16　孔加工刀具路径

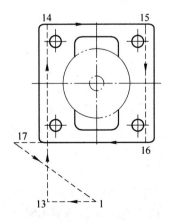

图 5-17　铣凸台上余量刀具路径

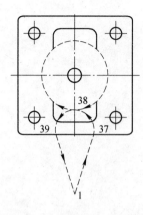

图 5-18　铣圆凸台刀具路径

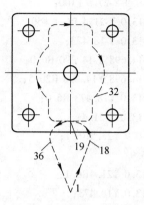

图 5-19　铣腰鼓形凸台刀补路径

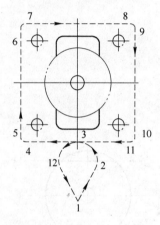

图 5-20　铣外形轮廓刀具路径

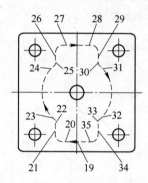

图 5-21　铣腰鼓形子程序刀具路径

【任务实施】

实训目的：熟悉孔及凸台的加工特点，掌握铣削孔及凸台的切削用量的选择。

A　实训准备

（1）仔细阅读零件图，并检查毛坯的尺寸。

（2）开启机床电源、气泵，机床会参考点。

（3）将图 5-13 内轮廓的数控程序输入数控装置，校验程序，程序校验正确后请老师确认。

（4）安装夹具，装夹工件。

（5）刀具装夹。本任务共使用 5 把刀具，分别把不同的刀具安装到对应的刀柄上，然后按序号依次放置在刀架上，并检查每把刀具安装的正确性和牢固性。

B　对刀操作

a　X、Y 方向对刀

X、Y 方向采用试切法对刀，将机床坐标系原点偏置到工件坐标系原点上，通过对刀操作得到 X、Y 偏置值输入到 G54 中，G54 中坐标输入 0。

b　Z 方向对刀

装入铣刀，在手动模式下移动刀具让刀具刚好接触工件上表面，进行面板操作，将数据输入到 G54 下，输入值为 0。

C　机床空运行及程序仿真

在机床空运行及程序仿真时，注意使机床机械锁定，按下启动键，适当降低进给速度，检查刀具运动轨迹是否合理、正确。如有误，则修改调试程序。空运行结束后，回机床参考点。

D　零件自动加工并自检

在零件自动加工前，调整好机床操作面板，再次请老师确认。将机床各个倍率开关调至最小状态，按下循环启动键。待机床正常加工时适当调整各倍率开关，保证工件的正常加工。用量具按照零件图的要求逐项检测，如有不合格的项目，小组讨论，分析查找原因，教师讲评。

E　零件终检

待零件加工结束后，保证机床已停止运行的情况下，按要求进行尺寸检测。

F　清理机床，交件待检

检查质量合格后取下工件，清理机床，交件待检。

G　容易产生的问题和注意事项

容易产生的问题和注意事项如下：

（1）在装夹过程中，要注意垫铁与加工部位是否发生干涉。

（2）钻孔加工前要使用中心钻钻中心孔，目的是保证麻花钻与中心钻对刀一致，以保证孔的加工精度。

（3）钻孔加工时，要正确选择切削余量，准确选用钻孔循环指令及抬刀高度，以节约加工时间。

（4）该零件所使用的刀具较多，应注意各刀具刀号的设置及机床参数的调整，以免影响孔的加工。

（5）在翻面加工时，注意工件的装夹。

【任务小结】

本任务主要介绍了在数控铣床上加工中等复杂类零件的加工，涉及孔类与凸台组合零件的加工工艺的制订和数控程序的编制等。重点应掌握数控铣床加工工艺的制订等内容，难点在于工件的翻面加工，一定要注意工件的装夹及对刀问题。

孔的加工主要在于明白孔的种类及所对应的刀具的选择和相应加工指令的选取。数控工艺贯穿整个加工过程，本任务在于孔和凸台工艺的分析和制定。

【思考与训练】

1. 编制如图 5-22 所示工件的数控加工程序，并在数控机床上完成工件的加工。
2. 编制如图 5-23 所示工件的数控加工程序，并在数控机床上完成工件的加工。
3. 编制如图 5-24 所示工件的数控加工程序，并在数控机床上完成工件的加工。
4. 加工如图 5-25 所示零件，毛坯为 80mm×80mm×30mm 的铝合金，要求粗、精加工各表面。

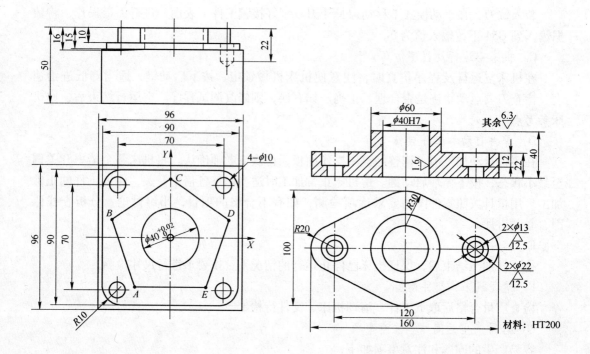

图 5-22　五方凸台、孔系零件　　　　　　　图 5-23　圆弧凸台、孔系零件

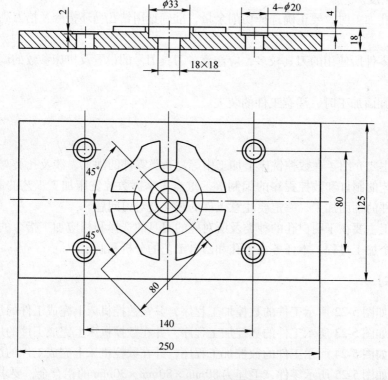

图 5-24　槽轮凸台、孔系零件

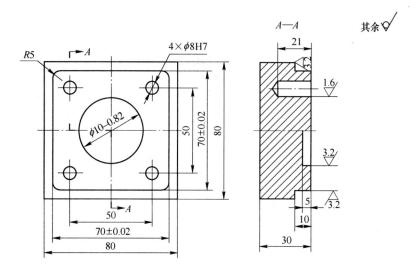

图 5-25　圆弧芯槽、孔系零件

综合数控铣削任务 5.3

【学习任务】

编制如图 5-26 所示零件的加工程序，工序步骤见表 5-4。

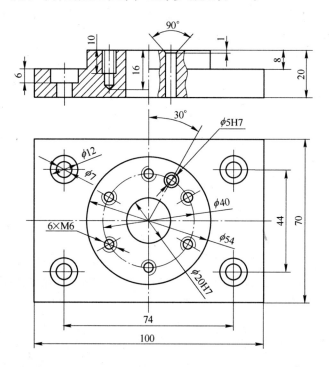

图 5-26　孔系零件加工编程实例

【任务描述】

1. 对于给定的复杂零件能进行数控加工工艺分析，该工件只要是孔系加工（包括通孔、阶梯孔、倒角及螺纹孔等），该组合孔的加工也是比较常见的加工方法。

2. 对分析的结果形成数控加工程序，经仿真校验后能在机床上完成工件的加工。

5.3.1　孔系零件的编程加工实例

【知识准备】

5.3.1.1　工艺分析

通过对图纸的仔细阅读和分析，不难发现该工件的毛坯外形规则，可以直接选用液压或者机械平口钳来装夹工件，这里直接选用平口钳，并用百分表校正钳口。

工件较为简单，包含的加工要素为各型孔。

编程时把工件坐标系建立在工件上表面，并且 XOY 的零点建立在 20H7mm 孔中心位置。加工工序安排如下：

（1）钻中心孔。

（2）钻 4mm × φ7mm 孔。

（3）钻 4mm × φ12mm 孔。

（4）钻螺纹 M6mm 底孔。

（5）钻 φ20H7mm 孔至 φ18mm。

（6）扩 φ20H7mm 孔至 φ19.4mm。

（7）钻 φ5H7mm 孔至 φ4.8mm。

（8）铰孔 φ5H7mm。

（9）倒角。

（10）攻螺纹 6mm × M6mm。

（11）镗孔 φ20H7mm。

5.3.1.2　刀具的选择

加工过程中选用的刀具有 A3 中心钻，φ7mm 麻花钻，φ12mm 键槽刀（高速钢），φ5mm 麻花钻，φ18mm 麻花钻，φ19.4mm 麻花钻，φ4.8mm 麻花钻，φ5H7mm 铰刀，45°倒角刀，M6 丝锥，镗刀。

5.3.1.3　编制加工工艺

安排的加工工步、加工内容、刀具类型、切削参数见表 5-4。

表 5-4　加工工艺卡

加工步骤		刀具与切削参数				
序号	工步内容	刀具规格	主轴转速	进给速度	刀具补偿	
		类型	/r・min⁻¹	/mm・min⁻¹	长度/mm	半径/mm
1	钻中心孔	A3 中心钻	1000	100	H01/T01	
2	钻 4mm×φ7mm 孔	φ7 麻花钻	1200	120	H02/T02	
3	钻 4mm×φ12mm 孔	φ12mm 键槽刀	600	60	H03/T03	
4	钻螺纹 M6mm 底孔	φ5mm 麻花钻	1400	140	H04/T04	
5	钻 φ20H7mm 孔至 φ18mm	φ18mm 麻花钻	400	40	H05/T05	
6	扩 φ20H7mm 孔至 φ19.4mm	φ19.4mm 麻花钻	300	30	H06/T06	
7	钻 φ5H7mm 孔至 φ4.8mm	φ4.8mm 麻花钻	1500	150	H07/T07	
8	铰孔 φ5H7mm	φ5H7mm 铰刀	100	100	H08/T08	
9	倒　角	45°倒角刀	1000	200	H09/T09	
10	攻螺纹 6mm×M6mm	M6 丝锥	200	200	H10/T10	
11	镗孔 φ20H7mm	镗刀	1500	50	H11/T11	

5.3.1.4　编制数控程序

参考程序如下：

O5007；

M06 T01；　　　　　　　　　　　　　换 1 号刀,转中心孔

G54 G90 G00 X-37.0 Y-22.0 M03 S1000；　　建立坐标系,绝对值坐标编程

G43 G00 Z50.0 H01 M08；

G99 G81 X-37.0 Y-22.0 Z-10.0 R-5.0 F100；　　1 点

G98 Y22.0；　　　　　　　　　　　　2 点

G99 X37.0；　　　　　　　　　　　　3 点

G98 Y-22.0；　　　　　　　　　　　　4 点

G99 X0 Y20.0 Z-5.0 R5.0；　　　　　　5 点

X-17.32 Y10.0；　　　　　　　　　　　6 点

Y-10.0；　　　　　　　　　　　　　　7 点

X0 Y-20.0；　　　　　　　　　　　　8 点

X17.32 Y-10.0；　　　　　　　　　　　9 点

Y10.0；　　　　　　　　　　　　　　10 点

X10.0 Y17.32；　　　　　　　　　　　11 点

G98 X0 Y0；　　　　　　　　　　　　0 点

G80 M09；　　　　　　　　　　　　　取消固定循环,切削液关

G91 G28 Z0 M05；　　　　　　　　　　Z 向自动归零

M06 T02；　　　　　　　　　　　　　换 2 号刀钻孔至 φ7

G54 G90 G00 X-37.0 Y-22.0 M03 S1200；

G43 G00 Z50.0 H02 M08；　　　　　　　调用 2 号刀补

G99 G81 X-37.0 Y-22.0 Z-25.0 R-5.0 F120;	1 点
G98 Y22.0;	2 点
G99 X37.0;	3 点
G98 Y-22.0;	4 点
G80 M09;	取消固定循环,切削液关
G91 G28 Z0 M05;	Z 向自动归零
M06 T03;	换 3 号刀,钻沉头孔至 $\phi12 \times 6$
G90 G54 G00 X-37.0 Y-22.0 M03 S600;	
G43 G00 Z50.0 H03 M08;	
G99 G82 X-37.0 Y-22.0 Z-14.0 P100 R-5.0 F60;	1 点
G98 X22.0;	2 点
G99 Y37.0;	3 点
G98 Y-22.0;	4 点
G80 M09;	取消固定循环,切削液关
G91 G28 Z0 M05;	Z 向自动归零
M06 T04;	换 4 号刀,钻螺纹底孔至 $\phi5$
G54 G90 G00 X0 Y20.0 M03 S1400;	
G43 G00 Z50.0 H04 M08;	
G99 G73 X0 Y20.0 Z-16.0 R5.0 Q3.0 F140;	5 点
X-17.32 Y-10.0;	6 点
Y-10.0;	7 点
X0 Y-20;	8 点
X17.32 Y-10.0;	9 点
G98 Y10.0;	10 点
G80 M09;	取消固定循环,切削液关
G91 G28 Z0 M05;	Z 向自动归零
M06 T05;	换 5 号刀钻孔至 $\phi18$
G54 G00 X0 Y0 M03 S400;	
G43 G00 Z50.0 H05 M08;	
G73 X0 Y0 Z-28.0 R5.0 Q3.0 F40;	0 点
G80 M09;	取消固定循环,切削液关
G91 G28 Z0 M05;	Z 向自动归零
M06 T06;	换 6 号刀扩 $\phi19.4$ 孔
G54 G00 X0 Y0 M03 S300;	
G43 G00 Z50.0 H06 M08;	
G81 X0 Y0 Z-28.0 R5.0 F30;	0 点
G80 M09;	取消固定循环,切削液关
G91 G28 Z0 M05;	Z 向自动归零
M06 T07;	换 7 号刀钻孔至 $\phi4.8$
G54 G00 X10.0 Y17.32 M03 S1500;	
G43 G00 Z50.0 H07 M08;	
G73 X10.0 Y17.32 Z-25.0 R5.0 Q3.0 F150;	11 点
G80 M09;	取消固定循环,切削液关

G91 G28 Z0 M05;	Z向自动归零
M06 T08;	换8号刀铰孔至ϕ5H7
G54 G00 X10.0 Y17.32 M03 S100;	
G43 G00 Z50.0 H08 M08;	
G85 X10.0 Y17.32 Z-28.0 R5.0 F100;	11点
G80 M09;	取消固定循环,切削液关
G91 G28 Z0 M05;	Z向自动归零
M06 T09;	换9号刀倒角
G54 G00 X10.0 Y17.32 M03 S1000;	
G43 G00 Z50.0 H09 M08;	
G82 X10.0 Y17.32 Z-3.5 R5.0 P1000 F200;	11点
G80 M09;	取消固定循环,切削液关
G91 G28 Z0 M05;	Z向自动归零
M06 T10;	换10号刀攻丝
G90 G54 G00 X0 Y20.0 M03 S200;	
G43 G00 Z50.0 H10 M08;	
G99 G84 X0 Y20.0 Z-10.0 R5.0 F200;	5点
X-17.32 Y10.0;	6点
Y-10.0;	7点
X0 Y-20.0;	8点
X17.32 Y-10.0;	9点
G98 Y10.0;	10点
G80 M09;	取消固定循环,切削液关
G91 G28 Z0 M05;	Z向自动归零
M06 T11;	换11号刀镗孔
G54 G00 X0 Y0 M03 S1500;	
G43 G00 Z50.0 H11 M08;	
G76 X0 Y0 Z-21.0 R5.0 Q0.3 F50;	0点
G80 M09;	取消固定循环,切削液关
G00 Z100.0 M05;	Z向自动归零
M30;	主程序结束

【任务实施】

实训目的:熟悉孔系零件的加工特点,掌握加工孔系零件的切削用量的选择。

A 实训准备

(1)仔细阅读零件图,并检查毛坯的尺寸。

(2)开启机床电源、气泵,机床回参考点。

(3)将图5-26所示孔系零件的数控程序输入数控装置,校验程序,程序校验正确后请老师确认。

(4)安装夹具,装夹工件。

(5)刀具装夹。本任务共使用11把刀具,分别把不同的刀具安装到对应的刀柄上,然后按序号依次放置在刀架上,并检查每把刀具安装的正确性和牢固性。

B　对刀操作

a　X、Y 方向对刀

X、Y 方向采用试切法对刀，将机床坐标系原点偏置到工件坐标系原点上，通过对刀操作得到 X、Y 偏置值输入到 G54 中，G54 中坐标输入 0。

b　Z 方向对刀

装入铣刀，在手动模式下移动刀具让刀具刚好接触工件上表面，进行面板操作，将数据输入到 G54 下，输入值为 0。

C　机床空运行及程序仿真

在机床空运行及程序仿真时，注意使机床机械锁定，按下启动键，适当降低进给速度，检查刀具运动轨迹是否合理、正确。如有误，则修改调试程序。空运行结束后，回机床参考点。

D　零件自动加工并自检

在零件自动加工前，调整好机床操作面板，再次请老师确认。将机床各个倍率开关调至最小状态，按下循环启动键。待机床正常加工时适当调整各倍率开关，保证工件的正常加工。用量具按照零件图的要求逐项检测，如有不合格的项目，小组讨论，分析查找原因，教师讲评。

E　零件终检

待零件加工结束后，保证机床已停止运行的情况下，按要求进行尺寸检测。

F　清理机床，交件待检

检查质量合格后取下工件，清理机床，交件待检。

G　容易产生的问题和注意事项

容易产生的问题和注意事项如下：

（1）在装夹过程中，要注意垫铁与孔加工部位是否发生干涉。

（2）钻孔加工前要使用中心钻钻中心孔，目的是保证麻花钻与中心钻对刀一致，以保证孔的加工精度。

（3）钻孔加工时，要正确选择切削余量，准确选用钻孔循环指令及抬刀高度，正确使用 G99/G98 指令，以节约加工时间。

（4）该零件所使用的刀具较多，应注意各刀具刀号的设置及机床参数的调整，以免影响孔的加工。

（5）加工过程中应注意切削液的开启。

【任务小结】

本任务主要介绍了在数控铣床上加工中等复杂类零件的加工，涉及多组孔系零件的加工工艺的制订和数控程序的编制等。重点应掌握数控铣床加工工艺的制订等内容。

孔的加工主要在于明白孔的种类及所对应的刀具的选择和相应加工指令的选取。数控工艺贯穿整个加工过程，本任务在于孔的工艺的分析和制定。

【思考与训练】

1. 使用刀具长度补偿功能和固定循环功能加工如图 5-27 所示零件上的 12 个孔。

2. 如图 5-28 所示毛坯为 100mm × 80mm × 27mm 的方形坯料，材料 45 钢，且底面和四个轮廓面均已加工好，要求在立式加工中心上加工顶面、孔及沟槽。

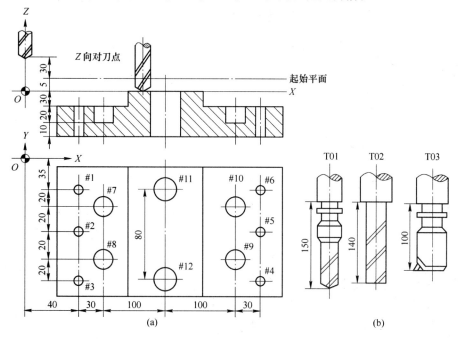

图 5-27　带有长度补偿的孔加工循环

（a）零件图；（b）刀具尺寸图

（#1 ~ #6 孔 6mm 钻削加工，#7 ~ #10 孔 10mm 钻削加工，#11、#12 孔 40mm 镗孔）

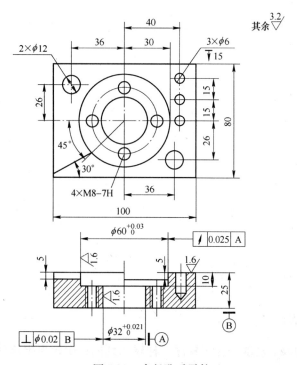

图 5-28　多径孔系零件

综合数控铣削任务 5.4

【学习任务】

曲面零件铣削如图 5-29 所示。

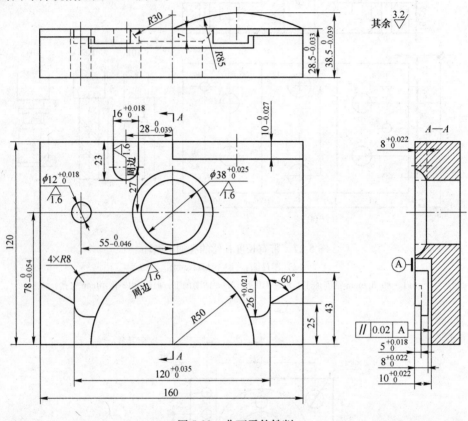

图 5-29 曲面零件铣削

【任务描述】

1. 对于给定的复杂零件能进行数控加工工艺分析。

2. 会使用宏程序编制数控加工程序，并能进行程序的仿真和工件的加工。

【知识准备】

5.4.1 用户宏程序

5.4.1.1 用户宏概念

将一群命令所构成的功能，像子程序一样输入到内存中，再把这些功能用一个命令作为代表，执行时只需写出这个代表命令，就可以执行其功能。

在这里，所登录的一群命令称为用户宏主体（或用户宏程序），简称为用户宏（CustomMacro）。这个代表命令即用户宏命令，也称作宏调用命令。

使用时，操作者只需会使用用户宏命令即可，而不必去理会用户宏主体。

宏程序不能取代 CAD/CAM 软件，但它可以简化编程。G65 命令用于调用一个子程序，并将变量传送给它。

例如，在下列程序中，可以这样使用用户宏：

主程序	用户宏
……	O9011
G65 P9011A10I5;	……
……	X#1Y#4;

在这个程序的主程序中，用 G65P9011 调用用户宏程序 O9011，并且对用户宏中的变量赋值：#1 = 10、#4 = 5（A 代表#1、I 代表#4）。而在用户宏中未知量用变量#1 及#4 来代表。

用户宏有以下几个方面的特征：

（1）可以在用户宏主体中使用变量。

（2）可以进行变量之间的演算。

（3）对可以用用户宏命令对变量进行赋值。

使用用户宏时的主要方便之处在于由于可以用变量代替具体数值，因而在加工同一类的工件时，只需将实际的值赋予变量即可，而不需要对每一个零件都编一个程序，从而节省了编程的时间和存储的空间。

下面再以一个示意性的例子来说明用户宏的概念。

当图 5-30 所示中 A、B、U、V 的尺寸分别为 A = 20、B = 20、U = 40、V = 30 时，其程序为：

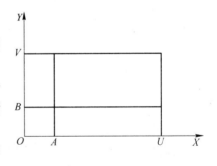

图 5-30　宏程序概念图示

```
O5008;
G91 G00 X20.0 Y20.0;
G01 Y30.0;
X40.0;
Y-30.0;
X-40.0;
G00 X-20.0 Y-20.0;
```

但是当图中 A、B、U、V 值变化时，则又需要编一个程序。

实际上，可以将程序写为：

```
O5009;
G91 G00XA YB;
G01 YV;
```

XU；

Y-V；

X-U；

G00 X-A Y-B；

此时可以将其中变量，用用户宏中的变量#i 来代替，字母与#i 的对应关系为：

A： #1

B： #2

U： #21

V： #22

则用户宏主体即可写成如下形式：

O9801；

G91 G00 X#1Y#2；

G01 Y#22；

X#21；

Y-#22；

X-#21；

G00 X#1Y-#2；

使用时就可以用下述用户宏命令来调用：

G65 P9801 A20. 0 B20. 0 U40. 0 V20.0；

实际使用时，一般还需要在这一指令前再加上 F、S、T 指令及进行坐标系设定等。

如上述所示，当加工同一类，但只是尺寸不同的工件时，只需改变用户宏命令的数值即可，而没有必要针对每一个零件都编一个程序。

5.4.1.2　宏调用指令

A　单纯调用

通常宏主体是由下列形式进行一次性调用，也称为单纯调用。

G65 P（程序号）＜自变量指定＞

G65 是宏调用代码，P 之后为宏程序主体的程序号码。＜自变量指定＞是由地址符及数值构成，由它给宏主体中所使用的变量赋予实际数值。

可用两种形式的自变量指定。

a　变量赋值方法 I

变量赋值方法 I 所指定的地址和用户宏主体内所使用变量号码的对应关系见表 5-5。

表 5-5　变量赋值方法 I

地址（引数）	宏主体中的变量号	地址（引数）	宏主体中的变量号
A	#1	D	#7
B	#2	E	#8
C	#3	F	#9

续表 5-5

地址（引数）	宏主体中的变量号	地址（引数）	宏主体中的变量号
H	#11	T	#20
I	#4	U	#21
J	#5	V	#22
K	#6	W	#23
M	#13	X	#24
Q	#17	Y	#25
R	#18	Z	#26
S	#19		

b 变量赋值方法 Ⅱ

除去表 5-4 中的自变量指定之外，I、J、K 作为一组引数，最多可指定 10 组。

变量赋值方法 Ⅱ 的地址和宏主体中使用变量号码的对应关系见表 5-6。

表 5-6 变量赋值方法 Ⅱ

地 址	变量号	地 址	变量号	地 址	变量号
A	#1	K_3	#12	J_7	#23
B	#2	I_4	#13	K_7	#24
C	#3	J_4	#14	I_8	#25
I_1	#4	K_4	#15	J_8	#26
J_1	#5	I_5	#16	K_8	#27
K_1	#6	J_5	#17	I_9	#28
I_2	#7	K_5	#18	J_9	#29
J_2	#8	I_6	#19	K_9	#30
K_2	#9	J_6	#20	I_{10}	#31
I_3	#10	K_6	#21	J_{10}	#32
J_3	#11	I_7	#22	K_{10}	#33

表 5-6 中的下标只表示自变量指定的顺序，并不写在实际命令中。

c 自变量指定 Ⅰ、Ⅱ 的混合使用

在 G65 程序段的引数中，可以同时用表 5-4 及表 5-5 中的两组自变量。CNC 内部自动识别变量赋值方法 Ⅰ 和变量赋值方法 Ⅱ。如果变量赋值方法 Ⅰ 和变量赋值方法 Ⅱ 混合指定的话，后指定的自变量类型有效。

B 模态调用

其调用形式为：

G66P（程序号码）L（循环次数）＜自变量指定＞；

在这一调用状态下，当程序段中有移动指令时，则先执行完这一移动指令后，再调用宏程序，所以，又称为移动调用指令。

取消用户宏用 G67。

例如，多孔加工时可以用这一调用形式，在移动到各个孔的位置后执行孔加工宏程序。

例 G66 调用程序

程　　序　　　　　　　　　　　　　　　说　　明

G66 P9802 R__Z__X__;　　　　调用宏程序,并且对引数赋值

X__;　　　　　　　　　　　　在有移动的程序段中,执行孔加工宏程序

M__;

Y__;

…

…

G67;　　　　　　　　　　　　取消用户宏

孔加工宏程序(采用增量方式)：

O9082;

G00 Z#18;

G01 Z#26;

G04 X#24;

G00 Z-[ROUND][#18] + ROUND[#26];

M99;

执行这一程序的流程如图 5-31 所示。

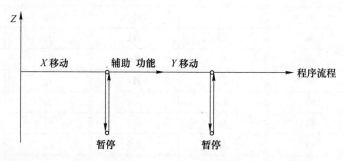

图 5-31　G66 调用流程

C　G 代码宏调用方法

宏主体除了用上节中 G65P(程序号) < 自变量指定 >;和 G66P(程序号) < 自变量指定 >;方法调用外，还可以下述方式调用：

GX X < 自变量指定 >;

为了实现这一方法，需要按下列顺序用表 5-7 中的参数进行设定。

表 5-7　宏主体号码与参数号

宏主体号码	参数号	宏主体号码	参数号
O9010	7050	O9015	7055
O9011	7051	O9016	7056
O9012	7052	O9017	7057
O9013	7053	O9018	7058
O9014	7054	O9019	7059

(1) 将所使用宏主体程序号变为 O9010 ~ O9019 中的任一个。

（2）将与程序号对应的参数设置为 G 代码的数值。

（3）将调用指令的形式换为 G（参数设定值）＜自变量指定＞。

例：将宏主体 O9110 用 G112 调用

（1）将程序号码出（）9110 变为 O9112。

（2）在与 O9012 对应的参数号码（第 7052 号）上的值设定为 112。

（3）就可以用下述指令方式调用宏主体。

$$G112I\_\_D\_\_R\_\_Z\_\_F\_\_;$$

除此之外，还可以设定用 M、T、V、B 等代码调用用户宏，作法与此类似，在此省略。

5.4.1.3 算术和逻辑操作

表 5-8 中列出的操作可以用变量进行。操作符右边的表达式，可以含有常数和（/或）由一个功能块或操作符组成的变量。表达式中的变量#J 和#K 可以用常数替换。左边的变量也可以用表达式替换。见表 5-8。

表 5-8 变量的各种运算

功　能	格　式	注　释
赋值	#i = #j	
加	#i = #j + #k	
减	#i = #j—#k	
乘	#i = #j * #k	
除	#i = #j/#k	
正弦	#i = SIN［#j］	
余弦	#i = COS［#j］	角度以度为单位，如：90 度 30 分
正切	#i = TAN［#j］	表示成 90.5 度
反正切	#i = ATAN［#j］	
平方根	#i = SQRT［#j］	
绝对值	#i = ABS［#j］	
进位	#i = ROUND［#j］	
下进位	#i = FIX［#j］	
上进位	#i = FUP［#j］	
OR（或）	#i = #jOR#k	
XOR（异或）	#i = #jXOR#k	用二进制数按位进行逻辑操作
AND（与）	#i = #jAND#k	
将 BCD 码转换成 BIN 码	#i = BIN［#j］	用于与 PMC 间信号的交换
将 BIN 码转换成 BCD 码	#i = BCD［#j］	

角单位：

在 SIN，COS，TAN，ATAN 中所用的角度单位是度。

ATAN 功能：

在 ATANT 之后的两个变量用"/"分开，结果在 0°和 360°之间。

例：当#1 = ATANT[1]/[-1]时, #1 = 135.0

ROUND 功能：

当 ROUND 功能包含在算术或逻辑操作、IF 语句、WHILE 语句中时，将保留小数点后一位，其余位进行四舍五入。

例：#1 = ROUND[#2]；其中#2 = 1.2345, 则#1 = 1.0

当 ROUND 出现在 NC 语句地址中时，进位功能根据地址的最小输入增量四舍五入指定的值。

例：编一个程序，根据变量#1、#2 的值进行切削，然后返回到初始点。假定增量系统是 1/1000mm, #1 = 1.2345, #2 = 2.3456

则　G00 G91 X -#1；　　　　移动 1.235mm

　　G01 X -#2 F300；　　　移动 2.346mm

　　G00 X[#1 +#2]；　　　因为 1.2345 + 2.3456 = 3.5801 移动 3.580mm, 不能返回到初始位置。而换成 G00X[ROUND[#1] + ROUND[#2]]能返回到初始点。

上进位和下进位成整数：

例：#1 = 1.2、#2 = -1.2

则：#3 = FUP[#1], 结果#3 = 2.0

　　#3 = FIX[#1], 结果#3 = 1.0

#3 = FUP[#2], 结果#3 = -2.0

#3 = FIX[#2], 结果#3 = -1.0

算术和逻辑操作的缩写方式：

取功能块名的前两个字符，例：ROUND→RO。

操作的优先权：

功能块：

如乘除（×, /, AND, MOD）这样的操作。

如加减（ +, -, OR, XOR）这样的操作。

方括号嵌套：

方括号用于改变操作的顺序。最多可用五层，超出五层，出现 118 号报警。

注意：

方括号用于封闭表达式，圆括号用于注释。

除数：

如果除数是零或 TAN [90], 则会产生报警。

5.4.1.4　分支和循环语句

在一个程序中，控制流程可以用 GOTO、IF 语句改变。有三种分支循环语句如下：

GOTO 语句（无条件分支）；

IF 语句（条件分支：if…, then…）；

WHILE 语句（循环语句 while…）。

A　条件分支（GOTO 语句）

功能：转向程序的第 N 句。当指定的顺序号大于 1～9999 时，出现报警，顺序号可以用表达式。

格式：GOTO n；　n 是顺序号（1～9999）

B　条件分支（IF 语句）

功能：在 IF 后面指定一个条件表达式，如果条件满足，转向第 N 句，否则执行下一段。

格式：IF［条件表达式］GOTO n；

条件表达式：一个条件表达式一定要有一个操作符，这个操作符插在两个变量或一个变量和一个常数之间，并且要用方括号括起来，即［表达式 操作符 表达式］。操作符见表 5-9。

表 5-9　操作符名称

操作符	意　义	操作符	意　义
EQ	=	GE	≥
NE	≠	LT	<
GT	>	LE	≤

C　循环（WHILE 语句）

功能：在 WHILE 后指定一个条件表达式，条件满足时，执行 DO 到 END 之间的语句，否则执行 END 后的语句。

格式：WHILE［条件表达式］DO m；（m = 1，2，3）
　　　　　⋮
END m；

m 只能在 1、2、3 中取值，否则出现 126 号报警。

（1）数 1～3 可以多次使用。

（2）不能交叉执行 DO 语句。

（3）嵌套层数最多 3 级。

D　注意

无限循环：指定了 DO m 而没有 WHILE 语句，循环将在 DO 和 END 之间无限期执行下去。

执行时间：程序执行 GOTO 分支语句时，要进行顺序号的搜索，所以反向执行的时间比正向执行的时间长。可以用 WHILE 语句减少处理时间。

未定义的变量：在使用 EQ 或 NE 的条件表达式中，空值和零的使用结果不同。而含其他操作符的条件表达式将空值看作零。

5.4.1.5　宏程序应用实例

椭圆铣削宏程序：

（1）零件图分析。在数控铣床完成如图 5-32 所示零件的加工，毛坯尺寸为 100mm × 70mm ×50mm，材料为铝合金。按图样要求完成零件加工，设置工件坐标系，制定正确合理的工艺方案（包括定位、夹紧方案和工艺路线），选择合理的刀具和切削参数，编写数控加工程序。

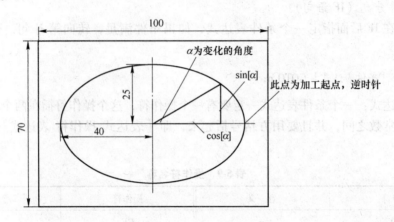

图 5-32　椭圆铣削

（2）工艺分析。如图 5-22 所示，被加工零件为椭圆外形轮廓，长半轴尺寸为 40mm，短半轴尺寸为 25mm。夹具选用机用平口钳装夹工件，校正平口钳并固定钳口，使之与工作台 X 轴移动方向平行。在工件下表面与平口钳之间放入精度较高的平行垫铁（垫铁厚度和高度适当），利用木槌或铜棒敲击工件，使平行垫块不能移动，夹紧工件。利用寻边器，找正工件 X、Y 轴零点，该零点位于工件上表面中心位置，设置 Z 轴零点所在平面与工件上表面重合。刀具的选择：加工过程中采用的刀具为 φ12 三刃高速钢立铣刀。切削参数的选择见表 5-10。

表 5-10　刀具的切削参数

加工步骤	刀具与切削参数					
	刀具规格		主轴转速	进给速度	刀具补偿	
外形轮廓铣削	类型	材料	/r · min⁻¹	/mm · min⁻¹	长度/mm	半径/mm
	φ12 三刃立铣刀	高速钢	800	200	H1/T1D1	6

（3）参考程序（切削参数可以根据实际加工环境进行调整）。

O5010；

N10 G54 G90 G17 G21 G49 G40；　　建立工件坐标系、绝对编程、XY 平面、公制编程、取消刀具长度补偿、取消刀具半径补偿。

N20 M03 S800 F200；　　主轴 800r/min，正转，进给 200mm/min

N30 G00 Z10.0；　　Z 轴快速定位

N40 X60. Y-10.0；　　X、Y 轴定位，要在切削始点的外侧（此点要看实际的毛坯尺寸）

N50 G01 Z-2.0；　　切削深度为 2mm

N60 #1 =0；　　设定角度变量（整个椭圆是以角度的变化加工完成的）

N70 WHILE[#1 LE 360.]Do1；　　当变量角度小于等于 360 度的时候执行以下程序

N80 #2 = 40. * COS[#1]；　　　　　X 方向的变量

N90 #3 = 25. * SIN[#1]；　　　　　Y 方向的变量

N100 G42 G01 X[#2]Y[#3]D01；　加入右刀补,逆时针切削

N110 #1 = #1 + 5.0；　　　　　角度以每 5 度递增(可以更改,值越小精度越高,加工时间越长)

N120 END1；　　　　　　　　循环结束(当角度达到 360 度时)

N130 G00 Z50.0；　　　　　　快速抬刀

N140 G40 Y10.0；　　　　　　取消刀具半径补偿

N150 M05；　　　　　　　　　主轴停止

N160 M30；　　　　　　　　　程序结束

（4）本题小结：该实例采用宏程序的编制来完成椭圆外形铣削，采用右刀补完成零件铣削。在实际加工中，可以通过更改 N100 G42 G01 X[#2] Y[#3] D01 中 X、Y 的尺寸值来改变加工的起点；改变 N110 #1 = #1 + 5.0 的尺寸值可以改变椭圆外形的加工精度，如改为#1 = #1 + 1.0 外形比较好，但加工时间比较慢，根据实际加工环境进行参数的更改可以提高加工效率。

5.4.2　曲面的编程加工实例

5.4.2.1　工艺分析

通过对图纸的仔细阅读和分析，不难发现该工件的毛坯外形规则，可以直接选用液压或者机械平口钳来装夹工件。

工件的复杂程度一般，包含的加工要素分别为平面、凹槽、圆弧轮廓表面、内外轮廓、螺纹孔、球面，但各被加工部分的尺寸、形位、表面粗糙度值等要求较高。

工件的基准面 A 非常重要，它的加工精度关系到后续诸多要素的加工精度，编程时把工件坐标系建立在工件上表面，并且 XOY 的零点建立在中间 φ38mm 孔的中心位置。

加工前要保证工件 XY 轴零点找正，平口钳一定要夹紧工件。刀具长度补偿利用 Z 轴定位器设定，利用刀具半径补偿功能来区分粗、精加工，并利用子程序和宏程序功能简化编程。加工工序安排如下：

（1）铣削平面保证尺寸 28.5mm，选用 φ80mm 可转位铣刀（5 个刀片）。

（2）加工 R50 凹槽圆弧，选用 φ25mm 三刃立铣刀。

（3）加工深 5mm 凹槽，选用 φ25mm 三刃立铣刀。

（4）粗加工宽 26mm 凹槽，选用 φ14mm 三刃立铣刀。

（5）粗加工宽 16mm 凹槽，选用 φ14mm 三刃立铣刀。

（6）粗加工 R85 圆弧凸台侧面与表面，选用 φ14mm 三刃立铣刀。

（7）钻中间位置孔，选用 φ11.8mm 直柄麻花钻。

（8）扩中间位置孔，选用 φ35mm 锥柄麻花钻。

（9）精加工宽 26mm 凹槽，选用 φ12mm 四刃立铣刀。

（10）精加工宽 16mm 凹槽，选用 φ12mm 四刃立铣刀。

（11）精加工 R85 圆弧凸台侧面与表面，选用 φ12mm 四刃立铣刀。

（12）粗镗 φ37.5mm 孔，选用 φ37.5mm 粗镗刀。

（13）精镗 φ38mm 孔，选用 φ38mm 精镗刀。

（14）螺纹底孔加工，选用 ϕ8.5mm 钻头。

（15）攻螺纹 M10，选用 M10 机用丝锥。

（16）孔口 R30 圆角，选用 ϕ14mm 三刃立铣刀。

5.4.2.2　刀具的选择

加工过程中选用的刀具有 ϕ80mm 可转位刀片铣刀（硬质合金刀片）、ϕ25mm、ϕ14mm 三刃立铣刀（高速钢）、ϕ12mm 四刃立铣刀（硬质合金）、ϕ8.5mm、ϕ35mm 麻花钻（高速钢），M10 机用丝锥，ϕ37.5mm 粗镗刀、ϕ38mm 精镗刀（硬质合金）。

5.4.2.3　编制加工工艺

安排的加工工步、加工内容、刀具类型、切削参数见表 5-11。

表 5-11　加工工艺卡

加工步骤		刀具与切削参数				
序号	工步内容	刀具规格	主轴转速	进给速度	刀具补偿	
		类型	/r · min^{-1}	/mm · min^{-1}	长度/mm	半径/mm
1	粗加工表面 A	ϕ80 端铣刀	450	200	H01/T01	D01
2	精加工表面 A		800	160		
3	加工 R50 凹槽圆弧	ϕ25 粗齿三刃立铣刀	300	75	H02/T02	D02
4	加工深 5mm 凹槽					
5	粗加工宽 26mm 凹槽	ϕ14 粗齿三刃立铣刀	600	80	H03/T03	D03
6	粗加工宽 16mm 凹槽					
7	粗加工 R85 圆弧凸台侧面					
8	粗加工 R85 圆弧凸台表面					
9	钻中间位置孔	ϕ11.8mm 直柄麻花钻	550	80	H04/T04	D04
10	扩中间位置孔	ϕ35mm 锥柄麻花钻	150	20	H05/T05	D05
11	精加工宽 26mm 凹槽	ϕ12 细齿四刃立铣刀	800	100	H06/T06	D06
12	精加工宽 16mm 凹槽					
13	精加工 R85 圆弧凸台侧面					
14	精加工 R85 圆弧凸台表面			1000		
15	粗镗 ϕ37.5mm 孔	ϕ37.5 粗镗刀	850	80	H07/T07	D07
16	精镗 ϕ38mm 孔	ϕ38 精镗刀	1000	40	H08/T08	D08
17	钻螺纹底孔	ϕ8.5 钻头	600	35	H09/T09	D09
18	攻螺纹 M10	M10 机用丝锥	100	150	H10/T10	D10
19	孔口 R30 圆角	ϕ14 粗齿三刃立铣刀	800	1000	H03/T03	D03

5.4.2.4　编制数控程序

参考程序如下：

程 序	注 释
05011;	主程序
N05 G54 G90 G17 G21 G94 G40;	程序初始化:建立工作坐标系,绝对编程,XY 平面,公制编程,进给速度单位为 mm/min,取消长度补偿,半径补偿
N10 M30 S450 F200;	
N15 G00 G43 Z150.0 H01;	
N20 X-125.0 Y-45.0;	
N25 Z10.0;	采用 φ80 端面铣刀粗加工表面 A,调用 4 次 1 号子程序
N30 M98 P40001;	
N35 G00 Z150.0;	
N40 M05;	
N45 M00;	
N50 M30 S800 F160;	
N55 G00 X-125.0 Y-45.0M07;	
N60 Z2.4;	
N65 M98 P0001;	精加工表面 A,调用 1 号子程序
N70 G00 Z150.0 M09;	
N75 M05;	
N80 M00;	
N85 M03 S300;	
N90 G00 G43 Z150.0 H02;	
N95 X-12.2 Y-93.0 M07;	
N100 Z0;	
N105 M98 P20002;	加工 R50 凹圆弧,加工深 5mm 凹槽,连续调用 2 号子程序 2 次
N110 G01 X-37.5 Y-78.0 F75;	
N115 G02 X37.5 R-37.5;	
N120 G01 Y-93.0;	
N125 G00 Z5.0;	
N130 X95.0 Y-55.845;	
N135 Z-5.0;	
N140 G01 X70.0 Y-69.917;	
N145 X64.215 Y-65.0;	
N150 X87.0 Y-51.845;	
N155 G00 Z5.0;	
N160 X-95.0 Y-55.367;	
N165 Z-5.0;	
N170 G01 X-70.0 Y-69.917;	
N175 X-64.215 Y-65.0;	
N180 X-87.0 Y-51.845;	

N185 G00 Z150.0 M09；

N190 M05；

N195 M00； 程序暂停（更换 φ14 立铣刀）

N200 M03 S600 F80；

N205 G00 G43 Z150.0 H03；

N210 X0 Y-50.0 M07；

N215 Z-8.0；

N220 G41 G01 X-20.0 Y-35.0 D03；

N225 M98 P0003；

N230 G00 Z15.0；

G235 X-28.0 Y55.0； 粗加工宽 26mm 凹槽， 粗加工宽 16mm 凹槽，

N240 Z-8.0； 粗加工宽 R85 圆弧凸台侧面,粗加工 R85 凸台表面,

N245 G01 G41 X-36.0 Y42.0 D03； 调用 3 号程序加工 26mm 凹槽轮廓， φ14 立铣刀

N250 Y27.0； 半径补偿 D3 = 7.2mm

N255 G03 X-20.0 R-8.0；

N260 G01 Y50.0；

N265 G00 Z15.0；

N270 G40 X90.0 Y24.8；

N275 Z0；

N280 G01 X-7.2；

N285 Y50.0；

N290 G01 X-7.423；

N295 Y37.0；

N300 G18 G03 X33.0 Z10.2 R85.2；

N305 G01 X47.0；

N310 G03 X87.423 Z0 R85.2；

N315 G17 G00 Z150.0 M09；

N320 M05；

N325 M00； 程序暂停（更换 φ11.8 钻头）

N330 M03 S550 F80；

N335 G00 G43 Z150.0 H05；

N340 X0 Y0 M07；

N345 G83 G99 X0 Y0 Z-35.0 Q5.0 R2.0； 钻中心位置孔

N350 G00 Z150.0 M09；

N355 M05；

N360 M00； 程序暂停（更换 φ35 麻花钻）

N365 M03 S150 F20；

N370 G00 G43 Z150.0 H05；

N375 X0 Y0 M07；

N380 G83 G99 X0 Y0 Z-40.0 Q5.0 R2.0； 扩中心位置 φ38 孔

N385 G00 Z150.0 M09；

N390 M05；

N395 M00； 暂停程序（更换 φ12 立铣刀）

N400 M03 S800 F100;

N405 G00 G43 Z150.0 H06;

N410 X0 Y-50.0 M07;

N415 Z-8.0;

N420 G41 G01 X-20.0 Y-35.0 D06;

N425 M98 P0003;

N430 G00 Z15.0;

N435 G40 X-28.0 Y55.0;

N440 Z-8.0;

N450 G01 G41 X-36.0 Y42.0 D06;

N450 Y27.0;

N455 G03 X-20.0 R-8.0;

N460 G01 Y50.0;

N465 G00 Z15.0;

N470 G40 X100.0 Y26.0;

N475 Z0;

N480 G01 X-6.0;

N485 Y50.0;

N490 X-6.0 Y42.0;

N495 #1 = 42;

N500 #2 = 32;

N505 #3 = #1-0.025;

N510 G01 X-6Y[#1]F1000;

N515 G18 G03 X34.0 Z10.0 R85.0;

N520 G01 X46.0;

N525 G03 X86.0 Z0 R85.0;

N530 G01 Y[#3]

N535 G02 X46 Z10.0 R85.0;

N540 G01 X34.0;

N545 G02 X-6.0 Z0 R85.0;

N550 #1 = #1-0.05;

N555 IF[#1GF#2]GOTO101;

N560 G17 G00 Z150.0 M09;

N565 M05;

N570 M00;

N575 M03 S850 F80;

N580 G00 G43 Z150.0 H07;

N585 X0 Y0 M07;

N590 G85 G99 X9.0 Y0 Z-30.0 R2.0;

N595 G00 Z150.0 M09;

N600 M05;

N605 M00;

N610 M03 S1000 F40;

精加工宽26mm凹槽,精加工宽16mm凹槽,精加工R85圆弧凸台侧面,精加工R85圆弧台表面,调用程序3号子程序。精加工R85圆弧凸台表面是在XZ平面上铣R85圆弧表面,刀具半径补偿$D6 = 5.99mm$

#1:Y轴起始点
#2:Y轴终止点
#3:Y轴移动量

#1 = #1-0.05表示Y方向步距增量为0.05

程序暂停(更换$\phi 37.5$粗镗刀)

精镗孔$\phi 37.5mm$

程序暂停(更换$\phi 38$精镗刀)

N615 G00 G43 Z150.0 H08

N620 X0 Y0 M07;

N625 G85 G99 X0 Y0 Z-30.0 R2.0;

N630 G00 Z150.0 M09;

N635 M05;

N640 M00;　　　　　　　　　　　　　程序暂停(更换 φ8.5 钻头)

N645 M03 S600;

N650 G43 G00 Z100.0 H09;

N655 X0 Y0 M07;

N660 G83 G99 X-55.0 Y0 Z-35.0 Q5.0 R2.0 F80;　钻螺纹底孔

N665 G00 Z150.0 M09;

N670 M05;

N675 M00;　　　　　　　　　　　　　程序暂停　(更换 M10 机用丝锥)

N680 M03 S300;

N685 G43 G00 Z100.0 H10 M07;

N690 X0 Y0;

N695 G84 Y99 X-55.0 Y0 Z-35.0 R2.0 F150;　　攻螺纹

N700 G00 Z150.0 M09;

N705 M05;

N710 M00;　　　　　　　　　　　　　程序暂停(更换 φ14 立铣刀)

N715 M03 S800;

N720 G43 G00 Z100.0 H03;　　　　　孔口 R30 圆角采用宏程序加工,沿 Z 轴方向一圈向
　　　　　　　　　　　　　　　　　　下走刀,每圈层降 0.02mm

N725 X0 Y0 M07;

N730 Z0;

N735 G01 X18.239 F100;

N740 #1 = 0;　　　　　　　　　　　#1:Z 轴起始深度

N745 #2 = -7;　　　　　　　　　　　#2:Z 轴终止深度

N750 #3 = 16.216-#1;　　　　　　　#3:Z 数值表达式

N755 #4 = SQRT[30 * 30-#3 * #3];　　#4:X 数值表达式

N760 #5 = #4 - 7;　　　　　　　　　#5:X 数值表达式

N765 G01 X[#5]Y0 Z[#1]F1200;

N770 G02 I[-#5]J0;

N775 #1 = #1-0.2;

N780 IF[#1GE#2]GOTO150;

N785 G00 G49 Z50.0;

N790 M30;

　　　00001;　　　　　　　　　　　1 号子程序

N05 G91 G01 Z-2.4;　　　　　　　　基准面 A 的加工程序,等高加工,每次吃刀量

N10 G90 X125.0;　　　　　　　　　　为 2.4mm

N15 G00 Y-10.0;

N20 G01 X-42.0;

N25 Y85.0;

N30 G00 X-125.0；

N35 Y-45.0；

N40 M99；

00002；　　　　　　　　　　2 号子程序

N05 G91 G01 Z-5.0 F75；　　　R50 凹圆弧槽的粗加工程序，等高分层切

N10 G90 Y-78.0；　　　　　　削，每层下降 5mm

N15 G02 X12.2 R-12.2；

N20 G01 X37.0；

N25 G03 X-37.0 R-37.0；

N30 G01 X-12.2 Y-93.0 F200；

N35 M99；

00003；　　　　　　　　　　3 号子程序

N05 G01 X-52.0；

N10 G03 X-60.0 Y-43.0 R8.0；

N15 G01 Y-53.0；

N20 G03 X-52.0 Y-61.0 R8.0；

N25 G01 X-30.0；

N30 G00 X30.0；

N35 G01 X52.0；　　　　　　宽度 26mm 凹槽的 XOY 方向的平面轮廓铣

N40 G03 X60.0 Y-53.0 R8.0；　削程序

N45 G01 Y-43.0；

N50 G03 X52.0 Y-35.0 R8.0；

N55 G01 X10.0；

N60 G00 X-10.0；

N60 M99；

【任务实施】

实训目的：熟悉曲面类零件的加工特点，掌握铣削曲面类零件的切削用量的选择。

A　实训准备

实训准备如下：

（1）仔细阅读零件图，并检查毛坯的尺寸。

（2）开启机床电源、气泵，机床回参考点。

（3）将图 5-29 所示，内轮廓的数控程序输入数控装置，校验程序，程序校验正确后请老师确认。

（4）安装夹具，装夹工件。

（5）刀具装夹。本任务共使用 10 把刀具，分别把不同的刀具安装到对应的刀柄上，然后按序号依次放置在刀架上，并检查每把刀具安装的正确性和牢固性。

B　对刀操作

a　X、Y 方向对刀

X、Y 方向采用试切法对刀，将机床坐标系原点偏置到工件坐标系原点上，通过对刀操作得到 X、Y 偏置值输入到 G54 中，G54 中坐标输入 0。

b　Z 方向对刀

装入铣刀，在手动模式下移动刀具让刀具刚好接触工件上表面，进行面板操作，将数据输入到 G54 下，输入值为 0。

C　机床空运行及程序仿真

在机床空运行及程序仿真时，注意使机床机械锁定，按下启动键，适当降低进给速度，检查刀具运动轨迹是否合理、正确。如有误，则修改调试程序。空运行结束后，回机床参考点。

D　零件自动加工并自检

在零件自动加工前，调整好机床操作面板，再次请老师确认。将机床各个倍率开关调至最小状态，按下循环启动键。待机床正常加工时适当调整各倍率开关，保证工件的正常加工。用量具按照零件图的要求逐项检测，如有不合格的项目，小组讨论，分析查找原因，教师讲评。

E　零件终检

待零件加工结束后，保证机床已停止运行的情况下，按要求进行尺寸检测。

F　清理机床，交件待检

检查质量合格后取下工件，清理机床，交件待检。

G　容易产生的问题和注意事项

容易产生的问题和注意事项如下：

（1）在装夹过程中，要注意垫铁与加工部位是否发生干涉。

（2）钻孔加工前要使用中心钻钻中心孔，目的是保证麻花钻与中心钻对刀一致，以保证孔的加工精度。

（3）钻孔加工时，要正确选择切削余量，准确选用钻孔循环指令及抬刀高度，以节约加工时间。

（4）该零件所使用的刀具较多，应注意各刀具刀号的设置及机床参数的调整，以免影响孔的加工。

【任务小结】

本任务主要介绍了在数控铣床上加工中等复杂类零件的加工，涉及孔类、平面及曲面零件的加工工艺的制订和数控程序的编制等。重点应掌握数控铣床宏程序等内容。

曲面的加工主要在于明白宏程序的使用。宏程序在数控铣加工过程中，也占据了相当的位置，对于较为复杂的曲面编程大多采用宏程序编程以简化过程，当然也可以采用自动编程软件进行。

【思考与训练】

毛坯为 150mm × 70mm × 20mm 块料，要求铣出如图 5-33 所示的椭球面，工件材料为蜡块。

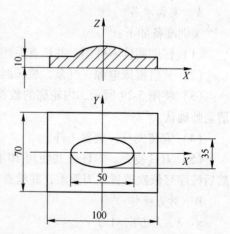

图 5-33　椭球面台铣削加工

【考核评价】

本学习情境评价内容包括：基础知识与技能评价、学习过程与方法评价、团队协作能力评价及工作态度评价；评价方式包括：学生自评、组内互评、教师评价。具体见表5-12 。

表5-12 学习情境5考核评价表

姓名		学号		班级		时间	
考核项目	考核内容	考核要求	评分标准	配分	学生自评比重30%	组内互评比重30%	教师评价比重40%
基础知识与技能评价	安全生产知识与技能	掌握安全文明生产知识，具备安全文明操作技能	8	40			
	孔及型腔类零件的编程加工	掌握孔及型腔类零件加工工艺分析，程序编制和数控加工	8				
	孔及凸台类零件的编程加工	掌握孔及凸台类零件加工工艺分析，程序编制和数控加工	8				
	孔类零件的编程加工	掌握孔类零件加工的工艺分析，程序编制和数控加工	8				
	曲面类零件的编程加工	掌握曲面类零件加工的工艺分析，程序编制和数控加工	8				
学习过程与方法评价	各阶段学习状况	严肃、认真、保质、保量、按时完成每个阶段的培训内容	15	30			
	学习方法	具备正确有效的学习方法	15				
团队协作能力评价	团队协作意识	具有较强的协作意识	10	20			
	团队配合状况	积极配合他人共同完成学习任务，为他人提供协助，能虚心接受他人的意见和建议，乐于贡献自己的聪明才智	10				
工作态度评价	纪律性	严格遵守并执行学校和企业的各项规章制度，不迟到、不早退、不无故缺勤	5	10			
	责任性、主动性与进取心	具有较强责任感，不推诿、不懈怠；主动完成各项学习任务，并能积极提出改进意见；对学习充满热情和自信，积极提升自身综合能力与素养	3				
	作风、面貌与心态	作风正派，具备良好精神面貌和阳光心态	2				
合 计				100			
教师评语						总分	
						教师签名	

附　录

附录1　数控车工（中级）国家职业标准

一、职业概况

（1）职业名称：数控车床操作工。

（2）职业定义：操作数控车床，进行工件车削加工的人员。

（3）职业等级：本职业共设四个等级，分别为中级（相当于国家职业资格四级）、高级（相当于国家职业资格三级）、技师（相当于国家职业资格二级）、高级技师（相当于国家职业资格一级）。

（4）职业环境：室内、常温。

（5）职业能力特征：具有较强的计算能力和空间感、形体知觉及色觉，手指、手臂灵活，动作协调。

（6）基本文化程度：高中毕业（含同等学力）。

（7）培训要求：

1）培训期限：全日制职业学校教育，根据其培养目标和教学计划确定。晋级培训期限：中级不少于400标准学时；高级不少于300标准学时。

2）培训教师：基础理论课教师应具备本科及本科以上学历，具有一定的教学经验；培训中、高级人员的教师应具备本职业技师以上职业资格证书或本专业中级以上专业技术职务任职资格；培训技师的教师应具备本职业高级技师职业资格证书或本专业高级专业技术职务任职资格；培训高级技师的教师应具备本职业高级技师职业资格证书2年以上或本专业高级专业技术职务任职资格。

3）培训场地设备：满足教学需要的标准教室；数控车床及完成加工所需的工件、刀具、夹具、量具和机床辅助设备；计算机、正版国产或进口CAD/CAM自动编程软件和数控加工仿真软件等。

（8）鉴定要求：

1）适用对象：从事和准备从事本职业的人员。

2）申报条件。

——中级（具备以下条件之一者）：

①取得相关职业（指车、铣、镗工，以下同）初级职业资格证书后，连续从事相关职业3年以上，经本职业中级正规培训达规定的标准学时，并取得毕（结）业证书。

②取得相关职业中级职业资格证书后，且连续从事相关职业1年以上，经本职业中级正规培训达规定的标准学时数，并取得毕（结）业证书。

③取得中等职业学校数控加工技术专业或大专以上（含大专）相关专业毕业证书。

——高级（具备以下条件之一者）：

①取得本职业中级职业资格证书后，连续从事本职业4年以上，经本职业高级正规培训达规定的标准学时数，并取得毕（结）业证书。

②取得本职业中级职业资格证书后，连续从事本职业工作7年以上。

③取得高级技工学校或经劳动保障行政部门审核认定的、以高级技能为培养目标的高等职业学校本专业毕业证书。

④具有相关专业大专学历，并取得本职业中级职业资格证书后，连续从事本职业工作2年以上。

3）鉴定方式：分为理论知识考试、软件应用考试和技能操作考核三部分。理论知识考试采用闭卷笔试方式，软件应用考试采用上机操作方式，根据考题的要求，完成零件的几何造型、加工参数设置、刀具路径与加工轨迹的生成、代码生成与后置处理和数控加工仿真。技能操作考核在配置数控车床机床的现场采用实际操作方式，按图纸要求完成试件加工。

4）考评员和考生的配备：理论知识考核每标准考场配备两名监考员；技能考试每台设备配备两名监考人员；每次鉴定组成3~5人的考评小组。

5）成绩评定：由考评小组负责，三项考试均采用百分制，皆达到60分以上者为合格。理论知识与软件应用由考评员根据评分标准统一阅卷、评分与计分。操作技能的成绩由现场操作规范和试件加工质量两部分组成。其中操作规范成绩根据现场实际操作表现，按照评分标准，依据考评员的现场纪录，由考评小组集体评判成绩；试件质量依据评分标准，根据检测设备的实际检测结果，进行客观评判、计分。

6）鉴定时间：各等级理论知识考试和软件应用考试时间均为120分钟；各等级技能操作考核时间：中级不少于300分钟；高级不少于360分钟；技师不少于420分钟；高级技师不少于240分钟。

7）鉴定场所、设备：理论知识考试在标准教室进行；软件应用考试在标准机房进行，使用正版国产或进口CAD/CAM自动编程软件和数控加工仿真软件；技能操作考核设备为数控车床、工件、夹具、量具、刀具、机床附件及计算机等必备仪器设备，具体技术指标可参考如下要求：

①数控车床技术指标要求。

项　目	参　数	项　目	参　数
床身上最大工件回转直径/mm	≥200	定位精度	X：0.025mm Z：0.03mm（GB/T 16462—1996）
最大工件长度/mm	≥500	重复定位精度	X：0.008mm Z：0.01mm（GB/T 16462—1996）
主轴转速范围，无级变速/r·min^{-1}	≥50	回转刀架工位数	≥4

②切削刀具

每台数控车床配备6把以上相应刀具和规定数量的刀片，部分刀具为焊接刀具，要求自行刃磨。

③测量工具

每台数控车床配备检验试件加工精度和表面粗糙度所需的量具。

二、基本要求

（1）职业道德。

1）职业道德基本知识。

2）职业守则。

①爱岗敬业，忠于职守。

②努力钻研业务，刻苦学习，勤于思考，善于观察。

③工作认真负责，严于律己，吃苦耐劳。

④遵守操作规程，坚持安全生产。

⑤着装整洁，爱护设备，保持工作环境的清洁有序，做到文明生产。

（2）基础知识。

1）数控应用技术基础：

①数控原理与机床基本知识（组成结构、插补原理、控制原理、伺服原理等）。

②数控编程技术（含手工编程和自动编程，内容包括程序格式、指令代码、子程序、固定循环、宏程序等）。

③CAD/CAM 软件使用方法（零件几何造型、刀具轨迹生成、后置处理等）。

④机械加工工艺原理（切削工艺、切削用量、夹具选择和使用、刀具的选择等）。

2）安全文明生产与环境保护：

①安全操作规程。

②事故防范、应变措施及记录。

③环境保护（车间粉尘、噪声、强光、有害气体的防范）。

3）质量管理：

①企业的质量方针。

②岗位的质量要求。

③岗位的质量保证措施与责任。

4）相关法律、法规知识：

①劳动法相关知识。

②合同法相关知识。

三、工作要求

本标准以国家职业标准《车工》中关于数控中级工、高级工、技师、高级技师的工作要求为基础，以国家高技能人才培训工程——数控工艺培训考核大纲和职业院校数控技术应用专业领域技能型紧缺人才培养培训指导方案为补充，适当增加新技术、新技能等相关知识形成。各等级的知识和技能要求依次递进，高级别包括低级别的要求。

四级、中级工

职业功能	工作内容	技 能 要 求	相 关 知 识
工艺准备	读图与绘图	（1）能读懂主轴、蜗杆、丝杠、偏心轴、两拐曲轴、齿轮等中等复杂程度的零件工作图； （2）能读懂零件的材料、尺寸公差、形位公差、表面粗糙度及其他技术要求； （3）能手工绘制轴、套、螺钉、圆锥体等简单零件的工作图； （4）能读懂车床主轴、刀架、尾座等简单机构的装配图； （5）能用 CAD 软件绘制简单零件的工作图	（1）复杂零件的表达方法； （2）零件材料、尺寸公差、形位公差、表面粗糙度等的基本知识； （3）简单零件工作图的画法； （4）简单机构装配图的画法； （5）计算机绘制简单零件工作图的基本方法
	制定加工工艺	（1）能正确选择加工零件的工艺基准； （2）能决定工步顺序、工步内容及切削参数； （3）能编制台阶轴类和法兰盘类零件的车削工艺卡	（1）数控车床的结构特点及其与普通车床的区别； （2）台阶轴类、法兰盘类零件的车削加工工艺知识； （3）数控车床工艺编制方法
	工件定位与夹紧	使用、调整三爪自定心卡盘、尾座顶尖及液压高速动力卡盘并配置软爪	（1）定位、夹紧的原理及方法； （2）三爪自定心卡盘、尾座顶尖及液压高速动力卡盘的使用、调整方法
	刀具准备	（1）能依据加工工艺卡选取合理刀具； （2）能在刀架上正确装卸刀具； （3）能正确进行机内与机外对刀； （4）能确定有关切削参数	（1）数控车床刀具的种类、结构、特点及适用范围； （2）数控车床对刀具的要求； （3）机内与机外对刀的方法； （4）车削刀具的选用原则
编程技术	手工编程	（1）正确运用数控系统的指令代码，编制带有台阶、内外圆柱面、锥面、螺纹、沟槽等轴类、法兰盘类中等复杂程度零件的加工程序； （2）能手工编制含直线插补、圆弧插补二维轮廓的加工程序	（1）几何图形中直线与直线、直线与圆弧、圆弧与圆弧的交点的计算方法； （2）机床坐标系及工件坐标系的概念； （3）直线插补与圆弧插补的意义及坐标尺寸的计算； （4）手工编程的各种功能代码及基本代码的使用方法； （5）刀具补偿的作用及计算方法
	自动编程	CAD/CAM 软件编制中等复杂程度零件程序，包括粗车、精车、打孔、换刀等程序	（1）CAD 线框造型和编辑； （2）刀具定义； （3）CAM 粗精、切槽、打孔编程； （4）能够解读及修改软件的后置配置，并生成代码
	数控加工仿真	（1）数控仿真软件基本操作和显示操作； （2）仿真软件模拟装夹、刀具准备、输入加工代码、加工参数设置； （3）模拟数控系统面板的操作； （4）模拟机床面板操作； （5）实施仿真加工过程以及加工代码检查； （6）利用仿真软件手工编程	（1）常见数控系统面板操作和使用知识； （2）常见机床面板操作方法和使用知识； （3）三维图形软件的显示操作技术； （4）数控加工手工编程

续表

职业功能	工作内容	技　能　要　求	相　关　知　识
基本操作与维护工件加工	基本操作	（1）能正确阅读数控车床操作说明书； （2）能按照操作规程启动及停止机床； （3）能正确使用操作面板上的各种功能键； （4）能通过操作面板手动输入加工程序及有关参数，能进行机外程序传输； （5）能进行程序的编辑、修改； （6）能设定工件坐标系； （7）能正确调入调出所选刀具； （8）能正确修正刀补参数； （9）能使用程序试运行、分段运行及自动运行等切削运行方式； （10）能进行加工程序试切削并作出正确判断； （11）能正确使用程序图形显示、再启动功能； （12）能正确操作机床完成简单零件外圆、孔、台阶、沟槽等加工	（1）数控车床操作说明书； （2）操作面板的使用方法； （3）手工输入程序的方法及外部计算机自动输入加工程序的方法； （4）程序的编辑与修改方法； （5）机床坐标系与工件坐标系的含义及其关系； （6）相对坐标系、绝对坐标系的含义； （7）程序试切削方法； （8）程序各种运行方式的操作方法； （9）程序图形显示、再启动功能的操作方法
	日常维护	（1）能进行加工前机、电、气、液、开关等常规检查； （2）能在加工完毕后，清理机床及周围环境； （3）能进行数控车床的日常保养	（1）数控车床安全操作规程； （2）日常保养的方法与内容
	盘、轴类零件	能加工盘、轴类零件，并达到以下要求： （1）尺寸公差等级：IT7； （2）形位公差等级：IT8； （3）表面粗糙度：$Ra3.2\mu m$	（1）内外径的车削加工方法与测量方法； （2）孔加工方法
	等节距螺纹加工	能加工单线和多线等节距的普通三角螺纹、T形螺纹、锥螺纹，并达到以下要求： （1）尺寸公差等级：IT7； （2）形位公差等级：IT8； （3）表面粗糙度：$Ra3.2\mu m$	（1）常用螺纹的车削加工方法； （2）螺纹加工中的参数计算
	沟、槽加工	能加工内径槽、外径槽和端面槽，并达到以下要求： （1）尺寸公差等级：IT8； （2）形位公差等级：IT8； （3）表面粗糙度：$Ra3.2\mu m$	内径槽、外径槽和端面槽的加工方法
精度检验	高精度轴向尺寸测量	（1）能用量块和百分表测量零件的轴向尺寸； （2）能测量偏心距及两平行非整圆孔的孔距	（1）量块的用途及使用方法； （2）偏心距的检测方法； （3）两平行非整圆孔孔距的检测方法
	内外圆锥检验	能用正弦规检验锥度	正弦规的使用方法及测量计算方法
	等节距螺纹检验	能进行单线和多线等节距螺纹的检验	单线和多线等节距螺纹的检验方法

四、比重表

（1）理论知识

项　目		中　级	高　级	技　师	高级技师
基本要求	职业道德	5	5		
	基础知识	25	15		
相关知识	工艺准备	20	25		
	编制程序	20	25		
	机床维护	5	5		
	工件加工	15	15		
	精度检验	10	10		
	培训指导				
	管理工作				
合　计		100	100		

（2）技能操作

项　目		中　级	高　级	技　师	高级技师
工作要求	工艺准备	10	10		
	编制程序	15	20		
	机床维护	10	5		
	工件加工	60	60		
	精度检验	5	5		
合　计		100	100		

附录2　数控铣工（中级）国家职业标准

1　职业概况

1.1　职业名称

数控铣工。

1.2　职业定义

从事编制数控加工程序并操作数控铣床进行零件铣削加工的人员。

1.3　职业等级

本职业共设四个等级，分别为：中级（国家职业资格四级）、高级（国家职业资格三级）、技师（国家职业资格二级）和高级技师（国家职业资格一级）。

1.4　职业环境

室内、常温。

1.5　职业能力特征

具有较强的计算能力、空间感、形体知觉及色觉正常，手指、手臂灵活，动作协调。

1.6　基本文化程度

高中毕业（或同等学力）。

1.7　培训要求

1.7.1　培训期限

全日制职业学校教育，根据其培养目标和教学计划确定。晋级培训期限：中级不少于400 标准学时；高级不少于 300 标准学时；技师不少于 300 标准学时；高级技师不少于300 标准学时。

1.7.2　培训教师

培训中、高级人员的教师应取得本职业技师及以上职业资格证书或相关专业中级及以上专业技术职称任职资格；培训技师的教师应取得本职业高级技师职业资格证书或相关专业高级专业技术职称任职资格；培训高级技师的教师应取得本职业高级技师职业资格证书2 年以上或取得相关专业高级专业技术职称任职资格 2 年以上。

1.7.3　培训场地设备

满足教学要求的标准教室、计算机机房及配套的软件、数控铣床及必要的刀具、夹具、量具和辅助设备等。

1.8　鉴定要求

1.8.1　适用对象

从事或准备从事本职业的人员。

1.8.2　申报条件

——**中级（具备以下条件之一者）：**

（1）经本职业中级正规培训达规定标准学时数，并取得结业证书。

（2）连续从事本职业工作 5 年以上。

（3）取得经劳动保障行政部门审核认定的，以中级技能为培养目标的中等以上职业学校本职业（或相关专业）毕业证书。

（4）取得相关职业中级《职业资格证书》后，连续从事本职业 2 年以上。

——**高级（具备以下条件之一者）：**

（1）取得本职业中级职业资格证书后，连续从事本职业工作 2 年以上，经本职业高级正规培训，达到规定标准学时数，并取得结业证书。

（2）取得本职业中级职业资格证书后，连续从事本职业工作 4 年以上。

（3）取得劳动保障行政部门审核认定的，以高级技能为培养目标的职业学校本职业（或相关专业）毕业证书。

（4）大专以上本专业或相关专业毕业生，经本职业高级正规培训，达到规定标准学时数，并取得结业证书。

——**技师（具备以下条件之一者）：**

（1）取得本职业高级职业资格证书后，连续从事本职业工作 4 年以上，经本职业技师正规培训达规定标准学时数，并取得结业证书。

（2）取得本职业高级职业资格证书的职业学校本职业（专业）毕业生，连续从事本职业工作2年以上，经本职业技师正规培训达规定标准学时数，并取得结业证书。

（3）取得本职业高级职业资格证书的本科（含本科）以上本专业或相关专业的毕业生，连续从事本职业工作2年以上，经本职业技师正规培训达规定标准学时数，并取得结业证书。

——高级技师：

取得本职业技师职业资格证书后，连续从事本职业工作4年以上，经本职业高级技师正规培训达规定标准学时数，并取得结业证书。

1.8.3　鉴定方式

分为理论知识考试和技能操作考核。理论知识考试采用闭卷方式，技能操作（含软件应用）考核采用现场实际操作和计算机软件操作方式。理论知识考试和技能操作（含软件应用）考核均实行百分制，成绩皆达60分及以上者为合格。技师和高级技师还需进行综合评审。

1.8.4　考评人员与考生配比

理论知识考试考评人员与考生配比为1∶15，每个标准教室不少于2名相应级别的考评员；技能操作（含软件应用）考核考评员与考生配比为1∶2，且不少于3名相应级别的考评员；综合评审委员不少于5人。

1.8.5　鉴定时间

理论知识考试为120分钟，技能操作考核中实操时间为：中级、高级不少于240分钟，技师和高级技师不少于300分钟，技能操作考核中软件应用考试时间为不超过120分钟，技师和高级技师的综合评审时间不少于45分钟。

1.8.6　鉴定场所设备

理论知识考试在标准教室里进行，软件应用考试在计算机机房进行，技能操作考核在配备必要的数控铣床及必要的刀具、夹具、量具和辅助设备的场所进行。

2　基本要求

2.1　职业道德

2.1.1　职业道德基本知识

2.1.2　职业守则

（1）遵守国家法律、法规和有关规定。

（2）具有高度的责任心、爱岗敬业、团结合作。

（3）严格执行相关标准、工作程序与规范、工艺文件和安全操作规程。

（4）学习新知识新技能、勇于开拓和创新。

（5）爱护设备、系统及工具、夹具、量具。

（6）着装整洁，符合规定；保持工作环境清洁有序，文明生产。

2.2　基础知识

2.2.1　基础理论知识

（1）机械制图。

（2）工程材料及金属热处理知识。

　　（3）机电控制知识。

　　（4）计算机基础知识。

　　（5）专业英语基础。

2.2.2　机械加工基础知识

　　（1）机械原理。

　　（2）常用设备知识（分类、用途、基本结构及维护保养方法）。

　　（3）常用金属切削刀具知识。

　　（4）典型零件加工工艺。

　　（5）设备润滑和冷却液的使用方法。

　　（6）工具、夹具、量具的使用与维护知识。

　　（7）铣工、镗工基本操作知识。

2.2.3　安全文明生产与环境保护知识

　　（1）安全操作与劳动保护知识。

　　（2）文明生产知识。

　　（3）环境保护知识。

2.2.4　质量管理知识

　　（1）企业的质量方针。

　　（2）岗位质量要求。

　　（3）岗位质量保证措施与责任。

2.2.5　相关法律、法规知识

　　（1）劳动法的相关知识。

　　（2）环境保护法的相关知识。

　　（3）知识产权保护法的相关知识。

3　工作要求

　　本标准对中级、高级、技师和高级技师的技能要求依次递进，高级别涵盖低级别的要求。

中级

职业功能	工作内容	技 能 要 求	相 关 知 识
加工准备	读图与绘图	（1）能读懂中等复杂程度（如：凸轮、壳体、板状、支架）的零件图； （2）能绘制有沟槽、台阶、斜面、曲面的简单零件图； （3）能读懂分度头尾架、弹簧夹头套筒、可转位铣刀结构等简单机构装配图	（1）复杂零件的表达方法； （2）简单零件图的画法； （3）零件三视图、局部视图和剖视图的画法
	制定加工工艺	（1）能读懂复杂零件的铣削加工工艺文件； （2）能编制由直线、圆弧等构成的二维轮廓零件的铣削加工工艺文件	（1）数控加工工艺知识； （2）数控加工工艺文件的制定方法
	零件定位与装夹	（1）能使用铣削加工常用夹具（如压板、虎钳、平口钳等）装夹零件； （2）能够选择定位基准，并找正零件	（1）常用夹具的使用方法； （2）定位与夹紧的原理和方法； （3）零件找正的方法

续表

职业功能	工作内容	技 能 要 求	相 关 知 识
加工准备	刀具准备	（1）能够根据数控加工工艺文件选择、安装和调整数控铣床常用刀具； （2）能根据数控铣床特性、零件材料、加工精度、工作效率等选择刀具和刀具几何参数，并确定数控加工需要的切削参数和切削用量； （3）能够利用数控铣床的功能，借助通用量具或对刀仪测量刀具的半径及长度； （4）能选择、安装和使用刀柄； （5）能刃磨常用刀具	（1）金属切削与刀具磨损知识； （2）数控铣床常用刀具的种类、结构、材料和特点； （3）数控铣床、零件材料、加工精度和工作效率对刀具的要求； （4）刀具长度补偿、半径补偿等刀具参数的设置知识； （5）刀柄的分类和使用方法； （6）刀具刃磨的方法
数控编程	手工编程	（1）能编制由直线、圆弧组成的二维轮廓数控加工程序； （2）能够运用固定循环、子程序进行零件的加工程序编制	（1）数控编程知识； （2）直线插补和圆弧插补的原理； （3）节点的计算方法
数控编程	计算机辅助编程	（1）能够使用 CAD/CAM 软件绘制简单零件图； （2）能够利用 CAD/CAM 软件完成简单平面轮廓的铣削程序	（1）CAD/CAM 软件的使用方法； （2）平面轮廓的绘图与加工代码生成方法
数控铣床操作	操作面板	（1）能够按照操作规程启动及停止机床； （2）能使用操作面板上的常用功能键（如回零、手动、MDI、修调等）	（1）数控铣床操作说明书； （2）数控铣床操作面板的使用方法
数控铣床操作	程序输入与编辑	（1）能够通过各种途径（如 DNC、网络）输入加工程序； （2）能够通过操作面板输入和编辑加工程序	（1）数控加工程序的输入方法； （2）数控加工程序的编辑方法
数控铣床操作	对刀	（1）能进行对刀并确定相关坐标系； （2）能设置刀具参数	（1）对刀的方法； （2）坐标系的知识； （3）建立刀具参数表或文件的方法
数控铣床操作	程序调试与运行	能够进行程序检验、单步执行、空运行并完成零件试切	程序调试的方法
数控铣床操作	参数设置	能够通过操作面板输入有关参数	数控系统中相关参数的输入方法
零件加工	平面加工	能够运用数控加工程序进行平面、垂直面、斜面、阶梯面等的铣削加工，并达到如下要求： （1）尺寸公差等级达 IT7 级； （2）形位公差等级达 IT8 级； （3）表面粗糙度达 $Ra3.2\mu m$	（1）平面铣削的基本知识； （2）刀具端刃的切削特点
零件加工	轮廓加工	能够运用数控加工程序进行由直线、圆弧组成的平面轮廓铣削加工，并达到如下要求： （1）尺寸公差等级达 IT8； （2）形位公差等级达 IT8 级； （3）表面粗糙度达 $Ra3.2\mu m$	（1）平面轮廓铣削的基本知识； （2）刀具侧刃的切削特点
零件加工	曲面加工	能够运用数控加工程序进行圆锥面、圆柱面等简单曲面的铣削加工，并达到如下要求： （1）尺寸公差等级达 IT8； （2）形位公差等级达 IT8 级； （3）表面粗糙度达 $Ra3.2\mu m$	（1）曲面铣削的基本知识； （2）球头刀具的切削特点

续表

职业功能	工作内容	技 能 要 求	相 关 知 识
零件加工	孔类加工	能够运用数控加工程序进行孔加工，并达到如下要求： （1）尺寸公差等级达 IT7； （2）形位公差等级达 IT8 级； （3）表面粗糙度达 $Ra3.2\mu m$	麻花钻、扩孔钻、丝锥、镗刀及铰刀的加工方法
	槽类加工	能够运用数控加工程序进行槽、键槽的加工，并达到如下要求： （1）尺寸公差等级达 IT8； （2）形位公差等级达 IT8 级； （3）表面粗糙度达 $Ra3.2\mu m$	槽、键槽的加工方法
	精度检验	能够使用常用量具进行零件的精度检验	（1）常用量具的使用方法； （2）零件精度检验及测量方法
维护与故障诊断	机床日常维护	能够根据说明书完成数控铣床的定期及不定期维护保养，包括：机械、电、气、液压、数控系统检查和日常保养等	（1）数控铣床说明书； （2）数控铣床日常保养方法； （3）数控铣床操作规程； （4）数控系统（进口、国产数控系统）说明书
	机床故障诊断	（1）能读懂数控系统的报警信息； （2）能发现数控铣床的一般故障	（1）数控系统的报警信息； （2）机床的故障诊断方法
	机床精度检查	能进行机床水平的检查	（1）水平仪的使用方法； （2）机床垫铁的调整方法

附录3　常用刀具

一、常用车刀

序号	名　称	图　例	主要用途及性能	常用规格及大小 /mm × mm × mm
1	外圆车刀（右手）		加工外圆及端面	95°偏头 125 × 16 × 16 150 × 20 × 20 170 × 32 × 32
2	外圆车刀（右手）		倒角	45°偏头 150 × 20 × 20 150 × 25 × 25 170 × 32 × 32
3	外圆车刀（右手）		加工外圆及端面	90°偏头 150 × 20 × 20 150 × 25 × 25 170 × 32 × 32

续表

序号	名　称	图　例	主要用途及性能	常用规格及大小 /mm × mm × mm
4	外圆车刀（右手		加工外圆	93°偏头 70 × 10 × 10 80 × 12 × 12 100 × 16 × 16
5			加工外圆	75°偏头 80 × 12 × 12 100 × 16 × 16 125 × 20 × 20
6	外圆车刀		加工外圆	93°偏头仿形 125 × 16 × 16 150 × 20 × 20 150 × 25 × 25
7	外圆车刀		加工外圆	45°直头 100 × 16 × 16 125 × 20 × 20 150 × 25 × 25
8	外圆车刀		加工圆弧	62°直头 70 × 10 × 10 80 × 12 × 12 100 × 16 × 16
9	圆弧车刀		加工圆弧	偏头 125 × 16 × 16 150 × 20 × 20 150 × 25 × 25
10	切断刀		切断	3mm 125 × 16 × 16 3（4）mm 125 × 20 × 20 3（4）mm 150 × 25 × 25
11	外切槽刀		切槽	3～6mm 125 × 20 × 20 150 × 25 × 25
12	内孔车刀		加工内孔	93°偏头仿形 150 × 16 × 15 180 × 20 × 18 200 × 25 × 23
13	内孔车刀		加工内孔	90°偏头 80 × 8 × 7 125 × 10 × 9 150 × 12 × 11

续表

序号	名　称	图　例	主要用途及性能	常用规格及大小 /mm × mm × mm
14	内孔车刀		加工内孔	75°偏头 150 × 16 × 15 180 × 20 × 18 200 × 25 × 23
15	螺纹车刀		加工外螺纹	100 × 16 × 16 125 × 20 × 20 150 × 25 × 25
16	螺纹车刀		加工内螺纹	125 × 11.5 × 12 150 × 15.5 × 15 180 × 19 × 18

二、常用铣刀

序　号	名　称	图　例	主要用途及性能	常用规格及大小
1	硬质合金立铣刀		加工凹槽、台阶面及成形表面	加工凹槽、台阶面及成形表面/mm
2	莫氏锥柄立铣刀		加工凹槽、台阶面及成形表面	10 ~ 63
3	螺旋齿直柄立铣刀		加工凹槽、台阶面及成形表面	10 ~ 40
4	可转位面铣刀		铣平面	100 ~ 250
5	三面刃铣刀		加工凹槽、台阶面	50 ~ 315
6	模具铣刀		加工型腔、凸模成形表面	4 ~ 63
7	可转位钻铣刀		铣平面、型腔	20 ~ 40

三、常用孔加工刀具（镗削及钻削刀具）

类　别	名　称	图　例	主要用途及性能	常用规格及大小 /mm
钻削刃具	普通麻花钻		钻孔	
	中心钻		打定位孔	
	可转位扩孔钻		扩孔	19～35
镗削刃具	单刃镗刀		镗孔	
	双刃可调可转位镗刀模块		镗孔	
铰削刃具	手铰刀			
	机铰刀			

附录 4　常用量具

常用量具测量范围、精度等级及用途　　　　　　　　　　　（mm）

名　称	测量范围	读数值	应　用
游标卡尺	0～125 0～300	0.05，0.02 0.05，0.02	用于测量工件的内外径尺寸，还可用来测量深度尺寸。0～300mm 的卡尺可带有画线量爪
深度游标卡尺	0～125 0～200 0～300 0～500	0.02	测量工件的孔、槽

名　称	测量范围	读数值	应　用
高度游标卡尺画线尺	0～200 ≥30～300 ≥40～500 ≥60～800 ≥60～1000	0.02 0.05	测量工件相对高度和用于精密画线
带百分表游标卡尺	0～150 0～200 0～300	0.01 0.02 0.05	测量工件内外径、宽度厚度、深度和孔距
外径百分尺	0～25 25～50 50～75 75～100 100～125	0.01	测量精密工件的外径尺寸
内径千分尺	75～175 75～575 150～1200 180～4000	0.01	测量内径、槽宽和两面相对位置
深度千分尺	0～25 25～50 0～100 0～150	0.01	测工件孔和槽的深度、轴肩长度
内测百分尺	5～30 25～5	0.01 0.01	测量工件的内侧面

名　称	测 量 范 围	读 数 值	应　用
百分表	0～3 0～5 0～10	0.01	用来测量工件的几何形状和相互位置的正确性以及位移量，也可用比较测量工件长度
千分表	1	0.001	用比较测量法和绝对测量法来测量工件尺寸和几何形状
内径百分表	6～18 10～18 18～35 35～50 50～100 50～160 100～160	0.01	用比较法测量内孔尺寸及其工件几何形状

名　称	测 量 范 围	读 数 值	应　用
杠杆百分表	±0.4	0.01	测量工件几何形状的误差和相互位置的正确性，可用比较法测量长度
杠杆千分表	±0.2	0.002	测量工件几何形状和相互位置

名　称	测量范围	示值总误差	分度值	应　用
角度规	0~320° 0~360°	2′；5′ 5′；10′	2′；5′ 5′；10′	以接触按游标读数测量工件角度和进行角度画线

名　称	套数	总块数	公差尺寸系列	间隔	块数	精度等级	应　用
块　规	1	83	0.5		1		长度计量的基准，用于对工件进行精密测量和调整，校对仪器、量具及精密机床
			1		1		
			1.005		1		
			1.01，1.02…1.49	0.01	49	0	
			1.5，1.6…1.9	0.1	5	1	
			2，2.5…9.5	0.5	16	2	
			10，20…100	10	10	3	

参 考 文 献

[1] 刘战术，窦凯，吴新佳. 数控机床及其维护(第2版)[M]. 北京：人民邮电出版社，2010.

[2] 廖效果，朱启逑. 数字控制机床[M]. 武昌：华中理工大学出版社，1998.

[3] 潘海丽. 数控机床故障分析与维修（第2版）[M]. 西安：西安电子科技大学出版社，2008.

[4] 刘书华. 数控机床与编程[M]. 北京：机械工业出版社，2007.

[5] 杨伟群. 数控工艺培训教程(数控铣部分)[M]. 北京：清华大学出版社，2006.

[6] 王晓余. 数控铣床操作基础与应用实例[M]. 北京：电子工业出版社，2007.

[7] 胡运林. 数控技术及应用[M]. 北京：冶金工业出版社，2012.

[8] 蒋洪平. 数控设备故障诊断与维修[M]. 北京：北京理工大学出版社，2007.

[9] 廖慧勇. 数控加工实训教程[M]. 成都：西南交通大学出版社，2007.

[10] 金涛. 王卫兵. 数控车加工[M]. 北京：机械工业出版社，2004.

[11] 孙德茂. 数控机床车削加工直接编程技术[M]. 北京：机械工业出版社，2005.

[12] 彭德荫，等. 车工工艺与技能训练[M]. 北京：中国劳动社会保障出版社，2001.

[13] 徐宏海，等. 数控机床刀具及其应用[M]. 北京：化学工业出版社，2001.

[14] 任级三. 数控车床工实训与职业技能鉴定[M]. 沈阳：辽宁科学技术出版社，2005.

[15] 顾晔，楼章华. 数控加工编程与操作[M]. 北京：人民邮电出版社，2009.

[16] 嵇宁. 数控加工编程与操作[M]. 北京：高等教育出版社，2008.

[17] 邹新宇. 数控编程[M]. 北京：清华大学出版社，2006.

[18] 贺曙新，等. 数控加工工艺[M]. 北京：化学工业出版社，2009.

[19] 胡育辉，袁晓东. 数控机床编程与操作[M]. 北京：北京大学出版社，2008.

[20] 朱明松，王翔. 数控铣床编程与操作项目教程[M]. 北京：机械工业出版社，2008.

[21] FANUC LTD. FANUC Series Oi-D/ OiMate-D 车床系统用户手册[M]. Printed in Japan, 2008.

[22] FANUC LTD. FANUC Series Oi-D/ OiMate-D 车床系统/加工中心系统通用用户手册[M]. Printed in Japan, 2008.